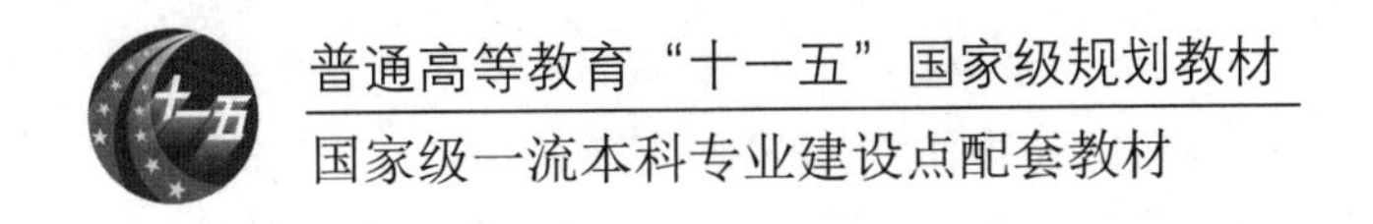

信息技术课程与教学

（第2版）

郑燕林　董玉琦　主编

黄宇星　谢　琪　杨宁　副主编

電子工業出版社
Publishing House of Electronics Industry
北京 • BEIJING

内 容 简 介

本书共 8 章，第 1 章主要介绍我国信息技术课程的发展历程，第 2 章对英、日、韩、芬四国的信息技术课程进行介绍，第 3 章和第 4 章分别阐释了我国当前信息技术课程的目标体系和内容构成，第 5 章至第 8 章主要介绍信息技术课程的教学设计、学业评价、教师专业发展和数字化教学工具等关键要素，并对优秀教学实践案例进行分析。本书提供 PPT 课件、教学大纲和习题参考答案等配套资源，读者可登录华信教育资源网（www.hxedu.com.cn）下载使用。

本书可作为高校教育技术学、计算机科学与技术（师范类）等专业本科生、研究生的教材，也可供中小学信息技术教师学习、参考。

图书在版编目（CIP）数据

信息技术课程与教学 / 郑燕林, 董玉琦主编. —2 版. —北京：电子工业出版社，2024.3
ISBN 978-7-121-47652-5

Ⅰ. ①信… Ⅱ. ①郑… ②董… Ⅲ. ①电子计算机－教学研究－高等学校 Ⅳ. ①TP3

中国国家版本馆 CIP 数据核字（2024）第 070002 号

责任编辑：牛晓丽
印　　刷：涿州市京南印刷厂
装　　订：涿州市京南印刷厂
出版发行：电子工业出版社
　　　　　北京市海淀区万寿路 173 信箱　　　　邮编：100036
开　　本：787×1092　1/16　　印张：18.75　　字数：480 千字
版　　次：2009 年 6 月第 1 版
　　　　　2024 年 3 月第 2 版
印　　次：2024 年 8 月第 2 次印刷
定　　价：69.00 元

凡所购买电子工业出版社图书有缺损问题，请向购买书店调换。若书店售缺，请与本社发行部联系，联系及邮购电话：（010）88254888，88258888。

质量投诉请发邮件至 zlts@phei.com.cn，盗版侵权举报请发邮件至 dbqq@phei.com.cn。

本书咨询联系方式：QQ 9616328。

前　言

本书是普通高等教育“十一五”国家级规划教材，第1版于2009年6月出版。从2009年开始，尤其是党的十八大以来，我国教育信息化建设与信息技术教育发展进入快车道，从政策支持到资金投入、从软硬件环境建设到教师专业化水平提升，均为信息技术课程的开设提供了有力支撑。

2020年与2022年我国分别出台了《普通高中信息技术课程标准（2017年版2020年修订）》和《义务教育信息科技课程标准（2022年版）》[①]，这为信息技术课程建设与教学提供了系统指导框架，也相应地提出了新要求。党的二十大报告明确提出：“我们要坚持教育优先发展、科技自立自强、人才引领驱动，加快建设教育强国、科技强国、人才强国，坚持为党育人、为国育才，全面提高人才自主培养质量，着力造就拔尖创新人才，聚天下英才而用之。”高质量开展信息技术教育是培养数字化、智能化时代高水平创新型人才的必经之路。在此背景下，我们有必要与时俱进地更新对信息技术课程及其教学的认识。我们对第1版教材进行了两个方面的修订。

一方面，我们在新课程标准引领下，适应我国教育高质量发展需求，回应当前大数据、人工智能时代的信息技术教育发展需求，对教材内容进行了系统更新。其一，整体上，我们重点梳理了党的十八大以来我国中小学信息技术教育的新进展。其二，我们进一步增强了教材内容的学理性，在新课程标准背景下展开深入探讨，优化了各章节内容的内在逻辑，并改善了语言表述。其三，信息技术本身发展迅速，世界各国的信息技术教育都经历了新的变革，因此我们在第2章增加了韩国、日本、英国2009年以来的信息技术课程建设现状，并新增了对芬兰信息技术教育开展情况的介绍。其四，我们引入了新课程标准指导下的最新的教学实践案例。

另一方面，我们对教材的整体结构进行了优化调整。第1版教材共9章，其中第8章是信息技术课程教学案例分析，第9章推荐了信息技术课程教学研究的相关资源。第2版教材共分

---

① 目前，我国信息技术课程在义务教育阶段称为“信息科技课程”，在高中阶段称为“信息技术课程”，本书在统称时采用“信息技术课程”，在专指义务教育阶段的课程时采用“信息科技课程”。

为 8 章。其一，我们对原来第 8 章的教学案例进行了更新并将其分散地整合于其他章节中，以进一步体现理论与实践的统合性。其二，随着数字化、智能化时代的到来，诸多研究资源可以在网络上便捷地实时获取，因此我们不再单独介绍信息技术教育研究资源，删除了原有的第 9 章。其三，我们新增了一章，专门介绍信息技术课程教学过程中常用的数字化工具。

感谢参与第 1 版教材编写的所有人员！第 2 版教材的编写工作分工如下：全书由郑燕林、董玉琦整体设计、审定和统稿；第 1 章由董玉琦、罗宇晨编写；第 2 章由董玉琦、王津、刘妍潞、李晨、刘国宁、张梦雪编写；第 3 章由罗宇晨、郑燕林编写；第 4 章由黄宇星、罗宇晨编写；第 5 章由杨宁、刘妍潞编写；第 6 章由郑燕林、谢琪、任维武编写；第 7 章由郑燕林、王津编写；第 8 章由罗宇晨、刘国宁编写。

本书可作为高校教育技术学、计算机科学与技术（师范类）等专业的本科生、研究生教材，也可供中小学信息技术教师学习、参考。我们期望通过本次修订提供一本更优质、更实用的教材，希望这本教材能够激发您对信息技术教育的兴趣，为您的专业化成长发展提供有益的支持。

我们要特别感谢奋斗在信息技术教育一线、提供经由自身实践的教学案例的老师们，感谢电子工业出版社出版团队的专业支持，尤其是牛晓丽老师的辛勤付出。我们也要感谢您选择使用本教材。您的反馈和建议对我们提升教材质量至关重要，有任何建议，均可发送邮件至 yanlinzheng@nenu.edu.cn。

郑燕林　董玉琦

2024 年 1 月 15 日

目　录

第1章 我国信息技术课程的发展

学习目标

学习本章之后，您需要达到以下目标：

- 知道我国信息技术教育的发展历程；
- 领会不同历史时期我国信息技术课程的指导思想；
- 分析我国不同历史时期信息技术课程的目标、内容；
- 分析现行信息技术课程，预测信息技术课程的未来发展趋势。

我国信息技术课程起步于20世纪80年代的计算机教育。党的十八大以来，我国教育信息化建设与信息技术教育取得了快速发展。在国家层面，从政策支持到资金投入、从软硬件环境建设再到教师专业化水平提升，均为信息技术课程的开设提供了有力支撑。党的二十大报告明确提出要“实施科教兴国战略，强化现代化建设人才支撑”，指出“教育、科技、人才是全面建设社会主义现代化国家的基础性、战略性支撑。必须坚持科技是第一生产力、人才是第一资源、创新是第一动力，深入实施科教兴国战略、人才强国战略、创新驱动发展战略，开辟发展新领域新赛道，不断塑造发展新动能新优势。”新时代的信息技术课程以信息科学与技术为主要教学内容，注重培育学生的原创精神、原创意识与实践创新能力，指向培养适应信息化、智能化社会的创新人才，对于我国科教强国战略的实施有着重要意义。本章将梳理我国信息技术课程的发展历程，探讨我国信息技术课程的发展趋势。

1.1 计算机教育阶段的计算机课程

本节将以计算机课程开设的课程指导思想为线索，对我国20世纪80年代初到90年代末的计算机课程做一个简单的回顾。

1.1.1 计算机文化论视野下的计算机课程（1982—1990 年）

1. 社会背景

20 世纪 80 年代以后，以计算机科学为主导的信息技术在世界范围内掀起了一场新技术革命的浪潮，为迎接世界新技术革命的挑战，我国开始了计算机教育的实践。

1981 年，教育部派代表团参加了联合国教科文组织与世界信息处理联合会在瑞士洛桑举行的第三届世界计算机教育应用大会（World Conference on Computer in Education，WCCE）。根据世界中小学计算机教育发展需求，在听取了参会专家意见的基础上，教育部于 1982 年做出了“在清华大学、北京大学、北京师范大学、复旦大学和华东师范大学 5 所大学的附中试点开设 BASIC 语言选修课”的决定，我国中小学计算机教育和计算机课程从此拉开了序幕。

但由于当时我国经济还处于欠发达阶段，社会各领域的经费预算不足，加之许多中小学校的计算机师资力量准备不充分等原因，教育界围绕要不要搞计算机教育出现了争论：一种意见认为，从社会发展的需要、国家现代化的需要和教育现代化的需要出发，必须逐步开展计算机教育；另一种意见认为，我国经济不发达，教育经费困难，许多学校常规仪器的装备都达不到标准，要装备计算机谈何容易，主张等国家经济发展后再说；还有一部分人对是否开展计算机教育持观望态度。在教育领域还在为是否开展计算机教育争论不休时，邓小平同志 1984 年在上海观看两位少先队员表演计算机时提出“计算机的普及要从娃娃抓起”，为我国计算机教育的开展打开了新局面。

在先期 5 所试点中学开设计算机课程后，又陆续有一些中学加入了学校计算机教育的队伍，至 1982 年底，已经有 19 所中学开展了计算机教育活动。1983 年，教育部召开了“全国中学计算机试验工作会议”，制定了计算机选修课的教学大纲，规定了相应的教学目标和内容。1985 年，我国组织了第一个包括中学教师参加的计算机教育考察团，赴美参加第四届世界计算机教育应用大会，并且参观考察了美国许多中小学的计算机教育情况。1986 年，国家教委“第三次全国中学计算机教育工作会议”在福州召开，决定成立国家教委全国中小学计算机教育研究中心（该中心于 1987 年正式成立）。同时，此次会议还制定了发展中学计算机教育的指导方针。

1984 年至 1986 年期间，开设计算机课程的学校从 1982 年的 19 所增加到了 3319 所，全国中学装配的计算机台数从 150 台增加到了 33950 台，从事计算机教育的教师人数也从最初的 20 人增加到了 6300 人。在此期间，国家教委还成立了“全国计算机教育试验中心”（全国中小学计算机教育研究中心的前身），颁布了《中学电子计算机选修课教学纲要》等，极大地推动了我国计算机教育的发展和计算机课程的开设。表 1-1 是对 1982 年到 1990 年我国中学计算机教育发展情况的统计。

表 1–1　1982 年到 1990 年我国中学计算机教育发展情况

	1982 年底	1986 年底	1990 年底
开展计算机教育学校数（所）	19	3319	7081
全国中学拥有计算机台数（台）	150	33950	76862
从事计算机教育的教师人数（人）	20	6300	7232
学习计算机的累计学生人数（万人）	0.1	35	300

2. 课程指导思想

20 世纪 80 年代初至 90 年代初，我国计算机课程的指导思想很大程度上受当时世界上普遍认为的“程序设计是人类第二文化”的影响。这一观点由苏联计算机教育学家伊尔肖夫（A. P. Ershov）在联合国教科文组织与世界信息处理联合会于 1981 年 8 月在瑞士洛桑举行的第三届世界计算机教育应用大会上提出。伊尔肖夫提出 “程序设计——人类的第二文化”，认为人类生活在一个“程序设计的世界”，认为科学发现、社会组织工作、人们的日常生活与学习都按照一定的程序进行，都是一种有序的生活，善于还是不善于编排与执行自己工作、生活、学习的程序是人们能不能有效地完成各种任务、过上有序生活的关键。伊尔肖夫还提出，现代人除应该具备传统的读写算意识与能力，还应该具有一种可以与之相比拟的程序设计意识与能力，即第二种文化——程序设计文化。计算机程序设计教学可以帮助人们从小培育程序设计意识与能力。美国心理学家与计算机教育家西摩 • 佩珀特（Seymour Papert）于 1980 年提出了计算机可以具体化形式思维的观点，进而提出了“组合思维（Combinatorial Thinking）”的观点，并主持研发了一种容易学习、结构良好、程序运行过程可见的程序设计语言——LOGO 语言。

“程序设计是人类第二文化”和“程序设计有助于培养和发展学生解决问题的能力”的观点极大地影响了我国当时计算机教育界一批很有声望的学者和专家，多年来，计算机教育领域的研究人员都把学习程序设计语言作为计算机课程的核心内容，认为学生可以通过学习算法来提升解决实际问题的能力，把计算机程序设计语言和程序设计方法的学习作为唯一获得这种问题解决能力的途径。较多研究者认同在基础教育中学习程序设计语言和程序设计方法是培养全面发展的、能迎接信息社会挑战的新型人才的重要途径，有必要加强开设计算机课程。

3. 课程目标

在 1983 年召开的“全国中学计算机教育试验工作会议”上，教育部在总结试点学校经验的基础上，制定了计算机选修课的教学大纲，规定了相应的教学内容，规定计算机选修课的目标是：

（1）初步了解计算机的基本工作原理和它对人类社会的影响；

（2）掌握基本的 BASIC 语言并初步具备读、写程序和上机调试的能力；

（3）逐步培养逻辑思维和分析问题、解决问题的能力。

大纲中还规定课时数为 45～60 学时，要求保证至少有 1/3 的课时上机操作。此时计算机选修课教学大纲的侧重点是让学生了解计算机的基本知识和学习 BASIC 语言。

1984 年，教育部颁发了《中学电子计算机选修课教学纲要（试行）》；1986 年，国家教委在福州召开“第三次全国中学计算机教育工作会议”，决定在 1983 年制定的教学大纲中增加部分计算机应用软件的内容，课程的目的也相应地包括了计算机应用。1987 年，国家教委颁布了《普通中学电子计算机选修课教学纲要（试行）》，规定教学目的与要求是：

“……在于使学生初步了解电子计算机在现代社会中的地位和作用，锻炼学生应用电子计算机处理信息的能力，提高学生的逻辑思维能力及创造性思维能力。通过电子计算机选修课的教学，要求学生：

（1）初步了解电子计算机的基本工作原理及系统构成；

（2）会用一种程序设计语言编写简单程序；

（3）初步掌握电子计算机的操作并了解一种应用软件的使用方法。”

4. 课程内容

受“程序设计是人类第二文化”观点的影响，产生了以程序设计为主的“程序设计”选修课。1984 年颁发的《中学电子计算机选修课教学纲要（试行）》规定了计算机选修课的内容与目的，当时的人民教育出版社根据该教学大纲编写的教材分计算机简介、BASIC 语言、数的进位制和逻辑代数四个部分。“第三次全国中学计算机教育工作会议”以后，受国际上通行的“工具论”的影响，在国家教委颁发的第二个试验教学大纲中，教学内容增加了文字处理、电子表格和数据库等应用软件。这虽然在一定程度上修改了原有内容，但从教学大纲规定的教学目标与教学要求中仍可以看出，这一时期的课程内容仍然是以“计算机工作原理与计算机程序设计语言”为主的。

1.1.2 计算机工具论视野下的计算机课程（1991—1999 年）

1. 社会背景

进入 20 世纪 90 年代后，计算机已经不再仅仅应用于科学计算，而是向着成为各行各业的基本信息处理工具的方向发展。人们的日常生活中也逐步开始应用信息技术来进行信息处理。专门的应用软件开始面市并日趋增多，越来越多的人无须懂得程序设计即可使用计算机。

1991 年 10 月，“第四次全国中小学计算机教育工作会议”在山东济南召开，这次会议是在我国计算机教育发展了 10 年的基础上召开的，此时的教育管理部门和计算机教师对计算机教育已经具备了一定的经验，并且对其有了一定程度的认识。国家教委时任副主任柳斌在会上做了题为“积极稳步地发展中小学计算机教育”的报告，从提高思想认识、加强领导和规划的宏观角度肯定了我国发展计算机教育的决心，提出了我国中小学计算机教育的发展方针，指出计算机在中小学的普及和提高将是一个很长的历史过程，各地要积极进取、因地制宜、从实际出发，逐步扩大计算机教育的速度和规模，这个方针要在实践中补充完善。此次会议上，国家教委还成立了中小学计算机教育领导小组。随后，各个省市也陆续成立了相应的机构。我国中小学计算机教育开始有计划、有步骤地健康发展。

1992 年 2 月，国家教委决定将“全国中学计算机教育研究中心”改为“全国中小学计算机教育研究中心”，进一步明确了该中心作为基教司领导下的一个计算机教育研究机构。这次更名标志着我国计算机教育从以试验尝试为核心的阶段进入了以研究与实践为主题的新阶段，开启了计算机教育进入小学阶段的大门。

1992 年 7 月，国家教委颁发了《关于加强中小学计算机教育的几点意见》。8 月，柳斌组长牵头的“全国中小学计算机教育领导小组”成立，小组成员细致规划了我国 20 世纪 90 年代计算机教育发展的蓝图。

1994 年 5 月，国家教委首次对计算机教育先进工作者和先进集体进行了表彰，表明我们国家已经认识到中小学计算机教育需要一支数量足够、质量合格的中小学计算机师资队伍。

1994 年 9 月，首批计算机教育实验区和示范校成立；10 月，国家教委基础教育司正式下发《中小学计算机课程指导纲要（试行）》，对中小学计算机课程的地位、性质、目的和内容有了比较详细的要求。

1996 年 12 月，国家教委颁发了《中小学计算机教育五年发展纲要（1996—2000 年）》，其中详细规定了到 2000 年我国中小学计算机教育发展的目标、任务和指导思想，并对师资建设、教育软件的研发管理、经费投入等重要问题做了规划。

截至 1996 年底，我国中小学计算机教育已经进入了稳步发展阶段，与国家经济和社会发展一样，也取得了巨大的成绩，表 1-2 是自 1992 年至 1996 年我国中小学计算机教育状况的简单统计。

表 1–2　1992 年至 1996 年我国中小计算机教育状况

	1992 年底	1994 年底	1996 年底
开展计算机教育学校数（所）	9187	26294	40851
装备计算机台数（台）	121119	210707	513696
从事计算机教育的教师人数（人）	10546	16919	32572
学习计算机的累计学生人数（万人）	394.6	710.87	2167

1997 年以后，我国各地的计算机教育发展更快，北京、上海、广东等发达城市与地区已经将计算机教育纳入课程，并且广泛地在教学活动中使用计算机多媒体等技术。据不完全统计，到 1999 年底，全国开展计算机教育的中小学学校数已达到 58449 所（占 10%左右），开设计算机课程的学校有 19995 所，每年接受计算机教育的学生有 2920 万人（占 10%左右）；拥有计算机 165 万台（平均每 121 名学生拥有一台计算机），计算机教室 95000 间；建立校园网的学校

有2660所，占学校总数的千分之五。

这一时期的中小学计算机教育已经逐步从20世纪80年代中后期的试验阶段走上了稳步发展的阶段，相应地，中小学计算机课程也从原来的选修课程转变为必修课程。1997年10月，国家教委颁发《中小学计算机课程指导纲要（修订稿）》，自1998年9月起在全国实行，此纲要是国家对中小学计算机学科教学的基本要求，是编写计算机学科教材和考试的主要依据。

2. 课程指导思想

1985年，在美国弗吉尼亚举行的第四届世界计算机教育大会（WCCE/85）上，有些专家提出：中小学计算机课程应该从以程序设计语言为主转向把计算机作为一种工具，即以计算机应用为主。这就是计算机“工具论”的提出。持“工具论”观点的人认为：计算机只不过是现代社会中的信息处理、信息传播工具，只要能操作、会用就行了。也就是说，计算机教育应该以培养学生熟练使用计算机，并将其作为解决问题的工具为主要目标，即应该使学生有一种使用信息工具来帮助自己进行脑力劳动的意识，同时应该培养学生使用这些工具来解决学习与生活中的各种问题。

20世纪90年代以后，随着计算机多媒体和网络技术的逐步发展与广泛应用，计算机辅助教育在国内外教育界、出版界、计算机界等引起了广泛的关注，“计算机文化”的说法又被重新提起，但这时的“计算机文化”与20世纪80年代以程序设计作为“计算机文化”核心的概念有所不同，它更加强调利用计算机技术手段解决问题的能力。

丹麦皇家教育研究院的高级讲师安德森（B. B. Andresen）在题为“有超媒体文化才是有文化：读写算与多媒体文化是基本能力”的论文中系统地提出：阅读文字消息的能力、书写文字的能力、理解数字与进行计算的能力、非英语母语国家的人的英语运用能力、媒体运用能力和计算机运用能力六大能力是信息时代人们具备的基本能力。

受国际“工具论”的影响，1987年国家教委颁发的第二个试验教学大纲已经尝试在教学内容中增加了文字处理、电子表格等应用软件，但当时课程仍以计算机程序设计语言为核心，直到1997年10月《中小学计算机课程指导纲要（修订稿）》的颁布和实行，中小学计算机课程的地位、目的、教学内容和教学要求才逐渐明确，把重点之一放在计算机辅助教学与计算机辅助管理，强调计算机应用技能的提升。这一时期的计算机辅助教学和计算机辅助管理主要是开发教学软件、课件和教育教学管理软件，把计算机作为一种工具与教育教学相结合。

尽管这一阶段仍受20世纪80年代“计算机文化”观念的影响，但实质上已经转变为以培育学生熟悉与熟练运用计算机作为解决问题的工具为主要目标，除计算机单独设科并逐步成为一门必修课程以外，以计算机辅助教学和辅助管理为主的计算机普及应用已经体现出课程整合的思想。

3. 课程目标

受计算机工具论思想的影响，学者们已经认识到计算机是一种经常使用的信息处理、信息传播工具，应该使学生有一种使用信息工具来帮助自己进行脑力劳动的意识，同时培养学生使用这些工具来解决学习与生活中的各种问题。基于这种思想，培养学生运用计算机应用软件的能力是这一时期教学的目标，计算机课程的开设也都以教授应用软件为主。

1994 年 10 月由国家教委基础教育司颁发的《中小学计算机课程指导纲要（试行）》对中小学计算机课程的地位、性质、目标和内容做了比较详细的规定，其中目标分为中学和小学两个部分。

- **中学**

（1）认识计算机在现代社会中的地位、作用以及对人类社会的影响。了解电子计算机是一种应用十分广泛的信息处理工具，培养学生学习和使用计算机的兴趣。

（2）初步掌握计算机的基础知识和基本操作技能。

（3）培养学生用现代化的工具和方法去处理信息。

（4）培养学生分析问题、解决问题的能力，发展学生的思维能力。

（5）培养学生实事求是的科学态度以及良好的计算机职业道德。

- **小学**

（1）了解计算机的一些基本常识和计算机在现代社会中的广泛应用。

（2）培养学生学习计算机的兴趣。

（3）初步学会计算机的基本操作。

（4）在初步使用计算机的过程中发展学生的智力与能力。

1997 年 10 月，国家教委颁发《中小学计算机课程指导纲要（修订稿）》，规定了中小学计算机学科教学的基本要求，是计算机课程教材和教学的基本依据。在这一版本的课程指导纲要中，为适应计算机技术新的发展和应用，在课程体系、课程目标、课程内容上都在 1994 年纲要的基础上做了相应的增加、调整。其中规定：

- **小学阶段**

（1）帮助学生建立对计算机的感性认识，使学生了解计算机在日常生活中的应用，培养学生学习、使用计算机的兴趣和意识。

（2）使学生了解计算机的一些基本常识，初步学会计算机的一般使用方法。

（3）帮助学生确立正确的学习态度，养成爱护机器设备、遵守机房规则等良好习惯。

- **初中阶段**

（1）使学生了解计算机在现代社会中的地位、作用以及对人类社会的影响，培养学生学习、使用计算机的兴趣和意识。

（2）使学生理解计算机的基础知识，学会计算机的基本操作。

（3）培养学生初步的信息处理能力。

（4）培养学生良好的学习态度和计算机使用道德，以及与人共事的协作精神等。

- **高中阶段**

（1）使学生了解计算机在现代社会中的地位、作用以及对人类社会的影响，培养学生学习和使用计算机的兴趣，以及利用现代化的工具与方法处理信息的意识。

（2）使学生掌握计算机的基础知识，具备比较熟练的计算机基本操作技能。

（3）培养学生实事求是的科学态度、良好的计算机使用道德，以及与人共事的协作精神等。

这一阶段课程的指导思想制约着中小学计算机课程目标的设计，人们对计算机学科的普遍认识还停留在“一个工具性和应用性的学科”这样的层次，因此中小学计算机课程的实施目标的核心被放在了“熟练操作计算机”这样的简单技术性目标层次上。但不可否认的是，这样学以致用的观点有着它的合理性，能够激发学生的学习动机和掌握这种技能的积极性。

4. 课程内容

这一时期，中小学计算机课程已经逐步成为中小学一门独立的知识性和技能性相结合的基础性学科。自 1991 年开始制定课程指导纲要，到 1994 年正式发布试行版本，再到 1997 年的修订稿，中小学计算机课程的指导纲要已经在各地实施了五六年。这期间无论是中小学计算机课程的价值观、国家经济和社会发展，还是计算机技术的应用和发展都已经有了很大的变化，为适应新时期计算机教育理念和计算机多媒体技术等的发展和应用，中小学计算机课程的内容需要在保留计算机学科的一些相对稳定的教学内容基础上，做出相应的修改和调整。同时，为满足我国当时各地区经济、社会、教育等领域发展不平衡的要求，中小学计算机课程主要采用模块化的内容划分，在内容设置上有一定的弹性和层次，鼓励各地区根据自身的条件（设备、师资等）选取不同的模块进行教学。

在 20 世纪 90 年代，课程指导纲要整体上比较关注计算机的工具属性。1994 年颁发的《中小学计算机课程指导纲要（试行）》提出了计算机课程将逐步成为中小学的一门独立的知识性与技能性相结合的基础性学科的观点。纲要中规定，中小学计算机课程内容共包含 5 个模块，作为各地编写教材、教学评估和考核检查的依据。

（1）计算机的基础知识，包括信息社会与信息处理、计算机的诞生与发展、计算机的主要特点与应用、计算机的基本工作原理介绍、微型计算机系统及类型的介绍、我国计算机事业的发展。

（2）计算机的基本操作与使用，包括联机、开机与关机、系统设置、键盘指法训练、汉字编码方案及汉字输入方法介绍、苹果机及中华学习机 CEC-I 操作系统的简单介绍、PC 操作系统介绍。

（3）计算机的几个常用软件介绍，包括字处理软件、数据库管理系统软件、电子数据表格软件、教学软件与益智性游戏软件。

（4）程序设计语言，包括 BASIC 语言和 LOGO 语言等。

（5）计算机在现代社会中的应用及其对人类社会的影响。

1997 年 10 月，国家教委办公厅颁布了《中小学计算机课程指导纲要（修订稿）》，并于 1998 年秋季正式实施。在此修订稿中进一步明确了中小学计算机课程的地位、目的、教学内容和教学要求等。在教学课程内容方面规定：

小学计算机课程的教学内容应以计算机简单常识、操作技能和益智性教学软件为主，计算机本身的教学内容和课时不宜过多。

初中计算机课程的教学以计算机基础知识和技能训练、操作系统、文字处理或图形信息处理为主。建议在初一或初二年级开设。

在小学和初中阶段不宜教程序设计语言。如果开展 LOGO 语言教学，应以绘图、音乐等功能作为培养学生兴趣和能力的手段来进行教学。

高中计算机课程要以操作系统、文字处理、数据库、电子表格、工具等软件的操作使用为主。程序设计可作为部分学校及部分学生的选学内容。建议在高一或高二年级开设。

1991 年到 1999 年是信息技术飞速发展的 9 年，同样也是我国中小学计算机教育发生质变的 9 年，社会各界对中小学计算机教育的认知和重视程度已经远远超越了 20 世纪 80 年代。国家教委成立全国中小学计算机教育领导小组，全国中小学计算机教育研究中心和多数省市建立的中小学计算机教育领导机构在政策上和体制上保证了中小学计算机教育的顺利发展。这个阶段我国中小学计算机教育开展了诸多新实践。重要文件的颁发实施、理论研究的深入以及实验成果的交流推广，都标志着我国中小学计算机教育日趋成熟。

1.2　新世纪以来的信息技术课程

人类已经在 21 世纪初迈入了信息时代，以计算机和网络技术为代表的信息技术的发展逐步改变着人们的交流方式、工作方式、学习方式和生活方式，信息素养成为个人在信息社会赖以生存的重要条件。我国的计算机教育也在经历了 20 世纪 80 年代的起步和 90 年代的稳步发展之后，在新世纪尤其是党的十八大以来得到了快速发展。

1.2.1　党的十八大以前的信息技术课程（2000—2012 年）

1. 社会背景

（1）教育信息化 1.0 时期

随着国际互联网的发展及广泛应用，国际上开始提出信息社会的概念。教育如何应对信息化社会的挑战成为教育家们和政治家们必须思考的问题。应用多媒体教学和联网学习，实现教育信息化和促进教学内容与方法的变革，迎接正在到来的信息社会对于教育的挑战，已经成为当今教育的必然选择。这一时期，美国、欧洲、日本等世界发达国家或地区纷纷提出教育信息化的发展战略、积极投入资金发展信息基础设施。同期，我国也开始认识到教育信息化发展的必要性，于1996年拟定了一个关于1000所学校教育手段现代化试点项目的五年计划，至1998年底已有近半数学校实现联网，每校平均装备微机百余台。

2001年，国家颁布《中华人民共和国国民经济和社会发展第十个五年计划纲要》，明确提出了教育信息化的要求，指出："大力发展现代远程教育，提高教育现代化、信息化水平。""十五"期间，国家实施教育信息化工程，重点支持建设以中国教育科研网和卫星视频系统为基础的现代远程教育网络，启动"校校通"工程，大力发展各种形式的网络教育，把远程教育网络建设纳入国家信息技术工程建设的格局。截至2008年上半年，标志着教育信息化基础设施建设的两大工程——中国教育和科研计算机网（CERNET）和中国教育卫星宽带传输网（CEBsat）——已经初具规模，覆盖面已遍及全国，初步形成了"天地合一"的现代远程教育传输网络。中国教育和科研计算机网（CERNET）高速主干网已分别覆盖全国31个省市自治区的200多个城市，用户达到2000多万人；我国第一个下一代互联网CERNET2主干网也已开通。中国教育卫星宽带传输网（CEBsat）通过卫星覆盖全国，具有8套数字电视节目、3套IP流媒体节目、8套数字音频广播节目、25套IP数据广播的传输能力。

进入21世纪，世界各国已经认识到信息化人才是教育信息化、国家信息化的重要保障。为此，世界各国纷纷在基础教育领域发展信息技术教育，以应对国家信息化给人才培养带来的新挑战，我国也不例外。2000年10月，我国召开了全国中小学信息技术教育工作会议，时任教育部部长陈至立在会上做了题为"抓住机遇，加快发展，在中小学大力普及信息技术教育"的报告；会上还印发了《关于在中小学普及信息技术教育的通知》、《关于在中小学实施"校校通"工程的通知》和《中小学信息技术课程指导纲要（试行）》三个重要文件；决定从2001年开始，用5～10年时间，在中小学（包括中等职业技术学校）普及信息技术教育，全面启动中小学"校校通"工程，使全国90%左右的独立建制的中小学能够与互联网或中国教育卫星宽带传输网连通，以信息化带动教育的现代化，努力实现基础教育的跨越式发展；还决定将信息技术课程列为中小学生的必修课程，并对中小学信息技术课程的主要任务、目标、内容等做了详细的规定，确立了信息技术教育工作的指导方针。此后，教育信息化建设受到高度重视，我国信息技术教育也进入了一个全面发展的崭新阶段，以信息化带动教育现代化，实现基础教育跨越式发展的新时期已经到来。

2010年颁布的《国家中长期教育改革和发展规划纲要（2010—2020年）》明确提出："鼓励学生利用信息手段主动学习、自主学习，增强运用信息技术分析解决问题能力。加快全民信息技术普及和应用。"自2012年起，教育部定期对各省市的教育信息化工作进展进行总结，明确教育信息化的发展现状，为后续的发展方向提供指导。2012年3月，教育部发布《教育信息化十年发展规划（2011—2020 年）》，提出：“以教育信息化带动教育现代化，破解制约我国教育发展的难题，促进教育的创新与变革，是加快从教育大国向教育强国迈进的重大战略抉择。”2012 年 6 月，《国务院关于大力推进信息化发展和切实保障信息安全的若干意见》出台，提出：“加快学校宽带网络建设，推动优质数字教育资源开发和共享，完善教育管理信息系统，构建面向全民的终身学习网络和服务平台，大力发展远程教育，形成教育综合信息服务体系。”

这一时期，信息技术在中小学教育教学中的应用不断普及。卫星宽带传输网和互联网相互补充，基本覆盖全国中小学，网络教学环境初步建成。全国约 16%的小学、46%的初中、77%的高中建成了不同程度的校园网；25%的中小学以多种方式接入互联网，其中，以 100Mb/s 以上带宽接入互联网的中小学达 2 万所。中小学计算机配备水平不断提高，截至 2011 年底，校园内每百名学生平均拥有计算机数量小学达到 5.12 台，初中达到 7.78 台，高中达到 13.45 台；初步建成国家基础教育资源库，涉及 7 类、36 个学科共计 4129 学时的学科知识点教学资源，2869 小时的学习辅导、专题教育和教师培训视频资源，12507 条多媒体教学素材资源，覆盖 1～9 年级多种版本教材的教育教学内容。

（2）基础教育课程改革的实施

面对 21 世纪科学技术的迅猛发展以及经济的全球化，培养新时期具有良好素质和竞争力的新一代，事关国家前途和民族命运，也是基础教育义不容辞的责任。在知识爆炸的时代，基础教育的任务和职能已经发生了改变：掌握知识的多少不是最重要的，最重要的是如何掌握知识，如何培养终身学习的愿望和能力，如何让学生学会学习。教育如何适应信息社会的要求？如何培养具有信息素养的学生？加强基础教育信息技术课程改革在世界范围内受到前所未有的重视。

1999 年，《中共中央国务院关于深化教育改革全面推进素质教育的决定》出台，标志着世纪之交的最新一轮课程改革正式启动。该“决定”明确提出要“在高中阶段的学校和有条件的初中、小学普及计算机操作和信息技术教育，使教育科研网络进入全部高等学校和骨干中等职业学校，逐步进入中小学。”

2001 年 6 月，经过长期酝酿，《基础教育课程改革纲要（试行）》颁布试行，提出：“要使学生具有爱国主义、集体主义精神，热爱社会主义，继承和发扬中华民族的优秀传统和革命传统；具有社会主义民主法制意识，遵守国家法律和社会公德；逐步形成正确的世界观、人生观、价值观；具有社会责任感，努力为人民服务；具有初步的创新精神、实践能力、科学和人文素养以及环境意识；具有适应终身学习的基础知识、基本技能和方法；具有健壮的体魄和良好的心理素质，养成健康的审美情趣和生活方式，成为有理想、有道德、有文化、有纪律的一代新人。”同时，该“纲要”还提出：“大力推进信息技术在教学过程中的普遍应用，促进信息技术与学科课程的整合，逐步实现教学内容的呈现方式、学生的学习方式、教师的教学方式和师生互动方式的变革，充分发挥信息技术的优势，为学生的学习和发展提供丰富多彩的教育环境和有力的学习工具。”

2003年出台的《普通高中技术课程标准（实验）》将信息技术作为国家规定的普通高中学生的必修课程，与通用技术一起组成技术课程，从此确定了信息技术课程的地位。高中信息技术课程以义务教育阶段课程为基础，以进一步提升学生的信息素养为宗旨，使高中学生发展为适应信息时代要求的建设者和接班人。2012年，中国教育技术协会信息技术教育专业委员会研制的《基础教育信息技术课程标准（2012版）》发布，为中小学阶段的信息技术课程提供了有效的课程实施指导。

此轮基础教育课程改革是我国全面推进素质教育、促进教育均衡发展和学生全面发展的核心环节，要求从单纯注重传授知识转变为引导学生学会学习、合作、生存、做人；改变过去强调接受学习、死记硬背、机械训练的学习方式，倡导学生主动参与、乐于探究、勤于动手的探究学习；改变课程评价过分强调甄别与选拔的功能，建立促进学生全面发展、多元的评价体系。作为本轮课程改革重要组成部分的信息技术教育和信息技术课程的改革必然要遵循这种发展轨迹。

2. 课程指导思想

基于上述背景，这一时期信息技术教育领域的一个热点是“信息素养”，引起了世界各国越来越广泛的重视，并逐渐加入到从小学到大学的教育目标与评价体系之中，成为评价人才综合素质的一项重要指标。

以计算机技术和网络技术为代表的信息技术的普及带来了信息技术的大众化，此时的信息技术已经变成一种大众技术，而且随着这种大众技术被更多的人掌握，逐步形成了席卷全球的“信息文化”。这一时期的信息技术课程从20世纪80年代、90年代的精英教育逐渐走向大众教育，开始面向每一个学生。因此，信息技术课程的目标、内容应着眼于每一个未来社会公民的基本信息素养。

这一阶段的国家基础教育课程改革着眼于全体学生素质的全面提高，信息素养作为未来信息社会公民必备的基本素养，是全体学生素质提高的必要组成部分。同时，信息素养不仅是关于信息和信息技术的知识与技能，更是运用信息和信息技术的过程与方法，是对信息和信息技术情感态度和价值观的内化。信息素养的提高要强调未来社会公民信息交流、共享能力的提高和运用信息和信息技术解决实际问题、创新实践能力的提高。

3. 课程目标

随着信息社会对人才培养提出越来越多的新要求，以及素质教育在学校教育中的深入开展，信息素养及其培养也受到越来越广泛的关注。2000年发布的《中小学信息技术课程指导纲要（试行）》和2003年发布的《普通高中技术课程标准（实验）》都把信息素养的培养和提高作为信息技术课程在义务教育阶段和高中教育阶段的主要目标和任务。

2000年发布的《中小学信息技术课程指导纲要（试行）》中明确提出：“通过信息技术课程使学生具有获取信息、传输信息、处理信息和应用信息的能力，教育学生正确认识和理解与信息技术相关的文化、伦理和社会等问题，负责任地使用信息技术；培养学生良好的信息素养，把信息技术作为支持终身学习和合作学习的手段，为适应信息社会的学习、工作和生活打下必要的基础。”

2003 年发布的《普通高中技术课程标准（实验）》、2012 年发布的《基础教育信息技术课程标准（2012 版）》也明确了信息技术课程的总目标为培养和提升学生的信息素养，从知识与技能、过程与方法、情感态度与价值观三个维度阐释信息素养的课程目标。

以提高一个人的素养作为根本的教育目标，意味着信息技术教育不仅仅是技术教育，更本质的是一种素养教育，已经超越了单纯的计算机技术训练，进而发展为与社会需求相适应的信息素养教育。

4. 课程内容

2000 年以后的信息技术课程在原有的课程指导纲要基础上对课程内容做了相应的调整。

义务教育阶段的课程内容按照基础模块和拓展模块进行设计。小学阶段设一个“信息技术基础”模块，其中含“硬件与系统管理”“信息加工与表达”“网络与信息交流”三个专题，共 72 课时，适宜在三、四年级开设；设两个拓展模块，分别是“算法与程序设计入门”和“机器人入门”，各 36 课时，适宜在五、六年级开设。初中阶段设一个“信息技术基础”模块，含“硬件与系统管理”“信息加工与表达”“网络与信息交流”三个专题，共 36 课时，适合在七年级开设；设两个拓展模块，分别是“算法与程序设计”和“机器人设计与制作”，各 36 课时，适合在八、九年级开设，也可以在七年级开始开设。基础模块是各地各校必须完成的内容，拓展模块是可以根据条件选择开设的内容。

在高中教育阶段，信息技术教育归于技术领域，内容分为信息技术基础、算法与程序设计、多媒体技术应用、数据管理技术、网络技术应用、智能信息处理 6 个方面。高中信息技术课程包括必修和选修两个部分：必修部分只有一个模块——“信息技术基础”，2 学分。与九年义务教育阶段的信息技术教育相衔接，是培养高中学生信息素养的必要保证，是学习后续选修模块的前提；由信息获取、信息加工与表达、信息资源管理、信息技术与社会 4 个主题构成；着重强调在大众信息技术应用的基础上，让学生通过亲身体验与理性建构相结合的过程，初步认识当前社会信息文化的形态及其内涵，构建与社会发展相适应的价值观。选修部分包括“算法与程序设计”“多媒体技术应用”“数据管理技术”“网络技术应用”“人工智能初步”5 个模块，每个模块 2 学分；强调在必修基础上关注技术能力和人文素养的双重建构，是信息素养培养的延续；内容设计既注意技术深度和广度的把握、前沿进展的适度反映，同时关注信息文化理念的表达。

1.2.2　党的十八大以来的信息技术课程（2013 年至今）

1. 社会背景

（1）教育信息化 2.0 时期

新一轮的科技浪潮不断推动着信息化融合进程，大数据、人工智能、区块链等新技术正逐步应用于教育领域，进一步为现代教育系统发展赋能。这些新技术的应用有助于提高教育教学的智能化水平，为个性化教育和自主学习提供了更多可能性。信息时代、数字时代对人才的需求正发生着改变，如何培养适应社会发展和需求的创新人才成为教育的时代命题。“学习空间人人通”“信息化教学应用实践共同体”“智慧教育示范区”等教育实践活动不断涌现，这些实践形态的发展表明技术正从多方面推进教育信息化进程。技术正在通过体制机制创新、全域系统变革来推动教育信息化的发展，促进教育的个性化和差异化，将信息技术全面融入教育教学的各个环节，实现全域范围内的信息化教学，提高教育教学的质量和效益，提升教育教学的整体水平。

党的十八大以来，以习近平同志为核心的党中央高度重视教育事业，做出了一系列重要部署和重要决策，推进我国教育信息化实现跨越式发展。党的十九大报告明确指出：“建设教育强国是中华民族伟大复兴的基础工程，必须把教育事业放在优先位置，深化教育改革，加快教育现代化，办好人民满意的教育。”党的二十大报告提出：“推进教育数字化，建设全民终身学习的学习型社会、学习型大国。”

2016 年 6 月颁布的《教育信息化“十三五”规划》提出：“到 2020 年，基本建成‘人人皆学、处处能学、时时可学’、与国家教育现代化发展目标相适应的教育信息化体系；基本实现教育信息化对学生全面发展的促进作用、对深化教育领域综合改革的支撑作用和对教育创新发展、均衡发展、优质发展的提升作用；基本形成具有国际先进水平、信息技术与教育融合创新发展的中国特色教育信息化发展路子。”

2017 年 1 月，国务院印发《国家教育事业发展“十三五”规划》，提出：“必须把教育的结构性改革作为主线，主动适应经济社会发展和人民群众的需求。统筹利用好、布局好各类教育资源，突出保基本、补短板、促公平，公共教育资源配置向薄弱地区、薄弱学校、薄弱环节和困难人群倾斜，推动区域、城乡协调发展，着力提高基本公共教育服务的覆盖面和质量水平；优化人才供给结构，加快高中阶段教育普及进程，推动高等教育分类发展，大力发展现代职业教育和继续教育，加快培养经济社会发展急需人才；创新教育供给方式，大力发展民办教育，拓展教育新形态，以教育信息化推动教育现代化，积极促进信息技术与教育的融合创新发展，努力构建网络化、数字化、个性化、终身化的教育体系，形成人人皆学、处处能学、时时可学的学习环境；改革教育治理体系，深化简政放权、放管结合、优化服务改革，落实学校办学自主权，加快现代学校制度建设；扩大社会参与，提高教育开放水平，整体提升教育服务经济社会发展的能力。”2017 年 7 月，国务院印发《新一代人工智能发展规划》，指出：“当前，新一代人工智能相关学科发展、理论建模、技术创新、软硬件升级等整体推进，正在引发链式突破，推动经济社会各领域从数字化、网络化向智能化加速跃升。”

2018 年 4 月，教育部发布《教育信息化 2.0 行动计划》，提出：“通过实施教育信息化 2.0 行动计划，到 2022 年基本实现‘三全两高一大’的发展目标，即教学应用覆盖全体教师、学习应用覆盖全体适龄学生、数字校园建设覆盖全体学校，信息化应用水平和师生信息素养普遍提高，建成‘互联网+教育’大平台，推动从教育专用资源向教育大资源转变、从提升师生信息技术应用能力向全面提升其信息素养转变、从融合应用向创新发展转变，努力构建‘互联网+’条件下的人才培养新模式、发展基于互联网的教育服务新模式、探索信息时代教育治理新模式。”

2019 年 2 月，中共中央、国务院印发《中国教育现代化 2035》，指出：“利用现代技术加快推动人才培养模式改革，实现规模化教育与个性化培养的有机结合。”中共中央办公厅、国务院办公厅印发《加快推进教育现代化实施方案（2018—2022 年）》，提出：“着力构建基于信息技术的新型教育教学模式、教育服务供给方式以及教育治理新模式。促进信息技术与教育教学深度融合，支持学校充分利用信息技术开展人才培养模式和教学方法改革，逐步实现信息化教与学应用师生全覆盖。创新信息时代教育治理新模式，开展大数据支撑下的教育治理能力优化行动，推动以互联网等信息化手段服务教育教学全过程。加快推进智慧教育创新发展，设立‘智慧教育示范区’，开展国家虚拟仿真实验教学项目等建设，实施人工智能助推教师队伍建设行动。构建‘互联网+教育’支撑服务平台，深入推进‘三通两平台’建设。”

2021 年 7 月，教育部等六部门发布《关于推进教育新型基础设施建设构建高质量教育支撑体系的指导意见》，提出：“以教育新基建壮大新动能、创造新供给、服务新需求，促进线上线下教育融合发展，推动教育数字转型、智能升级、融合创新，支撑教育高质量发展。”

2022 年初，教育部在年度工作要点中提出：“实施教育数字化战略行动。强化需求牵引，深化融合、创新赋能、应用驱动，积极发展‘互联网+教育’，加快推进教育数字转型和智能升级。推进教育新型基础设施建设，建设国家智慧教育公共服务平台，创新数字资源供给模式，丰富数字教育资源和服务供给，深化国家中小学网络云平台应用，发挥国家电视空中课堂频道作用，探索大中小学智慧教室和智慧课堂建设，深化网络学习空间应用，改进课堂教学模式和学生评价方式。建设国家教育治理公共服务平台和基础教育综合管理服务平台，提升数据治理、政务服务和协同监管能力。强化数据挖掘和分析，构建基于数据的教育治理新模式。指导推进教育信息化新领域新模式试点示范，深化信息技术与教育教学融合创新。健全教育信息化标准规范体系，推进人工智能助推教师队伍建设试点工作。建立教育信息化产品和服务进校园审核制度。强化关键信息基础设施保障，提升个人信息保护水平。”

2023 年 2 月，我国在世界数字教育大会上发布了《中国智慧教育蓝皮书（2022）》与《2022 年中国智慧教育发展指数报告》。报告显示，我国智慧教育基础设施设备环境基本建成，接入互联网的学校比例已接近 100%；近年来，通过大力加强学生信息素养培育，近八成中小学生数字素养达到合格及以上水平；中小学教师数字素养全面提升，超过 86%的教师数字素养达到合格及以上水平；学校管理信息化与网络安全制度建设完成度较高，已有近 85%的学校具备网络安全管理制度。

2023 年 4 月，国家互联网信息办公室发布《数字中国发展报告（2022 年）》。报告显示，数字化教学条件加速升级。99.89%的中小学（含教学点）学校带宽达到 100Mb/s 以上，超过四分之三的学校实现无线网络覆盖，99.5%的中小学拥有多媒体教室。国家教育数字化战略行动全面实施，国家智慧教育公共服务平台正式开通，建成世界第一大教育教学资源库，优质教育资源开放共享格局初步形成。国家中小学智慧教育平台自改版上线以来，汇聚各类优质教育资源 4.4 万余条，其中课程教学资源 2.5 万课时。

（2）基础教育课程改革的深化

党的十八大以来，我国发展进入新阶段，改革进入攻坚期和深水区，相应地也给教育教学发展与变革带来了新挑战与新机遇。我国陆续出台了一系列的教育改革相关政策文件和行动方案，深入改革基础教育，满足时代发展的培养要求和学生发展的需求。同时，我国的信息技术课程标准也陆续发布或进行修订，引领信息技术课程发展，确定信息技术学科核心素养和教学目标等，指导信息技术课程教学的开展。

2017 年 9 月，中共中央办公厅、国务院办公厅印发的《关于深化教育体制机制改革的意见》提出："培养认知能力，引导学生具备独立思考、逻辑推理、信息加工、学会学习、语言表达和文字写作的素养，养成终身学习的意识和能力。" 2023 年 5 月，教育部办公厅印发的《基础教育课程教学改革深化行动方案》提出："推进数字化赋能教学质量提升。" 教育信息化是当前教育改革的重要方向，信息技术课程作为教育信息化的重要组成部分，需要及时跟进数字时代的发展趋势，紧跟技术创新的步伐，更新教学内容，以适应时代的发展需求，关注学生信息素养的培养，提升学生的信息技术应用能力，培养适应数字经济需求的人才，积极推进教育信息化的进程，提高教育教学的质量和效益。

信息技术课程经历了文化论、工具论、信息素养论视野下的不同发展范式。为适应时代的发展需求，信息技术课程需要进行相应的改革和发展，以适应新的教育环境和学生需求。经历十余年普通高中课程改革的实践后，在正确的改革方向和先进的教育理念的指导下，《普通高中信息技术课程标准（2017 年版 2020 年修订）》从多个方面对信息技术课程提出了新的要求，既包括育人方式改革的需求，也包括信息技术发展趋势和学生信息素养提升的需要，同时也符合信息技术课程发展的需要。此次普通高中信息技术课程标准修订进一步明确了信息技术教育的定位，其目标指向进一步提升学生的综合素质，发展学生的信息技术学科核心素养，促进学生全面且个性化地发展，以适应信息社会的发展需求。

2022 年 3 月，教育部发布《义务教育信息科技课程标准（2022 年版）》，标志着我国义务教育阶段信息科技课程的开设从此开始有了国家标准的指引，走向新的发展阶段。在义务教育阶段开设高质量的信息科技课程，培养学生的科技创新能力，必将成为我国信息技术教育史上的浓重一笔，是推进国家创新发展的基础性举措。理解课程标准，不但是推进课程有效实施的基本前提，也对信息技术教师的培养与专业化成长有重要意义。

2. 课程指导思想

自电子计算机问世以来，信息技术的发展经历了以计算机为核心、以互联网为核心和以数据为核心的三个阶段，对社会的经济结构和生产方式产生了深刻的影响。信息技术的发展加速了全球范围内的知识更新和技术创新，推动了社会信息化、智能化的建设与发展，催生出现实空间与虚拟空间并存的信息社会，并逐步构建出智慧社会。随着信息技术的快速发展，人们沟通交流的时间观念和空间观念得到重塑，思维与交往模式也在不断改变。信息技术已经超越单纯的技术工具价值，为当代社会注入了新的思想与文化内涵。提升中国公民的信息素养，增强个体在信息社会的适应力与创造力，对个人发展、国力增强、社会变革有着十分重大的意义。在信息社会中，信息素养已经成为个体发展的必备能力之一。个体需要具备获取、处理、评估和有效利用信息的能力，以及利用信息技术解决问题的能力。此外，随着信息技术的不断发展，信息安全、隐私保护等问题也日益突出，需要加强相关法律法规的建设和宣传，提高公民的信息安全意识和自我保护能力。因此，需要积极推进信息技术教育，加强信息素养的培养。同时，还需要加强信息技术的研发和应用，推动信息技术与其他领域的融合与创新，为经济发展和社会进步提供有力支撑。只有不断提高信息素养和创新能力，才能更好地适应未来社会的需求和发展。

《普通高中信息技术课程标准（2017 年版 2020 年修订）》以马克思列宁主义、毛泽东思想、邓小平理论、“三个代表”重要思想、科学发展观、习近平新时代中国特色社会主义思想为指导，深入贯彻党的十八大、十九大精神，落实全国教育大会精神，全面贯彻党的教育方针，落实立德树人根本任务，发展素质教育，推进教育公平，以社会主义核心价值观统领课程改革，着力提升课程思想性、科学性、时代性、系统性、指导性，推动人才培养模式的改革创新，培养德智体美劳全面发展的社会主义建设者和接班人。

《义务教育信息科技课程标准（2022 年版）》坚持以习近平新时代中国特色社会主义思想为指导，指向落实立德树人的根本任务。新时代的学生被称为数字原住民，数字生活是他们的生活。在数字生活情境下，如何通过信息科技课程，助力学生正确人生观、价值观和世界观的培育与塑造，尤其是将培养义务教育阶段时代新人的目标落实到课程中，应作为人民教师首要考虑的问题。对信息科技课程的理解不应仅局限于在课堂中碎片化地教授彼此孤立的技术工具应用，而应从内容逻辑、学习逻辑、教学逻辑三条脉络把握信息科技课程的系统架构。内容逻辑建立在知识间的相互关联之上，反映知识的组织结构形态。学习逻辑建立在学生的认知规律之上，反映学生客观的认知路径建构。教学逻辑则建立在教学活动规律之上，反映教师教学实践所应遵循的原则。在没有课程标准之前，义务教育阶段的信息技术课程内容主要聚焦于教授学生在实践层面应用信息技术工具；而 2022 年版课程标准则让课程内容有效地统合科学原理与实践应用，充分体现“科”和“技”并重的关键特质；鼓励学生通过动手操作（做中学）、在真实的生活中实际应用（用中学）、创新创造作品（创中学）三个方式学习，提升学生参与度、维持学生的学习动机。真实性学习以真实生活中的问题情境驱动学生学习，并将学习发生的逻辑起点由头脑与教学资源的交互转向身体与环境的交互。转变评价观念，重塑教学与评价的关系，构建强化素养导向的多元评价。多元评价将与有效教学深度融合，成为有效教学的重要组成部分。而评价与教学的关系将由“为教学而评价”向“促进教学而评价”转变，最终实现“教学即评价”的学评融合。将促进学生全面发展、培养学生核心素养作为评价锚点，倡导以过程性评价与终结性评价相结合的方式综合评定学生学业表现。

3. 课程目标

随着基础教育课程改革的深化，课程目标经历了从知识与技能、过程与方法、情感态度与价值观的“三维目标”到信息意识、计算思维、数字化学习与创新、信息社会责任的信息技术学科“核心素养”的转变，聚焦学生发展核心素养，培养学生适应信息社会发展的正确价值观、必备品质和关键能力。

从“三维目标”到“核心素养”的转变意味着基础教育课程改革更加注重学生的全面发展和终身发展，强调创新精神和实践能力等综合素养培养。“三维目标”中的知识与技能、过程与方法、情感态度与价值观仍然是非常重要的，但是“核心素养”更加强调这些目标的整合和提升。“核心素养”强调运用不同学科的知识和技能解决实际问题的跨学科能力，注重学生个人素质和社会责任感的培养，同时还强调信息素养和数字化能力，关注数字时代的自主学习和创新能力。

4. 课程内容

新课程标准进一步精选了学科内容，凝练了学科大概念，构成了课程内容的逻辑主线，形成了从小学到高中阶段的主题模块，并结合具体的生活情境，遵循循序渐进和螺旋式发展的学习规律组织课程内容。同时，为学生提供项目式学习案例，在解决生活实际问题的过程中培养学生的跨学科能力，促进学科核心素养的落实。在设置内容时，充分结合学生的心理发展特点和实际生活场景，充分落实习近平新时代中国特色社会主义思想，有机融入社会主义核心价值观、中华优秀传统文化等先进文化教育内容，落实立德树人根本任务，充实和丰富培养学生社会责任感、创新精神、实践能力的相关内容。

义务教育阶段的课程内容由内容模块和跨学科主题两部分组成，“六三”学制第一学段包括“信息交流与分享”“信息隐私与安全”“数字设备体验（跨学科主题）”，第二学段包括“在线学习与生活”“数据与编码”“数据编码探秘（跨学科主题）”，第三学段包括“身边的算法”“过程与控制”“小型系统模拟（跨学科主题）”，第四学段包括“互联网应用与创新”“物联网实践与探索”“人工智能与智慧社会”“互联智能设计（跨学科主题）”。其中，3～8 年级单独开设课程，其他年级相关内容融入语文、道德与法治、数学、科学、综合实践活动等课程。

高中阶段的课程内容由必修、选择性必修及选修三部分组成。必修课程包括“数据与计算”和“信息系统与社会”两个模块，是全面提升高中学生信息素养的基础，强调信息技术学科核心素养的培养，渗透学科基础知识与技能，是每位高中学生必须修习的课程，是选择性必修和选修课程学习的基础。必修课程的学分为 3 学分，每学分 18 课时，共 54 课时。选择性必修课程包括“数据与数据结构”“网络基础”“数据管理与分析”“人工智能初步”“三维设计与创意”“开源硬件项目设计”六个模块。其中，“数据与数据结构”“网络基础”“数据管理与分析”三个模块是为学生升学需要而设计的课程，三个模块的内容相互并列；“人工智能初步”“三维设计与创意”“开源硬件项目设计”三个模块是为学生个性化发展而设计的课程，学生可根据自身的发展需要进行选学。选择性必修课程是根据学生升学、个性化发展需要而设计的，分为升学考试类课程和个性化发展类课程，旨在为学生将来进入高校继续开展与信息技术相关方向的学习以及应用信息技术进行创新、创造提供条件。选修课程包括“算法初步”“移动应用设计”以及各高中自行开设的信息技术校本课程，是为满足学生的兴趣爱好、学业发展、职业选择而设计的自主选修课程，为学校开设信息技术校本课程预留空间。选择性必修和选修课程中，每个模块为 2 学分，每学分 18 课时，需 36 课时。

1.3　我国信息技术课程的发展趋势

1.3.1　信息技术课程目标指向核心素养培育

近几年，信息技术课程的课程目标围绕学科核心素养设计，主要包括信息意识、计算思维、数字化学习与创新和信息社会责任。针对不同学段学生的特征，信息技术学科核心素养的培养要求亦有不同。信息技术学科核心素养强化了学科育人导向，从学生的内在品质、能力到价值观的培养，关注学生的全面发展。信息技术课程开始关注学科素养教育。信息技术课程不限于关注学生信息技术技能的习得，而是同时关注学生相应的意识观念、思维品质、创新能力、情感态度的综合培养；摆脱信息技术边缘学科的标签，切实关注学生在当今信息技术发展迅速的时代下所必备的素养技能，以学科核心素养为培养导向，全方面全过程体现学科核心素养，重视育人价值。

1.3.2　信息技术课程内容更关注跨学科整合

信息技术学科是一个综合性学科，涉及计算机科学、人工智能、网络通信技术等多个领域的知识技能。为有效联结信息技术课程内容，增强信息技术课程内容与实际生活的联系，信息技术课程的内容设计趋于跨学科整合是必然的。其一，信息技术课程内容跨学科整合，可丰富信息技术课程内容结构体系，增强信息技术课程内容的连贯性，培养学生多领域的问题解决能力，关注学生综合能力的培养。而且，课程内容的跨学科整合可打破学科界限，为学习信息技术课程提供新的学习视角与方法，促进学生提高创新能力，有利于培养学生的数字化学习与创新的核心素养。其二，信息技术课程强调理论与实践并重，课程内容的跨学科整合可以更好地促进理论与实际生活的联系，使学生在多个学科领域的实践中体验信息技术的基本原理和应用，在跨学科学习中培养信息意识和计算思维。在不同学科领域体验信息技术的操作应用，一方面可以促进学生参与学习，保持学习信息技术的积极性；另一方面也可以增加学生在不同领域对信息技术的认识与理解的深度与广度，增强学生的信息责任意识，促进学生信息社会责任的核心素养培养。

1.3.3 信息技术课程实施注重生活实践融合

信息技术课程实施注重促进学生的数字生活。随着信息技术课程标准的发布，我国对信息技术教育的认识与理解不再是简单的技术操作与应用，而是转向关注信息技术课程的社会生活价值，倡导真实性学习，注重创设真实的数字化学习环境，培养学生在数字生活中必备的素养品质。具体体现在以下几个方面：

（1）在信息技术课程的教学设计与实践过程中，要求信息技术教师结合实际生活中的案例，引导学生意识到信息技术学习的重要性，提升学生对信息技术课程的学习兴趣，提高学生将信息技术课程的知识内容应用到实际生活中并解决问题的能力，逐步达成信息技术课程目标。

（2）面向学生的数字生活设计信息技术课程教学并开展教学实践，让学生在学习过程中体验信息技术在生活中的应用，培养学生的迁移能力，使其适应数字社会的发展需求。

（3）信息技术课程教学面向学生的数字生活，与时代发展同步。革新信息技术课程教学模式，创新性地开展信息技术课程教学实践，在信息技术课程教学过程中培养学生正确的信息伦理意识，培养学生的社会责任意识，使其养成良好的道德习惯。

信息技术课程的实施高度关注综合性与实践性，体现在以下方面。

（1）课程内容的更新与整合：课程内容紧跟时代发展的步伐，融入了人工智能、大数据、云计算等前沿技术，并与现实生活情境紧密结合。同时，课程内容的设计充分考虑学生的认知发展特点，由浅入深，循序渐进。

（2）大概念理念的运用：教学过程中重视大概念的融入，即通过核心概念的提炼，帮助学生建立知识体系框架，促进学生对信息技术学科本质的理解和把握，培养学生的问题解决能力和创新思维。

（3）强调实践性学习：信息技术课程强调动手实践，鼓励学生通过实际操作来探究问题，以培养学生的计算思维、创新能力和解决实际问题的能力。

（4）注重多元化学习评价：评价方式不再单一，更加注重过程性评价和多元化评价，不仅考核学生的知识与技能掌握程度，也关注学生在思维过程、团队合作、信息素养等方面的表现。

（5）重视课程资源的开发与利用：鼓励教师和学生利用校内外丰富的信息资源，包括网络资源、图书馆资源、社会资源等，进行拓展学习，提高学习的广度和深度。

（6）关注对教师专业发展的支持：提升教师的信息技术教育能力和素养，提供专业发展的机会和资源，以保证教学质量。

（7）具有适应性与灵活性：课程实施考虑地区差异和学校特色，允许根据实际情况调整课程内容，使之更贴近学生的生活实际和区域特色。

在具体的教学实践中，教师会根据课程标准和学生的实际情况设计具体的教学活动，采用项目式学习、探究式学习等教学方法，促进学生的全面发展。同时，学校和教师也会定期参与培训和学习，不断更新教育理念和教学方法，以适应信息技术教育的最新发展。

1.3.4　信息技术课程评价强调“教—学—评”一体化

信息技术课程的新课程标准强调，评价要结合过程性评价与终结性评价，完善评价体系，将教学评价贯穿整个信息技术课程教学过程，准确反映学生在日常信息技术课程教学过程中的学习情况，定期对学生展开评价，判断阶段性教学的目标达成情况，并及时调整教学设计与实践，充分发挥评价的促教、促学功能。评价要体现“教—学—评”的一致性，基于真实的教学过程，重视学生对自我学习情况的认识评价，尊重学生在教学过程中的主体地位，也可让学生家长参与评价，多角度对信息技术课程开展评价。结合多种评价方式，借助技术平台收集信息技术课程教学过程中的学生过程性学习数据，全面客观地评价学生的学习表现。对于学生的作业评价，要根据学生和学习内容的特点，设计作业梯度，准确反映学生的真实学习情况。

习题

1. 讨论我国各个阶段信息技术课程实施的区别与联系。
2. 通过阅读文献，学习我国各个时期信息技术课程指导纲要或课程标准，梳理我国信息技术课程的发展脉络，并用概念图的方式表示出来。
3. 通过自主学习和同伴互助，对我国未来信息技术课程的发展趋势做出预测，并在全班同学面前展示和汇报。

第 2 章

国外信息技术课程的发展

学习目标

学习本章之后，您需要达到以下目标：

- 知道信息技术课程的国际发展动态；
- 归纳英国、日本、韩国和芬兰的信息技术课程发展历程；
- 分析各国信息技术课程的目标、内容；
- 比较各国信息技术课程的发展特点。

为更好地适应未来的社会发展，应对人工智能、大数据等技术给生活带来的变化，各国都非常关注学生的信息素养以及信息社会所必备能力的培养，重视信息技术的应用，探索信息技术与教育融合的新模式。信息技术课程作为信息素养培养的重要载体，受到世界各国政府的重视。本章对信息技术课程在世界范围内的发展现状与趋势进行简要概括，并具体介绍英国、日本、韩国和芬兰的信息技术课程的目标与内容。英国、日本、韩国和芬兰各自国情不同，社会发展对教育改革提出的要求不同，信息技术课程的发展也呈现出不同的特点。我们需要在特定的时间与空间上了解不同国家的信息技术课程发展历程。

2.1 国外信息技术课程发展概述

2.1.1 政策引领

信息技术课程是全球基础教育课程改革的重要内容。通过信息技术课程的学习，使学生为迎接未来信息社会的挑战做好准备，世界各国都在积极行动，不断完善这个快速变化的学科。为适应全球化的需要，世界各国政府都在积极推进信息教育。各国政府作为自上而下的课程改革过程中的重要角色，推进、引领信息技术教育的同时，还广泛调动社会各界力量，吸纳社会资源，发动地方与企业参与到信息教育中来，引入市场机制，对教育信息化基础设施的建设给予大力支持。各国政府高度重视信息技术教育，根据时代发展的不同阶段与本国具体情况制定了一系列政策与措施，并且切实落实这些政策和措施，保证其有效性。例如，英国 2018 年发布《人工智能在英国：准备、意愿和能力》，强调学生需要掌握人工智能的相关知识，并且在课程中讲授相关技术的使用；日本 2016 年发布《日本振新战略——面向第四次产业革命》，为培养人工智能方面的创新人才，主要将编程教育、科普教育等与人工智能相关的基础课程纳入中小学必修课范围；芬兰 2017 年发布《芬兰的人工智能时代》，积极运用人工智能技术，寻求新的教育创新，以满足社会人才需求，减少失业现象；新加坡 2018 年发布“AI Singapore”项目、“AI for Students”课程、“AI for Kids”课程，在全国范围内推动少儿编程教育，并将编程纳入中小学考试科目；韩国 2019 年提出“人工智能（AI）国家战略”，将 AI 人才培养和人类未来能力的提升作为其战略实施计划的重要内容。

2.1.2　课程结构

如果仅仅在信息技术学科中学习信息技术，会使学生接触和使用信息技术的时间大大减少，不利于学生深刻理解信息技术在生活、学习与工作中的功用与价值。许多国家在让学生在信息技术学科中学习信息技术的同时，也强调信息技术与其他学科的整合。例如，韩国的《中小学信息通信技术教育运营指针》（2000 年 8 月）将信息通信技术教育分为素养教育和活用教育。信息通信技术活用教育就是指以基本的信息素养能力为基础，在学习和日常生活中能够积极地运用信息通信技术的教育。韩国的中小学校为最有效地达到教学与学习目标，把信息通信技术整合到各科目的课程中，促进学生的创造性思考能力和多样的学习活动能力，提高学生的自主性学习能力。日本 2010 年发布的《高中学习指导纲要解读——信息篇》提出，开设“社会与信息”及“信息科学”两门课程供所有学生选修，学生可以根据不同的能力、适应性、兴趣等选择一门课程；2018 年 3 月发布的《高中学习指导纲要解读——信息篇》将中小学的信息技术课程划分为公共课程信息Ⅰ与公共课程信息Ⅱ。后面我们将详细介绍英国、日本、韩国、芬兰的信息技术课程结构与相应的内容构成。

2.1.3　课程实施

信息素养的形成是一个长期的过程，不同年龄的学生有着不同的生理、心理特点，学习能力以及生活经验，同时还受到当地经济条件制约。各个国家都根据自己特定的情况设置了灵活弹性的课程。因此，连贯统一的课程也是各国信息技术课程的共同特点。例如，在日本，小学阶段通常只是把计算机等信息技术作为教学工具来应用，使学生能够接触、了解信息技术，并培养学生对计算机的积极态度和亲近感；初中阶段，教师在教学中应用计算机的各种特性，使学生能够深刻理解计算机并学会使用计算机；高中阶段，相关科目的教学目的在于使学生明白信息社会的发展和计算机对个人及社会的影响。各国根据其实际发展情况和发展需求，制定了一系列相关的政策指南，为信息技术教育的开展提供了实施保障。

例如，英国教育部 2019 年 4 月发布《在教育中使用技术》（Using Technology in Education），并于 2024 年 1 月对其进行更新，该文件是一个综合性文件，描述了英国的教育技术政策，还包含技术应用指南、技术安全保障、技术设施采购建议和相关调查报告及研究，全方位地为英国教育工作者提供技术应用的指导，保障技术在教育中的应用，确保顺利开展信息技术课程教学工作。2022 年 3 月，英国教育部发布《学校的数字和技术标准》（Meeting Digital and Technology Standards in Schools and Colleges），并于 2024 年 1 月对其进行更新，明确了大中小学应该达到的数字基础设施和技术标准，包括校园的互联网带宽标准、网络安全标准、计算机设备标准、数字化领导与治理标准等，涉及校园软硬件、基础设施的管理等多方面的标准规范，保障各类学校的数字化发展。

韩国教育部 2023 年 2 月发布《数字教育创新计划》，明确了数字时代教育的发展方向，制定了数字时代教育未来的发展计划；2023 年 9 月发布的《教育技术推广计划》，指出教育技术不仅要应用到学校教育中，更要用于支持社会公共教育。这些政策文件指导韩国教育数字化转型的发展，保障韩国教育技术在实际教育领域的应用，大力支持技术在教育教学中的应用，为技术与教育教学融合发展提供政策保障。

2019 年，日本发布《推进尖端技术应用的方案》，重视远程教育，推进以 ICT（Information and Communication Technology，信息通信技术）为基础的尖端技术在教育中的应用，鼓励学校在教育教学中使用技术，并且加大对学校 ICT 设施的投资。2022 年，日本发布《学校教育信息化推进计划》，完善学校教育信息化的制度体系，促进数字资源的开发与普及，推进相关部门之间的合作，协同加强学校教育信息化建设，从多个方面支撑学校教育信息化发展，促进信息技术在教育教学领域中的应用。

2.2 英国的信息技术课程

1987 年，英国发布《国家课程》（The National Curriculum），指出核心课程中均要有信息技术的体现，同时前瞻性地提出了跨学科理念，让学生在学习过程中提升其信息技术能力；1988 年发布《教育改革法》（The Education Reform Act），明确要将“技术”纳入基础教育课程中。

2.2.1 英国的课程改革

英国国家课程重点关注的教学对象是从第一学段到第四学段的学生（其中，第一学段是小学 1～2 年级，第二学段是 3～6 年级，第三学段是 7～9 年级，第四学段是 10～11 年级）。基于学段分布，英国在此基础上发展国家信息技术相关课程。1994 年，英国出台《国家课程及其评估》（The National Curriculum and its Assessment: Final Report），明确指出将信息技术分离发展为具体课程，注重信息技术基础知识，重点发展在第一、第二学段的课程，但并没有与信息技术课程相关的具体标准。

2000 年，《国家课程》经过改革后认为，应将信息技术（Information Technology，IT）课程更名为信息通信技术（Information and Communication Technology，ICT）课程。2011 年，英国教育部出台《国家课程框架》，将信息通信技术课程设置为第一至第四学段的基础课程，有明确的课程结构解析，同时建议在中学广泛开展信息通信技术课程，形成课程具体要求，注重在其他国家课程中的融合和使用。

2013 年，《国家课程》明确指出“国家课程规定了所有科目的学习方案和 4 个关键阶段的目标。在英国，所有由地方当局管理的学校都必须教授这些课程，且大部分于 2014 年 9 月执行”，其中有的 ICT 课程更名为计算（Computing）课程。

综上所述，英国信息技术课程包括 ICT 课程和计算课程，其中计算课程是在 ICT 课程改革中更名发展而来的，它们共同构成英国信息技术课程体系。

2.2.2　英国的 ICT 课程

1. 课程政策及其发展

如前所述，2000 年，因为互联网在英国中小学的普及，“信息通信技术”课程成为英国重点建设的国家课程。2011 年，英格兰资格与考试监督办公室提出《ICT 功能技能标准》，明确学生具备的技能应该从“使用信息通信技术”“查找和选择信息”“开发、呈现和交流信息”三个维度进行评估。同时，标准中给出了包含“技能标准”“覆盖范围”的技能评定要求，每个类别中根据学生学习特点和具体教学内容进行评估维度的说明，比如，在阶段 1 的“使用信息通信技术”中，学生要能够安全地与技术进行交互，形成“技能标准”；而在“覆盖范围”中，标准中主要指明在技能标准下学生要具体学会的内容和技能，比如，在阶段 1 的“使用信息通信技术”中，学生要认识信息通信技术并使用其具体功能、降低屏幕亮度等消极因素影响、设置密码保证信息安全。另外，要确保学生有充足的时间练习 ICT 技能并达到熟练掌握的水平。

2012 年，英国教育部进一步明确了 ICT 课程的知识应用要求，指出应让学生有机会利用在 ICT 课程中所习得的知识——不但需要在 ICT 课程学习过程中有意识地加以练习巩固，也要在其他学科课程学习中有意识地利用 ICT 知识与技能优化学习效果。

2. 课程标准

（1）2000 年和 2008 年 ICT 课程标准比较

ICT 课程标准的发展让英国信息技术课程发展更为迅速、高效。2008 年 ICT 课程标准在 2000 年 ICT 课程标准的基础上颁布，聚焦具体学段，为教师教学提供了更多教学建议。这里从课程目标、课程内容、课程评价三个方面对英国 2000 年和 2008 年 ICT 课程标准进行比较分析。

在课程目标方面，2000 年 ICT 课程标准确定了“四发展方面、六关键技能、五思维技能”的课程目标，注重培养学生的信息通信技术能力。在此基础上，2008 年 ICT 课程标准重点关注英国教育的第三学段，课程目标聚焦“信息获取”“发展思维”“信息交流”“评价”四个维度，有效地实现 2000 年课程目标的落地，更好地进行学段精准化指导。

在课程内容方面，2000 年 ICT 课程标准对小学、初中两个阶段的课程内容进行了说明，同时课程内容并没有分学段设计，而是进行总体的课程内容引领。经过发展，2008 年 ICT 课程标准基于关键概念和技能领域，形成了具体的二级维度和三级内容，条理清晰地指明了每一种类别下学生应该涉及的知识技能、操作内容、注意事项等。

在课程评价方面，2000 年 ICT 课程标准将课程评价作为独立的一部分，评价内容包括“了解信息通信技术基础知识和工具使用方法”“思考合理利用设备资源解决问题”“加强实践动手操作能力”“在学习实践中形成独立批判精神和积极使用信息通信技术的意愿”。2008 年 ICT 课程标准虽然没有形成独立的课程评价模块，但是将具体评价内容融入课程目标模块，既保证了课程评价与课程目标、课程内容不分离，也使课程标准更加精简、科学。

（2）2008 年第三学段 ICT 课程标准

①课程目标

2008 年 ICT 课程标准主要针对第三学段进行设计，其课程目标包括“信息获取”“发展思维”“信息交流”“评价”四个维度（如表 2-1 所示）。

表 2-1　第三学段 ICT 课程目标

维度	具体目标
信息获取	整体考虑解决问题所需的信息量、信息种类等问题，探究使用信息的方法、途径和信息获取的重要性
	仔细选择信息搜索方法，使获得的信息更精准地满足具体需求
	核对信息的正确性
	对信息进行价值判断、准确程度判断、合理程度判断和误差偏移判断
发展思维	选择并使用合适、安全、有效的 ICT 工具与技术
	通过开发、探索、组织并最终生成信息来解决问题
	探究规则与数值改变对模型设计、评价与开发的影响，以测试预期模型并发现模型的特点
	设计信息系统，对现有系统提出改进建议
	通过设计、测试与修改指令来实现预期目的
	通过组合多种文本、声音与图像，最终汇集、设计与提炼信息

续表

维度	具体目标
信息交流	用多种 ICT 工具以适当的形式表达信息
	有效、安全并负责任地进行信息传播与交流
	正确而恰当地使用技术术语
评价	对所做的工作进行批判性的反思
	反思自己和他人使用 ICT 的行为
	反思学到了哪些知识，如何用这些知识改进未来的工作

ICT 的重要性也成为教学目标中重点提及的内容：技术被越来越多地应用到社会各方面。因此，自信地、有创造性地和富有成效地利用 ICT 是生活的一项基本技能。ICT 能力不仅包括对于技术技能与技巧的精通，还包括能够正确地、安全地、负责任地将这些技能应用于学习、日常生活和工作当中。

②课程内容

课程内容主要从“关键概念”与“技能领域”两方面进行设计（如表 2-2 所示）。

表 2-2　第三学段 ICT 课程内容

一级指标	二级指标	具体内容
关键概念	能力	使用一系列 ICT 工具，明确使用目的，培养处理疑难、解决问题、思考创造和价值判断的能力
		探索和利用未知或不太了解的 ICT 工具
		将 ICT 课程知识的学习、应用与工作、生活等广泛的场景相结合
	交流与合作	探索在全球范围内利用 ICT 进行交流、合作，分享其使用理念和方法，使人们利用新方式共同工作，以及进行知识创新
	探索思想与管理信息	通过使用 ICT 形成探索思想，以及尝试利用不同方式创造性地解决问题
		使用 ICT 模拟不同情景，确认使用模式并形成假设验证
		管理信息与有效处理大量数据
	技术的影响	探究 ICT 是如何改变生活方式的，同时明确 ICT 对社会、伦理和文化产生的显著影响
		认识到围绕 ICT 会出现使用风险、安全和责任等一系列相关问题
	批判性评价	认识到信息不能从表面判断其价值，必须考虑其目的、发出者、可信程度及背景等因素，对其进行分析和评估
		批判性地检查和反思自身及他人使用 ICT 所创造的成果

续表

一级指标	二级指标	具体内容
技能领域		利用有着不同特征、结构与目的的一系列信息，评估其是否满足特定需要，同时了解信息的适用性
		在不同背景中使用包括大型数据集在内的多种信息资源
		使用与审查不同 ICT 工具的有效性，包括一系列软件应用，以满足用户和解决问题的需要
		保证管理、组织、存储信息的安全性，以确保有效的信息检索

（3）2012 年 ICT 课程改革和计算机科学课程标准

2012 年，英国皇家学会在《关闭还是重新开始？英国中小学中计算的方式》（Shut Down or Restart？The Way Forward for Computing in UK Schools）报告中指出，尽管 ICT 课程内容广泛，但是许多学生除学会使用文字处理器或数据库等基本的数字工具外，并没有得到教师的充分指导，表现出对计算机教育不满意的状况。主要原因在于 ICT 课程设置门槛低、教师不具备拓展知识和专业发展能力，以及学校基础设施的阻碍。因此，有必要提高学校对计算机的性质和范围的认识，而计算机科学（Computer Science）对许多学生未来的职业发展至关重要，同时教学效果不佳的 ICT 课程需要反思和改变。同年，英国发布《计算机科学和信息技术的课程框架》（A Curriculum Framework for Computer Science and Information Technology），发展计算机科学和通信技术，明确提出对数字素养、信息技术和计算机科学课程进行分类和内容梳理。在此基础上，英国发布了计算机科学课程的具体内容。

①课程目标

首先，要求学生掌握并应用包括抽象、分解等在内的计算机科学的基本原理和概念；其次，学生要合理利用这些知识解决现实生活中遇到的编程类计算问题；最后，学生在完成课程学习后要能够独立完成问题分析、方案设计、编程实现、程序调试等任务，具备问题分析与解决能力、计算思维、创新能力以及反思改进能力。

②课程内容

英国计算机科学课程内容主要包括五大部分（如表 2-3 所示）。

表 2-3　计算机科学课程内容

部分	具体课程内容
第一部分	学生初步了解计算机科学，明确计算机科学的重要作用和学习价值
第二部分	学生学习机器、编程、数据、计算、抽象等重要概念

续表

部分	具体课程内容
第三部分	学生能够对计算机科学的关键内容进行总结概括；培养学生利用计算思维解决问题的能力。在抽象课程中，学生可以对具体问题进行建模设计。在编程课程中，学生可以设计开发编写程序，在此基础上对抽象问题具体化、测试并改进程序内容
第四部分	学生主要从算法、编程、数据、计算机和互联网等四个方面进行学习
第五部分	学生能够有效评价自身是否已经达到计算机能力水平标准

这一阶段的计算机科学课程是ICT课程改革的重点内容，是前期ICT课程和后期计算课程的过渡发展内容。发展计算机科学课程，一方面，旨在改善英国的计算机教育状况，另一方面，专家学者也意识到了学生计算机科学知识水平和技能的欠缺，所以有效提升计算机科学课程质量成为英国教育管理部门重点关注的问题，这为后续计算课程标准的制定奠定了基础。

2.2.3　英国的计算课程

1. 课程政策及其发展

2013年，英国将信息通信技术课程更名为计算课程。2022年，英国教育部发布对计算课程的研究报告，对计算课程的发展进行了详细的说明和论述。研究报告指出：计算课程开设还存在教师学科技能和专业知识匮乏、课程资源不足、课程时间和上课人数少等需重点解决的问题；需要以“计算机科学”“信息技术”“数字素养”为中心开展计算课程的知识分类、概念辨析、编程设计、教学模式选择、课程融合等工作，总结分析计算课程的重点发展方向，以便为学校实施课程提供有效指导。

2. 课程标准

（1）课程目标

计算课程旨在确保学生：

①能够理解和应用计算机科学的基本原理和概念，包括抽象、逻辑、算法和数据表示；

②能够用计算课程中的相关术语分析问题，同时具备编写计算机程序、修改计算机程序的实践经验，最终解决常见实际问题；

③能够从分析的角度评估和应用信息技术，在此基础上能够应用有待了解和熟悉的技术解决问题；

④能够成为负责、称职、自信和有创造性的信息通信技术用户。

（2）课程内容

计算课程标准将学生分为四个学段：第一学段（1~2 年级）、第二学段（3~6 年级）、第三学段（7~9 年级）、第四学段（10~11 年级）。计算课程内容如表 2-4 所示。

表 2-4 英国中小学计算课程内容

学段	课程内容
第一学段（1~2 年级）	理解算法并明确算法支撑程序在数字设备上实现的过程，了解程序通过遵循精确的指令来执行
	创建和调试简单的程序
	使用逻辑推理来预测简单程序的运行过程
	有目的地使用技术来创建、组织、存储、操作和检索数字内容
	认识到信息技术在学习外的普遍用途
	安全使用技术的同时尊重技术，有效保护个人隐私信息，同时当出现对互联网或其他在线技术内容操作和链接启动等的疑问时，确定寻求帮助和支持的途径
第二学段（3~6 年级）	完成对特定目标程序的设计、编写和调试，其中可能包括利用程序控制或模拟物理系统等复杂问题，因此要懂得通过将问题分解成更小的部分来解决
	在程序中能够使用顺序、选择和循环语句进行编程，同时可以使用变量实现各种形式的输入和输出
	使用逻辑推理能力解释一些简单的算法是如何工作的，并检测和纠正算法和程序中的错误
	理解包括互联网在内的计算机网络的运作，同时明确如万维网等网络提供的多种服务以及网络为通信和协作提供的具体途径
	有效使用搜索技术，了解利用算法实现选择和结果排序的程序，同时在评估数字内容时形成洞察力
	在一系列数字设备上进行有效选择，组合使用各种软件（包括互联网服务）来设计和创建一系列程序，以达成指定的目标，包括收集、分析、评估和呈现数据信息
	安全使用技术的同时尊重技术并承担一定责任，识别技术可接受/不可接受的行为，通过多种途径来识别关于内容和联系的忧患，明确解决忧患的方法

续表

学段	课程内容
第三学段（7~9 年级）	设计、使用和评估计算课程中模拟现实场景和物理系统状态的抽象问题
	了解反映计算思维的关键算法（例如排序和搜索算法），同时使用逻辑推理能力发现相同问题的不同算法设计
	能够使用两种或多种编程语言（其中至少有一种是与文本相关联的编程语言），适当使用数据结构（例如列表、栈或数组），设计和开发使用程序或功能模块化程序来解决各种计算问题
	理解简单的布尔逻辑（例如 AND、OR 和 NOT）及其在电路和编程中的一些应用结合点，了解数字的二进制表示并能对二进制数进行简单的运算（例如二进制加法、二进制数和十进制数之间的转换）
	了解组成计算机系统的硬件和软件组件，同时了解组件之间相互通信、共同组成的系统与其他系统的通信功能和原理
	了解指令在计算机系统中的存储和执行方式，同时了解各种类型数据（包括文本、声音和图片）的二进制表示形式、二进制数进行数字表示和操作的具体内容
	承担创造性项目，包括选择、使用和组合多个应用程序，有可能也会使用多个设备，以实现具有挑战性的目标，包括收集并分析数据以满足已知用户的需求
	针对特定受众，利用数字工件进行创建、循环使用、修改和重新使用，以实现数字系统设计，过程中注意设计的可靠性和可用性
	了解安全、尊重并负责任地使用技术的一系列方法，实现学生自身在线身份和隐私的保护，过程中可以识别不恰当的内容、联系方式和行为，并知道报告问题的途径和方式
第四学段（10~11 年级）	掌握基础知识，发展在计算机科学、数字素养和信息技术三大维度方面的能力，尤其是创造力
	发展自身分析问题、解决问题、设计方案、计算思考等方面的能力
	了解技术变化影响安全的重要因素，其中包括保护在线隐私和身份的具体方法，同时对报告一系列问题具有忧患意识，明确具体的报告方式和途径

英国目前所使用的课程标准为 2013 版的计算课程标准，从标准中可以看出英国的计算课程强调培养学生的编程思维和解决问题能力。从小学阶段开始，学生就接触基础的编程概念，如顺序、条件和循环判断。这一阶段课程的主要目标是激发学生的兴趣，让学生在游戏中学习编程，培养逻辑思维。中学阶段，英国的计算课程更加深入，开始涉及算法和数据结构等内容，

学生不仅需要掌握编程语言，还要理解计算机科学的核心原理。

英国的计算课程注重实践和应用。学校经常与企业合作，为学生提供实践机会，让学生在解决实际问题的过程中锻炼编程技能。这种实践导向的课程实施有助于培养学生的创新能力和团队协作精神。同时，英国的计算课程具有系统性和连贯性，从小学到大学，都有与之相匹配的课程设计。

2.3 日本的信息技术课程

2.3.1 日本信息教育课程的发展历程

在日本，信息技术教育被称为“信息教育”。2001 年，e-Japan 战略指出，在课堂上进行的培养思考力、判断力、表现力等的学习活动，多数情况下是利用信息手段进行的。为培养思考力、判断力、表现力等，在进行语言活动的同时，充实作为其基础的信息活用能力的教育即信息教育是很重要的，这是培养“生存能力”的关键。充实的语言活动和充实的信息教育是表里一体的关系。e-Japan 战略还提出在高中阶段设置公共科目——信息，作为信息教育的重要部分，其主要目标与策略是：提高全民信息素养，加强小学、中学、大学乃至终身的信息技术教育，培养信息技术工程师与研究人员。2002 年至 2003 年期间，日本文部科学省印发了高中信息学科教学内容，包括“计算机设计”“形状与图像处理”“多媒体表达”等内容模块。

2007 年，日本修改的学校教育法中指出：要在学校教育情境下培育学生活用信息手段发展思考力、判断力、表现力等终身学习能力，而信息活用能力是培养学生终身学习能力的基础。信息教育的目标是培养信息活用能力，其中发表、记录、概括、报告等知识和技能的活用成为信息教育活动的主要内容。

2014 年，日本文部科学省制定了《编程教育实用指南》用于指导教师的编程教学工作，其中根据学生的发展阶段提供了学习编程的案例。

2016 年，《日本振新战略 2016——面向第四次产业革命》将编程、人工智能相关课程纳入中小学必修课程的范围。

2017 年 4 月，日本初等、中等教育局发布的学习指导纲要中提出：信息活用能力的培养为利用计算机和信息通信网络等信息手段提供必要的条件，学生通过信息活用丰富学习活动。

2018 年 3 月，日本发布《小学编程教育手册》（第一版）；2018 年 11 月，日本发布《小学编程教育手册》（第二版）；2020 年 2 月，日本发布《小学编程教育手册》（第三版）。

2019 年 5 月，日本文部科学省发布了在小学阶段全面实施编程教育的通知。

2022 年，日本文部科学省发布共通教科情报、专门教科情报两门学科的关于“指导与评价一体化”的学习评价参考资料。

2023 年 7 月，日本文部科学省开展高中信息科学在线学习会。同年 12 月，日本文部科学省中小学教育司发布了进一步完善高中信息学教学体系的通知。

2.3.2　日本各学段信息教育课程的发展

1. 小学信息教育课程的变化

（1）2008 年 3 月小学学习指导纲要

日本文部科学省 2008 年 3 月发布的小学学习指导纲要中指出：信息教育课程的目标是培养信息活用能力，学校要为学生活用计算机和信息通信网络等信息手段准备必要的环境；教师在信息教育课程教学过程中要有效利用各种统计资料、报纸、视听教材和教学仪器等教材教具。

（2）2015 年 3 月小学学习指导纲要的部分修正

日本文部科学省在 2015 年 3 月修订的小学学习指导纲要中指出：学生在进行有关信息的学习时，要开展基于问题的解决和探究活动，通过收集、整理、发布信息，思考信息对日常生活和社会的影响。

（3）2017 年 3 月小学学习指导纲要

日本文部科学省在 2017 年 3 月发布的小学学习指导纲要中指出：学生在进行有关信息的学习时，要致力于探究性学习，在体验编程的过程中发展逻辑思考能力。

2. 初中信息教育课程的变化

（1）2008 年 3 月初中学习指导纲要

日本文部科学省 2008 年 3 月发布的初中学习指导纲要中写道：要指导学生掌握信息道德，能够适当、主动、积极地运用计算机和信息通信网络等信息手段。学习指导纲要中对信息教育课程的具体教学目标设计如表 2-5 所示。

表 2-5　2008 年 3 月初中学习指导纲要中的信息教育课程教学目标

教学内容	教学目标
信息手段在生活和产业中所起的作用	（1）了解信息手段的特点以及生活与计算机的关系 （2）了解信息化对社会和生活的影响，思考信息道德的必要性
计算机的基本构成、功能及操作	（1）了解计算机的基本构成和功能，并能操作计算机 （2）了解软件的功能
计算机的使用	（1）了解计算机的使用形式 （2）可以使用软件处理基本信息

续表

教学内容	教学目标
信息通信网络	（1）了解信息传达的特征和利用方法 （2）能够收集、判断、处理、发布信息
计算机多媒体的活用	（1）了解多媒体的特点和使用方法 （2）可以选择不同的软件进行表达和交流
程序的测试、控制	（1）了解程序的功能，能编写简单的程序 （2）可以使用计算机进行简单的测试和控制

（2）2015年3月初中学习指导纲要

日本文部科学省2015年3月发布的初中学习指导纲要对信息教育课程教学目标进行了部分修改（如表2-6所示）。

表2-6　2015年3月初中学习指导纲要中的信息教育课程教学目标

教学内容	教学目标
信息通信网络和信息道德	（1）了解计算机的构成和基本的信息处理机制 （2）了解信息通信网络的基本信息利用机制 （3）了解著作权和发布信息的责任，思考信息道德 （4）思考信息相关技术的恰当评价和活用
数字作品的设计、制作	（1）了解多媒体的特点和使用方法，能设计产品 （2）可以综合利用多种媒体进行表达和传播
程序测试和控制	（1）了解利用计算机测试、控制程序的基本原理 （2）考虑信息处理的步骤，能制作简单的程序

（3）2017年3月初中学习指导纲要

日本文部科学省2017年3月再次对初中信息教育课程教学目标进行了修改（如表2-7所示）。

表2-7　2017年3月初中学习指导纲要中的信息教育课程教学目标

教学内容	教学目标
支撑生活和社会的信息技术	（1）理解信息的表现、记录、计算、通信等的原理、法则，信息的数字化和处理的自动化、系统化，了解信息安全等相关的基础技术以及信息道德的必要性 （2）思考技术中包含的解决问题的方法
利用编程来解决生活和社会中的问题	（1）理解信息通信网络的构成和利用信息的基本结构，能够编写安全、适当的程序，进行操作确认和调试等 （2）找出问题，设定课题，思考媒体的有效使用方法，使信息处理的顺序具体化的同时，考虑制作的过程和结果的评价、改善和修正

续表

教学内容	教学目标
思考未来社会发展和信息技术的存在方式	（1）根据与生活、社会、环境的关系，理解技术的概念 （2）对技术进行评价、选择、管理、运用以及创新

3. 高中信息教育课程的变化

（1）1997 年《面向系统的信息教育的实施》

《面向系统的信息教育的实施》将信息教育目标分为“信息运用的实践能力”“对信息科学的理解”“参与信息社会的态度”三个维度。

①信息运用的实践能力

主动收集、判断、表达、处理、创造必要的信息，并根据接收者的情况发出、传达信息的能力。

②对信息科学的理解

对信息技术运用的基础方法的理解，以及适当地处理信息，评价和改善信息技术运用的基本理论和方法。

③参与信息社会的态度

理解信息和信息技术在社会生活中所起的作用和产生的影响，思考信息的必要性和信息的责任，参与创造理想信息社会的态度。

（2）1999 年 4 月高中学习指导纲要

设置“信息”（暂称）科目，其中包括“信息的科学理解”以及“信息社会参与态度”两项基础内容，前者构成供学生选修的“信息 B”课程，后者构成供学生选修的“信息 C”课程。

（3）2010 年 1 月高中学习指导纲要解读——信息篇

对高中公共科目信息课程进行了如下修订：

调整选修科目。设置“社会和信息”“信息科学”两个科目供所有学生选修，学生可根据自身的实际需求自由选择任何一门课程（这意味着每一个学校都须同时开设这两门课程并允许学生自由选修）。

修订学科教学目标。将教学目标由“通过掌握信息及信息技术的知识和技能，培养学生关于信息的科学观点和思维方式，让学生了解信息和信息技术在社会中发挥的作用和影响，培养学生主动应对信息化发展的能力和态度”改为“使学生掌握信息和信息技术的知识和技能，在培养与信息有关的科学观点和思考方式的同时，让学生了解信息及信息技术在社会中所发挥的作用和影响，培养学生对社会信息化发展进行主体性应对的能力与态度”。在此目标的引领下，教学内容也做了相应的修订。

（4）2018年3月高中学习指导纲要解读——信息篇

2018年，日本高中信息课程的目标与内容得到了进一步的改善。

在课程目标改进维度，一方面，改善了教学目标的描述方法。按照“知识和技能”“思考力、判断力、表现力”“面向学习的能力与人文性”三个维度梳理，统合了小学、初中、高中三个阶段信息课程的教学目标。另一方面，重视在信息课程中培养学生“关于信息的科学的看法与思考方式”，期望学生通过信息课程的学习能够“把事物和现象作为信息捕捉，适当且有效地活用信息技术（编程、建模、设计等）”。

在教学内容改进维度，要求所有的学生必选课程“信息I”，并在此基础上设置了选修课程“信息II”，面向问题的发现和解决能力、信息系统和数据有效利用能力以及创造信息能力的培养。其中，“信息I”主要覆盖编程、建模、模拟网络、数据库、基本的信息处理等基础性知识，重在引领学生学习信息道德并思考信息社会和人的关系；“信息II”聚焦信息系统，不但要求学生能够进行数据处理，还要求学生能够进一步思考人工智能和网络技术对人类社会发展的影响。

2.3.3 日本现行信息教育目标和内容

日本2018年新学习指导纲要中信息课程的目标为：培养学生对信息的科学看法和思考方式，让学生能够适当且有效地灵活运用信息和信息技术发现和解决问题，提升学生融入与建设信息社会的能力。其指向培养学生的以下能力：加深学生对信息和信息技术的理解，以及对信息社会和人的关系的理解；灵活运用信息与信息技术的知识与技能发现和解决问题；具备主动参与信息社会建设的积极态度。

1. “信息I”课程的目标与内容

（1）“信息I”课程的总目标

“信息I”课程的总目标包括三个方面：

①在学习如何实现有效的沟通、如何活用计算机和数据的同时，加深对信息社会与人之间关系的理解。

②把各种各样的事物、现象当作信息来捕捉，培养适当且有效地活用信息和信息技术发现和解决问题的能力。

③在合理运用信息和信息技术的同时，培养主动参与信息社会的态度。

（2）“信息I”课程的具体内容与相应教学目标

“信息I”课程包括“信息社会的问题解决”“沟通与信息设计”“计算机与编程”“信息通信网络和数据的应用”四方面的教学内容，每一方面的教学内容都有对应的具体教学目标（如表2-8所示）。

表 2-8　"信息 I"课程的具体教学目标

教学内容	教学目标
信息社会的问题解决	学生通过本部分内容的学习，能够： （1）根据信息和媒体的特性，掌握运用信息和信息技术发现和解决问题的方法 （2）了解有关信息的法规和制度、信息安全的重要性、信息社会中的个人责任和信息道德 （3）了解信息技术对人与社会所起的作用及影响 掌握以下思考力、判断力、表现力： （1）根据目的和情况，合理有效地运用信息和信息技术发现和解决问题 （2）思考与信息相关的法规和制度的意义、在信息社会中个人所起的作用与信息道德 （3）思考信息和信息技术的合理有效利用以及建立理想的信息社会
沟通与信息设计	学生通过本部分内容的学习，能够： （1）科学地理解媒体的特性和交流方法的特点 （2）理解信息设计对人和社会所起的作用 （3）掌握运用信息设计的思路和方法进行有效沟通的能力 掌握以下思考力、判断力、表现力： （1）科学地理解媒体和传播手段的关系，根据目的和情况适当地选择 （2）明确沟通的目的，考虑适当且有效的信息设计 （3）为进行有效的交流，根据信息设计的方法进行评价、改善
计算机与编程	学生通过本部分内容的学习，能够： （1）理解计算机的构造和特征 （2）理解并掌握算法以及通过编程灵活运用计算机和信息通信网络的方法 （3）理解对社会和自然中的事物建模的方法，对模型进行评价和改善 掌握以下思考力、判断力、表现力： （1）思考计算机处理的信息的特征 （2）思考用适当的方法表示算法，通过编程灵活运用计算机和信息通信网络，同时对其过程进行评价和改善 （3）根据目的适当地进行建模，根据其结果提出问题并考虑适当的解决方法
信息通信网络和数据的应用	学生通过本部分内容的学习，能够： （1）理解信息通信网络的结构和构成要素，以及确保信息安全的方法和技术 （2）了解存储、管理和提供数据的方法，以及信息系统通过信息通信网络提供服务的结构和特点 （3）了解如何表达和存储数据，如何收集、整理和分析数据 掌握以下思考力、判断力、表现力： （1）思考信息通信网络中必要的构成要素，同时思考确保信息安全的方法 （2）思考如何有效利用信息系统提供服务 （3）恰当地选择、评估和改进数据收集、整理、分析的方法

2. “信息 II”课程的目标与内容

（1）“信息 II”课程的总目标

“信息 II”课程的总目标包括以下三个方面：

①提升对信息系统和多种数据的活用与理解能力，同时加深对信息技术发展和社会变化的理解。

②把各种各样的事物、现象当作信息来捕捉，培养适当且有效地、创造性地活用信息和信息技术发现和解决问题的能力。

③在合理利用信息和信息技术的同时，培养以创造新价值为目标、主动参与信息社会并为其发展做出贡献的态度。

（2）“信息 II”课程的具体内容与相应教学目标

“信息 II”课程包括“信息社会的发展与信息技术”“沟通与内容”“信息与数据科学”“信息系统和编程”四方面的教学内容，其相应的教学目标如表 2-9 所示。

表 2–9 “信息 II”课程的具体教学目标

教学内容	教学目标
信息社会的发展与信息技术	学生通过本部分内容的学习，能够： （1）根据信息技术的发展历史，对信息社会的发展进行分析 （2）理解信息技术的发展带来的交流方式的多样化 （3）了解信息技术的发展对人类智力活动的影响 掌握以下思考力、判断力、表现力： （1）以信息技术的发展和信息社会的发展为前提，思考将来信息技术和信息社会的存在方式 （2）在交流多样化的社会中，思考信息技术内容的创新和活用的意义 （3）在人类的智力活动不断变化的社会中，思考信息系统的创新和数据活用的意义
沟通与内容	学生通过本部分内容的学习，能够： （1）理解多种传播形式与媒体特性之间的关系 （2）掌握将文字、声音、静态图像、动态图像等组合起来制作内容的能力 （3）理解如何通过各种方法适当、有效地向社会传播内容 掌握以下思考力、判断力、表现力： （1）根据目的和情况，思考沟通的形式，选择并组合文字、声音、静态图像、动态图像等 （2）在信息设计的基础上制作、评估和改善内容 （3）考虑向社会传播内容时的效果和影响，对传播方法和内容进行评价和改善

续表

教学内容	教学目标
信息与数据科学	学生通过本部分内容的学习，能够： （1）理解各种数据的存在和数据活用的必要性，对适当的数据进行收集和整理 （2）理解并掌握基于数据的建模及数据处理、解释的方法和能力 （3）理解以数据处理结果为基础的模型的意义 掌握以下思考力、判断力、表现力： （1）根据目的，收集、整理适当的数据 （2）为预测将来的现象或阐明多个现象之间的关联，进行适当的建模、处理、解释、表示 （3）评价模型和数据处理的结果，改善建模、处理、解释和表示的方法
信息系统和编程	学生通过本部分内容的学习，能够： （1）了解信息系统中信息的处理机制，以及确保信息安全的方法和技术 （2）了解信息系统设计的方法，设计、安装、测试、运用软件进行开发和项目管理 （3）理解并掌握制作构成信息系统的程序的方法和能力 掌握以下思考力、判断力、表现力： （1）关于信息系统及其所提供的服务，思考其存在方式、对社会所起的作用和产生的影响 （2）将信息系统分割成几个功能单位进行制作和整合，在设计时考虑开发效率和运用便利性 （3）制作构成信息系统的程序，并对其进行评价和改善 （4）利用信息和信息技术发现问题并解决问题

“信息 I”及“信息 II”课程中的能力培养要求综合利用信息和信息技术，通过发现问题、解决问题的活动，创造新的价值目标。适当及有效利用信息和信息技术可以提高学生的相应能力。

2.4　韩国的信息技术课程

信息技术教育在韩国的国家课程中体现为实科（Practice Art）课程，其中包含技术和家政两方面的课程内容，在国家课程改革进程中新增加了信息（Information）课程。韩国的信息技术教育始于 1969 年 9 月，韩国文教部（现在的韩国教育部）将计算机相关内容纳入高中的通用产业课程中。20 世纪 70 年代，韩国开启了在商业高中培养计算机人才的时期。1970 年 7 月，韩国文教部发布《电子计算机教育计划》，首次确立了国家级计算机教育计划。1971 年 8 月，“通用电子计算”成为商业高中的必修科目，“程序设计”等成为选修科目。1983 年是韩国的信息产业年，被认为是韩国的计算机产业元年。同年，韩国确定了国家基础计算机网络方针，为培养计算机专业人才和扩大计算机教育提供了契机。而在基础教育中，韩国在 1954 年至 1997 年共经历了七次中小学国家课程改革，随后又于 2007 年、2009 年、2015 年和 2022 年经历了四次改革。

2.4.1 韩国信息技术课程的发展历程

在前四次国家课程改革期间（1954—1987 年），信息技术的相关学习在小学的课程中没有涉及，仅在高中有些许体现。第三次课程改革期间（1973—1981 年），韩国文教部在 1974 年 12 月修订了高中课程标准，在高中实科课程中男生选修的技术模块增加了电子计算机的教学内容，信息技术教育不再只是职业教育。第四次课程改革期间（1981—1987 年），1984 年在初中技术课程中增加了“计算机在信息社会的作用”这一课程内容，在高中工业系的专业课程中计算机被纳入必修课程，信息技术教育受到重视，开始由职业教育领域进入基础教育领域。

第五次韩国中小学国家课程改革期间（1987—1992 年），计算机的教学内容被首次加入中小学实科课程。小学五年级的实科课程内容增加“电脑的种类和用途”，初中实科课程中计算机方面的教学内容更加偏重编程，基础教育学段的编程教育在此次课改中被首次提及，普通高中的课程中增加了计算机方面的课程内容。为更有效地推进计算机教育进入基础教育，韩国文教部 1987 年 12 月制定了《学校计算机教育强化方案》，又于 1989 年 7 月制定了《学校计算机教育支援推进计划》，该计划包含计算机软硬件、计算机教师教育、行政及财务等实质性方案，加快推进了中小学计算机教育。

第六次韩国中小学国家课程改革期间（1992—1997 年），初中学段的实科课程拆分为技术和家政两部分，技术和家政成为独立的学科，在初中选修课程中增加“计算机”模块，计算机教学内容更加偏重计算机工具应用，即实际应用计算机的能力和素养。计算机课程首次作为一门独立的选修课程在初中开设，普通高中计算机的相关内容仍分散在各个科目中。

第七次韩国中小学国家课程改革期间（1997—2006 年），计算机内容在实科课程中的比重有所增加，在高中一年级增设“信息社会与计算机”选修课程。计算机教育的相关内容增加，更加重视计算机的操作应用与生活实际相结合。

第八次韩国中小学国家课程改革期间（2007—2009 年），实科课程分为家庭生活和技术世界两部分内容，是小学五年级至高中一年级的必修科目。小学的信息技术相关教学内容增加网络方面的知识，开始关注网络通信的学习，高中的“信息社会与计算机”课程更名为信息课程。

第九次韩国中小学国家课程改革期间（2009—2015 年），实科课程依旧分为家庭生活和技术世界两部分，但是在小学和初中学段为必修科目，高中学段为选修科目。高中学段的实科课程分为“技术与家庭”“信息”等五个独立选修模块。高中的信息技术教育更强调跨学科教学，关注 STEAM 教育，信息课程的教学目标提出了要培养学生的信息伦理素养，开始正式关注信息伦理教育。

第十次韩国中小学国家课程改革期间（2015—2022 年），强调小学需要在相关学科或其他学科、创造性体验活动中系统地整合 ICT 教育。在初中课程中增设了信息课程，以信息文化素养、计算思维和合作解决问题能力为信息学科核心素养。2020 年 9 月，韩国修订实科课程标准，5~6 年级增加“软件的理解学习”，高中首次开设“人工智能基础”选修课，信息技术教育开始重视软件和人工智能教育。

第十一次韩国中小学国家课程改革期间（2022 年至今），初中信息课程的课时增加，人工智能教育已添加至小学五年级的必修内容中，软件和人工智能教育的内容比重增加，重视数字素养的培养。实科课程中，小学 5~6 年级增设“数字社会与人工智能”模块，与初中的信息课程衔接。初中的信息课程以计算思维、数字文化素养和人工智能素养为学科核心素养，高中开设多门与计算机相关的选修课程，例如“机器人与工程世界”“人工智能基础”“数据科学”“软件与生活”等。

2.4.2　韩国现行的信息技术课程方案

1. 韩国现行的基础教育国家课程方案

为适应教育数字化转型这一发展趋势，以及人工智能技术带来的教育影响，韩国 2022 年制定了第十一次国家课程改革计划。本次课程改革支持学生发展个性，建立个性化课程体系，鼓励学生自主选择未来的职业道路，注重培养学生的社区意识和数字素养，加强学科之间的整合等。

韩国现行的课程结构遵循 2022 年中小学国家课程方案。韩国小学的课程由普通课程和创造性体验活动组成，其中信息技术教育在普通课程中体现为实科课程，该课程分为家庭生活和技术两个主要的内容模块，信息技术相关课程在小学五年级开设。

韩国初中课程同样由普通课程和创造性体验活动组成，其中信息技术教育在普通课程中体现为实科课程和信息课程。

韩国高中课程由普通课程、专业课程和创造性体验活动组成。信息技术教育在普通课程中体现为技术&家政课程和信息课程，属于高中普通课程中的选修课；在专业课程中体现为信息与通信技术课程，如图 2-1 所示。

2022 年 12 月，韩国修订国家课程标准并发布新版的信息教育课程标准，强化了小学和初中实科课程中技术与生活的联系，重点培养学生的技术理解能力和数字素养。

韩国的信息技术课程共分为两大类，即实科类和信息类。实科类包含实科课程、技术&家政课程、机器人与工程世界课程；信息类包含信息课程、人工智能基础课程、数据科学课程、软件与生活课程。下面将从实科和信息两大类信息技术相关课程分别说明韩国中小学信息技术课程的目标和内容。

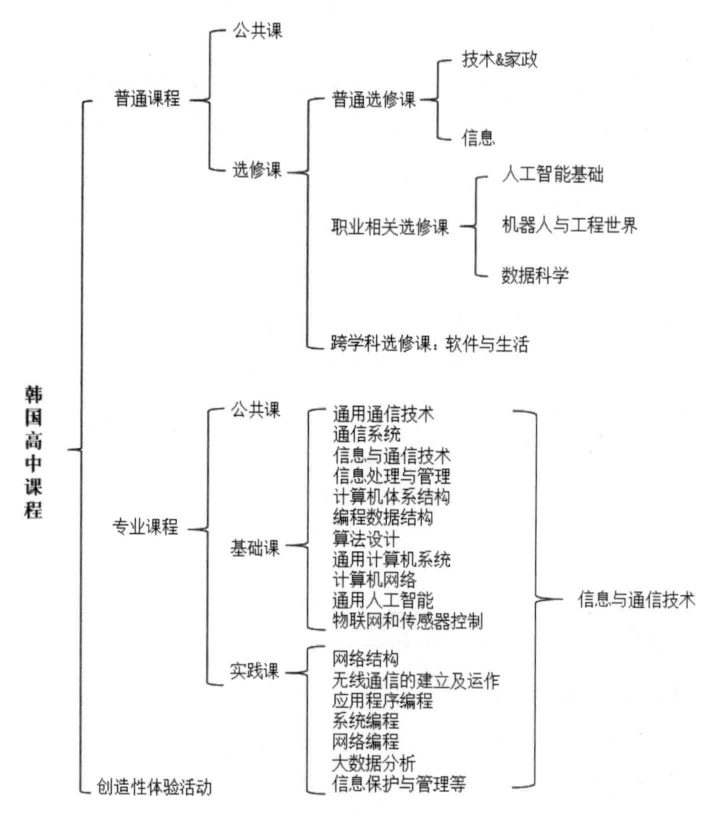

图2-1　韩国高中课程结构

2. 韩国实科类课程中的信息技术教育

（1）实科课程

实科课程包含家庭生活和技术两部分的内容，其中技术部分又包括工学、商学等多领域的知识内容，信息技术相关教学内容仅是实科课程的教学内容中的一小部分。实科课程为小学 5~6 年级和初中 1~3 年级的必修课程，分为人类的发展与主导性生活、生活环境与可持续性选择、技术问题的解决和创新、可持续技术与融合、数字社会与人工智能（该模块小学有相关内容设置，初中为信息课程）。以下仅提取与信息技术教育相关的内容模块。

具体内容与相应教学目标如表 2-10 所示。

表 2-10　实科课程内容与教学目标

学段	教学内容	教学目标
小学 5~6 年级	可持续技术与融合（机器人及机器人融合技术、网络空间等相关内容）	（1）通过对技术的概念和特性的学习、技术问题的解决、技术发明的理解，正确认识技术的价值 （2）以培养合作态度为基础，通过创新的技术实践培养技术素养

续表

学段	教学内容	教学目标
小学 5~6 年级	数字社会与人工智能（计算机、数据、人工智能、程序设计等相关内容）	（1）培养材料与制造、结构与建设、能源与运输、机器人与控制、人工智能与信息通信、生命与医疗、粮食资源领域相关技术的问题解决能力 （2）基于融合思维的培养，正确理解技术世界和活动，探索前进的道路
初中 1~3 年级	可持续技术与融合（机器人、信息通信等相关内容）	（1）通过对技术的概念和特性的学习、技术问题的解决、技术发明的理解，正确认识技术的价值 （2）以培养合作态度为基础，通过创新的技术实践培养技术素养
课程总目标：培养执行能力、价值观和态度，探索生活中的问题并认识到问题解决的结果对个人和社会的影响，以家庭生活、技术的知识内容学习和信息素养的培养为基础，培养学生主导生活的能力		

（2）技术&家政课程

技术&家政课程是高中 1~3 年级的一门普通选修课，是学生学习生活科学和工学的学科，分为生活文化与数码环境、消费者与生活福利、人与人的关系、工程基础、工程创新、可持续性融合工程六个模块。以下仅提取与信息技术教育相关的内容模块。

具体内容与相应教学目标如表 2-11 所示。

表 2-11　技术&家政课程内容与教学目标

教学内容	教学目标
工程创新（机器人与自动化、程序设计等相关内容）	以对工程的历史和未来、工程设计过程的理解为基础，体验工程学习所需的创造、团队合作、沟通、社会、经济等知识、思维，认识工程的价值，具备基础的工程素养
可持续性融合工程（信息通信、人工智能等相关内容）	基于数字的设计和制造、机器人和自动化、环保能源和能源转型、尖端运输工具和航空航天、信息通信、智能城市和环保建设、生命探索工程和医学工程、尖端融合工程等，理解工程问题，探索替代方案，体验方案选定、实施、评价的工程学问题解决过程，认识工程学的价值和方向，培养解决问题的能力
课程总目标：培养学生对家庭及生活科学的思考能力及执行能力、价值判断力，通过解决实践性问题的过程，培养学生的生活自立能力和主导能力；通过对技术及工学实践性经验和技术知识的学习，培养学生的思维和态度，提高学生的工程技术能力，引导学生享受现在以及未来幸福健康的生活和创造性的工程技术世界	

（3）机器人与工程世界

机器人与工程世界是高中的一门职业相关选修课，是综合科学、数学和信息等多种科目的基础知识，深化与拓展技术的知识内容，融合多种技术与工程的课程，包含机器人的理解、工程世界的探索与机器人的应用、机器人工程三个部分。

具体内容与相应教学目标如表 2-12 所示。

表 2–12　机器人与工程世界课程内容与教学目标

教学内容	教学目标
机器人的理解	探讨机器人的工程学概念、机器人硬件和软件以及机器人的应用，了解机器人的基本结构、功能和价值
工程世界的探索与机器人应用	了解和探索信息通信和人工智能技术等多个工程领域的概念和特点，调查和探索机器人在工程领域的应用案例，培养作为预备工程师的素养，探索适合自己个性和兴趣的发展道路
机器人工程	了解机器人的工程问题，控制组成机器人的硬件设备，综合运用软件，设计、制作和评估机器人
课程总目标：认识机器人的工程价值，通过对各种工程领域的了解，探索前进道路，通过探索工程领域机器人和问题解决活动，体验机器人工程项目，系统地学习融合工程机器人，培养对工程的兴趣	

3. 韩国信息类课程中的信息技术教育

（1）信息课程

信息课程是初中 1~3 年级的必修课程，与小学 5~6 年级实科课程中的数字社会与人工智能衔接，同时也是高中阶段的普通选修课。信息课程的设计目标是反映数字时代的国家和社会要求，强化应对未来社会变化的力量，以计算思维、数字文化素养、人工智能素养为学科素养，包含计算系统、数据、算法与程序设计、人工智能和数字文化五个内容模块。 具体内容与相应教学目标如表 2-13 所示。

表 2–13　信息课程内容与教学目标

学段	教学内容	教学目标
初中	计算系统	了解数字世界中处理数据和信息的计算设备，培养在现实生活中对信息结果的判断能力
	数据	了解计算机处理信息的原理，认识数据的重要性，培养收集、分析和处理数据的能力
	算法与程序设计	利用计算技术解决现实生活中的问题，在发现、分析、抽象化问题，构思解决方案，设计和实施程序的过程中，认识实践的必要性和重要性
	人工智能	了解人工智能带来的世界变化，培养利用人工智能解决问题的态度和能力

续表

学段	教学内容	教学目标
	数字文化	了解数字社会信息的特性，探索数字技术在未来社会的影响力，培养数字社会所需的数字伦理态度
	课程总目标：以计算思维为基础，将重点放在包括人工智能在内的技术的应用上，培养在未来社会发现和解决多个领域问题的基础能力	
高中	计算系统	掌握数字世界的计算系统的原理，培养控制能力，共享信息系统生成、处理的结果
	数据	利用技术解决问题，收集有针对性的数据，了解数据之间的关系并使其结构化，培养处理和可视化数据的能力
	算法与程序设计	对解决不同学科领域问题所需的数据关系进行建模，有效设计算法，培养在实现、评价、改善程序的过程中的合作能力与文化共享的态度
	人工智能	从智能代理的角度理解人工智能，培养应用人工智能解决问题的能力
	数字文化	了解数字技术带来的社会发展和变化，认识到信息保护和信息安全的重要性，培养数字素养
	课程总目标：培养在与人工智能一起生活的未来社会中独立生活所需的能力，以信息课程的专业知识为基础，培养学生的计算思维	

（2）人工智能基础课程

人工智能基础课程以计算机科学、数据科学和信息系统的内容为基础，深入学习人工智能相关知识，应对未来社会人工智能带来的职业变化，与大学相关专业相衔接。人工智能基础课程是高中的职业相关选修课程，包含人工智能的理解、人工智能与学习、人工智能的社会影响和人工智能项目四个内容模块。具体内容与相应教学目标如表 2-14 所示。

表 2–14　人工智能基础课程内容与教学目标

教学内容	教学目标
人工智能的理解	以对人工智能的理解为基础，从人工智能的角度解决现实生活中的问题，培养解决问题的能力和态度
人工智能与学习	利用机器学习解决问题，培养利用所需数据和模型有效解决问题的能力和态度
人工智能的社会影响	探索人工智能发展带来的人类生活和前途的变化，培养对人工智能各个方面的批判性态度，对人工智能相关伦理问题形成正确的价值观和态度
人工智能项目	认识到人工智能可以与多个领域融合，创造新的价值，培养运用人工智能解决人类面临问题的能力和态度

续表

课程总目标：了解社会随着人工智能的发展而发生的变化，基于对人工智能原理的理解，创造性地使用人工智能编程解决多个领域的问题，重点是培养正确的价值观和对人工智能伦理争议的合理态度

（3）数据科学课程

数据科学课程是高中的职业相关选修课，具体内容与相应教学目标如表2-15所示。

表2-15　数据科学课程内容与教学目标

教学内容	教学目标
数据科学的理解	了解数据科学发展带来的社会特性和数据价值，培养基于数据合理决策的态度
数据准备与分析	了解与数据分析相关的有效方法，根据问题情况掌握数据间的关系，培养应用多种分析方法的能力
数据建模与评估	构建合理解决问题的模型，比较问题解决过程中可能出现的各种争议点，培养批判性解释的能力和态度
数据科学项目	认识到以数据科学为基础的问题解决对合理决策的有效性，培养用数据科学的方法解决问题的能力和态度
课程总目标：以培养计算思维为基础，认识数据在数字社会中的作用和潜在价值，以及数据科学在问题解决过程中的重要性，并将重点放在培养解决不同领域问题的能力和决策能力上	

（4）软件与生活课程

软件与生活课程是高中的跨学科选修课程，具体内容与相应教学目标如表2-16所示。

表2-16　软件生活课程内容与教学目标

教学内容	教学目标
改变世界的软件	了解在现实生活或各种学科领域使用软件的价值和必要性，培养通过软件发现可解决问题的能力和态度
支持创造的软件	基于对软件和硬件的理解与使用，培养表达想法或现象的能力
分析现象的软件	有针对性地收集、加工、分析社会各领域产生的数据，并从软件融合的角度解释其含义
模拟实验的软件	认识到为解决现实生活或各种学科领域的问题而开发软件的必要性，培养通过模拟实现和改进程序的能力
创造价值的软件	探索软件初创企业案例，培养执行和开发现有软件项目的能力与态度
课程总目标：认识数字社会中软件的价值和必要性，重点培养从融合的角度有效、创造性地解决问题的能力，培养能够为社会做出贡献的价值观和态度	

2.4.3　韩国信息技术课程的特点分析

1. 重视人工智能教育和软件教育

从韩国现行的国家课程来看，信息技术教育中人工智能教育和软件教育的比重较大，在高中还开设独立的课程；而在小学和初中，较前一次课程标准，人工智能教育的比重增加，小学的必修实科课程中增设“数字文化与人工智能”内容模块，初中的必修实科课程中涉及人工智能相关教学内容，初中的必修信息课程中包含人工智能内容模块。同时，初高中的信息课程及其他相关的信息技术课程均以计算思维、数字文化素养和人工智能素养为学科核心素养。可见，人工智能教育在韩国现行课程中的地位非常重要。关于软件教育，在高中开设了独立的选修课程“软件与生活”，强调培养学生的软件应用能力，以及帮助学生探索未来与软件相关的职业道路。

2. 关注信息技术教育与生活的联系

在韩国，无论是必修的实科课程、信息课程，还是选修的人工智能基础课程、技术&家政课程等，均有一个共同的目标：培养学生在实际生活中解决问题的能力。这些课程关注教学内容与实际生活的联系、在实际生活中的应用案例等，努力促进理论与实践结合，强调培养学生的问题解决能力。信息技术给社会带来的影响、变化也是第十一次国家课程改革中多次提及的，关注人工智能技术、软件、大数据等给社会职业带来的影响、变化，帮助学生建立应对这些影响、变化的积极态度和价值观。

3. 鼓励开展跨学科教学

韩国的高中课程结构中新增跨学科选修课，软件与生活课程就是其中一个。在高中的必修及选修课程中虽未直接指明“跨学科”一词，但是在课程性质、目标、内容或评价中均指出了综合应用多学科、多领域的知识内容或问题，培养学生解决多领域问题的能力。在小学和初中阶段亦是如此，尤其是实科课程之类的综合性课程涉及多领域的知识内容，提倡学生融合思维的培养。又比如机器人与工程世界课程，将人工智能领域的教学内容与工学领域的教学内容相结合，探索工程领域的机器人学习与应用。

4. 提倡线上线下混合式教学

随着当前信息社会的不断发展演进，教育领域也开启了教育数字化转型，许多教育智能工具的出现为教师提供了丰富多样的教学机会和教学方式，教育模式需要革新，教学形式趋于多样化。第十一次国家课程改革建议结合教学数字平台，提倡使用网络平台开展教学，进行线上线下混合式教学，打破学校、班级之间的壁垒，基于线上平台开展学生讨论等教学活动，增加学生间的交流合作经验，灵活使用多种数字技术，切实感受数字技术的应用，为学生提供丰富的学习资源，增加学生的学习机会。

5. 强化数字伦理教育和职业教育

数字文化素养也是韩国信息技术教育重点培养的目标，在不同课程的教学目标和教学内容、评价等部分也均涉及数字伦理教育。例如，人工智能基础课程这一高中选修课明确将学生对人工智能伦理问题的态度和价值观的正确养成作为教学目标之一，在教学内容模块也提到要批判性地认识人工智能。信息技术教育中的伦理道德问题是不可忽视的一大问题，要在基础教育学段使学生树立对技术的正确价值观和态度，辩证地看待技术的应用。同时，在高中学段，韩国重视学生的未来职业规划，强化每个学科与实际生活的联系，让学生对未来社会与自身的职业前途有清晰的认知，明晰自身未来的发展方向，加强学校教育与职业的关联性，培养学生在未来社会的核心竞争力。

2.5 芬兰的信息技术课程

2.5.1 芬兰信息技术教育的发展历程

20 世纪 90 年代，芬兰为摆脱经济危机的影响，在国内执行三大振兴政策："重视教育""发展培育高科技产业""加强政府、企业和大学之间的战略合作"。教育领域强调信息技术的技能及其应用，建立教育和研究信息网络，鼓励学生学习信息技术，培养能适应时代发展的信息技术人才。芬兰教育部从国家战略层面发布了一系列信息技术行动计划和纲要。

1995 年，芬兰将"使全体公民掌握运用信息技术的能力"作为战略规划目标之一。

1996 年，芬兰教育部发布《迈向文化导向的信息社会》，确保在信息社会建设过程中所有公民享有平等的文化服务。

1999 年，芬兰发布《信息社会的教育、培训和研究：2000—2004 年的国家策略》，对芬兰 2000 年到 2004 年五年的信息社会发展前景进行勾勒，建立全民信息社会，使教育者掌握信息社会所需技能，向所有公民传授信息技术相关知识，整合有利于提升公民信息技术能力的学习资源。

2004 年，芬兰教育部发布《2004—2006 年信息社会教育、培训和研究规划》，指出将 ICT 融入教学和学习中。

2010 年，芬兰交通和通信部发布《教育使用信息和通信技术国家计划》，指出要在教育中使用信息和通信技术。计划强调信息和通信技术可以促进学生达成学习目标、合作知识建设和提升创造力，如利用教育游戏帮助学生提高问题解决能力，通过 ICT 支持以学习者为中心的工作方法，巩固有意义的学习和经验的学习。

2014 年，芬兰教育部发布新版基础教育国家核心课程大纲，对中小学生的信息能力提出了新要求，于 2016 年在全国启用，并沿用至今。

2023 年，芬兰教育部发布《幼儿教育和保育、学前教育、小学和初中教育数字化的目标状态》报告，旨在为教育教学数字化发展提供方向引领，促进数字化学习的平等实施，为芬兰信息技术课程的开设提供了有利条件。

2.5.2　芬兰国家核心课程改革进展

2014 年，芬兰教育部发布新版基础教育国家核心课程大纲（以下简称“大纲”），并于 2016 年正式实施。大纲针对学生发展提出七大横向能力，包括学会学习与思考能力、文化与互动表达能力、管理日常生活能力、多模态识读能力、信息通信技术能力、工作与创业能力、可持续发展能力。其中，信息通信技术能力重视提升学生的实践能力、责任感、信息处理能力、创新能力、合作和社交能力，体现了教育目标和生活所需要的能力。大纲中没有设置专门的信息通信技术课程，但强调将信息通信技术技能融入所有科目中，将横向 ICT 能力设定为教育目标之一。

1. 基础教育国家核心课程目标

新版国家核心课程自 2016 年在全国分学段逐步实施：2016 年 8 月 1~6 年级实施，2017 年 8 月 7 年级实施，2018 年 8 年级实施；2019 年 9 年级实施。芬兰小学和初中（基础）教育的国家核心课程，不仅为地方课程提供了统一的基础，促进了全国教育平等，也增加了各地区和学校基础教育课程实施的灵活性。芬兰各地区教育机构根据国家核心课程目标确定地方课程，各学校再根据本校实际教学情况适当调整，实现精准化教学，推动学校文化和教学方法改革，提高了学习过程的质量，改善了学习成果。国家核心课程由不同学科的目标和内容组成，这些目标和内容与基本价值观、学习观念和学校文化有关。

国家课程改革旨在确保学生掌握最新的科学知识与实践技能，提升应对未来国内外发展的持续竞争力。通过教学科目、教学目标、教学内容、教学课时和教学评价的制定，为学校提供了切实可行的操作方法。比如，引导学生设立学习目标，根据所设目标进行自我评估；提高学生参与度，帮助学生找到学习的意义，提升其学习满足感；提高学生对学业的责任感，教师在学习上及时给予学生更多支持和帮助；培养学生用心经历、感受学习过程，发觉自身兴趣领域；培养合作学习能力和互帮互助精神；充分发挥教师引领作用，关注学生个人学习情况，提供个性化指导，帮助学生成为终身学习者。目的是提高学生的学习兴趣，激发学生的学习动力，使学生在掌握知识与技能的同时，提升解决实际问题的能力，更好地学习与生活。

2. 芬兰基础教育国家核心课程内容

根据当今以及未来社会所需的知识和技能，大纲提出了明确的核心课程规划，包括母语与文学、第二民族语言、外语、数学、环境研究、生物学、地理位置、物理、化学、健康教育、宗教、道德、历史、社会研究、音乐、视觉艺术、工艺、体育、家庭经济、指导咨询。各地区和学校可以参考不同年级课程分配中规定的课程数量和课程目标进行课程讲授和课程研究。在课程安排上，芬兰重点强调跨学科教学和学科之间的横向联系，通过创设真实的学习情境，将广泛的、不同学科的知识引入教学环节中，让学生通过亲身实践提升跨学科素养；也注重信息通信技术能力和日常生活管理能力的培养，增进学习和生活间的联系。

3. 芬兰基础教育国家核心课程评价

科学合理的评价体系有助于实现教学效果最优化。芬兰基础教育国家核心课程强调教师应该更多关注学生学习的动态过程，利用现代信息技术手段辅助评价，记录学生的课堂表现，及时掌握学生的学习情况；注重评价方法的多样性，以便指导教师对学生学习进行评价。课程评价由指导反馈、自我评价等多种评价方法组成。具体评价方法如下：

（1）1~9 年级，过程性评价贯穿始终；

（2）1~9 年级，每学年结束时进行成绩水平测试，其中 2～3 年级和 6～7 年级分别为两个重要过渡期；

（3）根据 7 年级、8 年级或 9 年级进行的最终期末评价，获得基础教育证书。

课程要求每所学校每学年至少有一个明确的主题、项目或课程，以跨学科为目标选取学习主题，即“多学科学习模块”。学校在计划和实施阶段，根据学校的实际需求和学生的兴趣确定主题，基于不同科目的目标展开课程评价。每学年结束时，学生都会收到一份学年报告，给出每个科目的数字分数，说明学生在完成学年目标方面的表现。国家教育部门针对各年级的每门学科规定了具体的数字等级评价标准，以确保评价标准的公平性。

2.5.3 芬兰 ICT 教育的目标与内容

1. 芬兰 ICT 教育目标

2014 年，芬兰教育部发布新版基础教育国家核心课程大纲，提出了 ICT 教育的四个方面的目标，具体如表 2-17 所示。

表 2-17　芬兰 ICT 教育目标

横向能力	主要目标
ICT	理解信息通信技术概念、功能、原理和用户逻辑，尝试使用信息通信技术进行创新
	安全、负责地使用信息通信技术，运用符合人体工程学的工作方法
	使用信息通信技术管理信息，开展基于探究性和创造性的学习活动
	使用信息通信技术进行网络交流互动，丰富网络实践经验

2. 芬兰中小学 ICT 教育的内容

ICT 教育并不是单独的科目，它被列入所有科目的七个横向能力之一。新版基础教育国家核心课程大纲对 1~2 年级、3~6 年级、7~9 年级的 ICT 教育内容进行了详细介绍，具体如表 2-18 所示。

表 2-18　1~9 年级 ICT 教育内容

学段	教育内容			
1~2 年级	理解电子设备、软件和电子服务的功能和工作原理，掌握实用性技能，创建个人作品	安全规范地使用信息通信技术	运用不同工具完成信息搜集任务	利用互联网辅助学习，尝试在不同情境中运用信息通信技术
3~6 年级	选择多种工具对文本、图像、视频、动画进行创作，使用编程技术解决实际问题	选择合理的媒介辅助完成家庭作业，并初步了解媒介版权事宜，遵循正确的操作流程，注意对媒介的使用时间进行合理安排	运用多种搜索工具搜集资源，并进行筛选和创造性使用，选取合适方式记录学习和创作过程	明确自身在互联网中的角色，在网络上进行恰当评价、讨论和互动
7~9 年级	掌握不同电子服务产品的使用，学会进行文档创作、分享，将编程教育融入多学科中	理解版权相关法律法规，保护个人安全和隐私，避免做出不当行为，强化责任意识	学会对资源进行选择和评价，明确其来源，利用资源完成创造性任务	注重社交媒体的选择，在不同社交媒体中选择恰当的方式进行表达与交流

2.5.4　芬兰编程教育的目标与内容

1. 芬兰中小学编程教育的目标

随着教育数字化转型，教育领域重点关注学生科学素养、计算思维、问题解决能力的培养。芬兰为培养具备问题解决能力的人才和创新型人才大力发展编程教育，通过国家基础核心课程改革将编程教育归入 ICT 教育中，2016 年发布的《基础教育国家核心课程》将编程教育正式列入基础教育核心课程，强调跨学科教学，将编程教育整合到数学和手工艺课程中。为减轻学校的教学压力，创造更好的编程学习环境，芬兰教育部鼓励学校和社会企业合作，共同完成编程教学和实践。例如，Innokas Network（伊诺卡斯合作网络）便是由芬兰教育部资助的促进机器人、编程教育和 ICT 教育的项目，目的是促进学校 STEAM 学科与数字制造、编程、机器人等教育活动深度融合。

2. 芬兰中小学编程教育的内容

芬兰编程教育实施跨学科融合理念，2014年，国家基础核心课程明确了编程教学将成为芬兰基础教育的必修部分，教学从一年级开始。目前，编程没有成为单独的一门课程，而是融入于数学课程和工艺课程中。例如，数学教学中鼓励学生使用图形编程环境创建计算机程序指令，通过可视化图形界面计划并执行计算机程序，运用计算思维和编程手段解决生活实际问题，发展学生的横向能力。工艺教学中将创客教育融入课堂，利用游戏化教学或项目式教学鼓励学生"做中学"，通过编程学习培养学生的动手操作能力。编程教育同样重视学生一般思维和技能的培养，从而提升学习效率。具体如表2-19所示。

表2-19 数学和工艺课程中的编程教育内容

学科	学段	教育内容
数学	1~2年级	通过电子应用程序，初步了解和熟悉编程基础知识，理解和测试简单命令语句
	3~6年级	在可视化编程环境中，通过图形界面设计编写功能性的计算机程序
	7~9年级	利用算法思维编写简单的计算机程序，解决实际问题，提升算法思维与能力
工艺	3~6年级	使用编程控制的智能机器人和自动化产品，了解其运行规则，熟练掌握编程原理
	7~9年级	灵活运用编程知识设计和制作工艺品，使其能正常运行或使用

习题

1. 梳理英国、日本、韩国和芬兰的信息技术课程发展脉络，总结各国的信息技术课程发展特点。
2. 比较各国信息技术课程的目标和内容设定有何不同。
3. 结合各国信息技术课程的发展特点，讨论其对我国信息技术课程目标与内容的设计与优化有何启示。

第3章 信息技术课程的课程目标

学习目标

学习本章之后，您需要达到以下目标：

- 知道课程目标的内涵及功能；
- 辨别信息技术学科核心素养；
- 分析现行信息技术课程目标；
- 比较不同学段的信息技术课程目标。

通过第 1 章中我国信息技术课程目标演变过程的学习，我们了解了我国信息技术课程目标经过四十余年的演变，已经由最初单纯的技术学习转向注重技术应用与能力培养和素质提高。目前开展的信息技术课程已经明确地把提高学生的信息技术学科核心素养作为核心目标，所规定的信息技术课程的任务也展现了一个非常宽广的视野，帮助学生掌握数据、算法、信息系统、信息社会等学科大概念，了解信息系统的基本原理，认识信息系统在人类生产与生活中的重要价值，学会运用计算思维识别与分析问题，抽象、建模与设计系统性解决方案，理解信息社会特征，自觉遵循信息社会规范，在数字化学习与创新过程中形成对人与世界的多元理解力，负责、有效地参与到社会共同体中，成为数字化时代的合格公民。本章将在明晰信息技术课程目标的核心——信息技术学科核心素养的基础上，解读信息技术课程目标。

3.1 课程目标的内涵

课程是一种结构化的教育进程，而课程目标是构成课程体系的首要成分。从学校课程产生的那天开始，人们就一直在思考课程目标的处理和设置。最早提及“课程目标”（the objectives of the curriculum）的学者是博比特（Bobbit J. F），他将课程目标定义为“人们为适应生活而需要具备的能力、态度、习惯、鉴赏和知识形态等”。20世纪80年代，奥利瓦（P. F. Oliva）对课程目标进行了区分，分析了“教育宗旨（Educational Aims）”“课程目的（Curriculum Goals）”“课程目标（Curriculum Objectives）”“教学目的（Instructional Goals）”“教学目标（Instructional Objectives）”五个层次的目标关系。黄政杰认为课程目标是学习的最终结果，他将课程目标定义为“课程设计的方向或指导原则，是预见的教育结果，是学生经历教育方案的各种教育活动后必须达成的表现。”廖哲勋也从教育目的的视角提出，“课程目标是一定阶段的学校课程力图促进这一阶段学生的基本素质在其主动发展中最终可能达到国家所期望的水准，是一定学段的学校课程力图最终达到的标准。”

3.1.1 课程目标的含义

1. 课程目标是教育目的和培养目标的具体化

课程目标是教育目的的具体化，它把宏观的教育理念和目标转化为具体的、可操作的课程内容和标准，从而为学生的学习和发展提供指导。同时，课程目标也是培养目标的具体化，它反映了社会对人才培养的要求，体现了教育的社会功能。通过设置明确的课程目标，教育机构和教师能够更好地指导学生的学习和发展，培养出符合社会需要的人才。

2. 课程目标指引课程内容和教学方法的选择

课程目标决定了课程内容的选取和组织，教育工作者需要根据目标来确定课程内容，确保内容与目标相一致，从而有效地实现教育目的。教学方法的选择也需要以课程目标为依据，不同的教学方法适用于不同的课程目标和教学内容。例如，对于注重知识记忆的课程目标，可以采用讲授、阅读等教学方法；对于需要发挥学生主动性和创造性的课程目标，可以采用探究、讨论等教学方法。同时，课程目标的制订需要综合考虑社会、学科和学生三个方面的需求，确保目标的合理性和可行性。社会需求是指特定时期社会对人才的要求，包括对人才的知识、技能和态度的要求；学科需求是指特定学科对人才的要求，包括对学科的基本概念、原理和方法等方面的要求；学生需求则是指学生根据自己的兴趣、特长和未来发展的需要而提出的要求。教育工作者需要在满足社会和学科需求的基础上，充分考虑学生的实际情况和需求，制订出既符合社会和学科要求又能够激发学生学习兴趣的课程目标。

3. 课程目标引领课程和教学的组织和实施

课程目标是课程和教学实施的灵魂和指南，它为课程的组织和实施提供了明确的方向和标准。在课程组织过程中，教师需要根据课程目标来确定教学内容、安排教学进度、设计教学计划等。课程目标为课程组织提供了明确的方向和标准，使得教学内容的选择和组织更加合理、有序，有利于实现教育目的和培养目标。教师在教学过程中需要以课程目标为指导，采用适当的教学方法，有效地组织教学活动。课程目标为教学实施提供了具体的标准和要求，使得教学活动更加有针对性，能够更好地满足学生的学习需求和发展需要。课程目标的设置有助于教师把握教学的重点和难点，有针对性地开展教学活动。同时，课程目标还有助于评价课程和教学的效果。课程目标的实现程度是评价课程和教学的重要依据。通过评价课程目标的实现情况，可以对课程和教学进行反思和改进，进一步提高教育质量。

3.1.2　课程目标的来源

通过研究课程理论流派的历史发展，我们可以十分清晰地发现，全部课程理论均是在知识本位、学生本位和社会本位这三种理论研究维度间摇摆或具体化的。课程作为学校教育的重要载体，必须承担促进学生成长、维护社会秩序、传承优秀文化等职责。泰勒（Ralph W. Tyler）在《课程与教学的基本原理》（Basic Principles of Curriculum and Instruction）一书中阐述了课程目标的三个基本来源：学生需要、社会需求和学科发展。

1. 学生需要

在现代教育理念中，学生被视为教育活动的主体，其个体差异和个性化需求应得到充分的尊重和满足。因此，学生需要被认为是制订课程目标的重要依据。首先，学生的兴趣和爱好是课程目标的重要参考因素。通过了解学生的兴趣和爱好，教师可以更有针对性地设计课程内容，从而激发学生的学习热情和主动性。在制订课程目标时，教师需要考虑如何将学生的兴趣和爱好融入课程中，使学生在学习过程中得到更多的满足感和成就感。其次，学生的认知发展水平也是课程目标的重要考虑因素。不同年龄段的学生具有不同的认知发展水平，因此，在制定课程目标时，教师需要考虑学生的认知发展规律和特点，以确保课程内容的难度适中，既不过于简单也不过于复杂。这样可以保证学生的学习效果和自信心。此外，学生的社会性需求也是课程目标的重要来源。学生作为社会的一员，需要具备适应社会发展和参与社会生活的基本素质。在制订课程目标时，教师需要考虑如何培养学生的社会责任感、团队协作精神、沟通能力等素质，以满足学生未来社会生活的需要。在制订课程目标时，需要充分考虑学生的兴趣、认知发展水平和社会性需求等因素，以制订出更加科学、合理、有效的课程目标，用以更好地满足学生的学习需求和发展需要，促进学生的全面发展和成长。

2. 社会需求

教育改革与社会发展的关系越来越密切，社会需求对教育的影响也越来越显著。因此，在制订课程目标时，必须充分考虑社会需求，以确保教育与社会发展同步。首先，社会需求决定了教育的方向和目标。教育的根本目的是为社会培养合格的人才，满足社会发展的需要。因此，在制订课程目标时，必须深入了解社会发展的趋势和需求，预测未来社会对人才的要求，从而制订出符合社会需求的课程目标。其次，社会需求是课程改革的推动力。随着社会的发展，新的科技、新的思想、新的观念不断涌现，社会对人才的要求也在不断变化。为适应这种变化，教育必须进行改革。而课程目标是教育改革的重要内容之一，因此，必须根据社会需求的变化及时调整课程目标，推动课程的改革和创新。此外，社会需求也是评价课程实施效果的重要标准。课程实施的效果如何，是否达到预期的目标，必须放到社会实践中去检验。只有符合社会需求的课程实施才是有效的，否则就会脱离实际，难以达到预期的效果。在制订课程目标时，要根据社会需求的变化及时调整，推动教育的改革和创新。只有这样，才能培养出符合社会需求的合格人才，满足社会发展的需要。

3. 学科发展

学科内容作为构成课程体系的基本单元，其发展状况直接影响课程内容的设置和课程目标的制订。随着科学技术的发展，新的学科分支不断涌现，学科内容也在不断更新。为使学生能够掌握学科前沿知识，必须根据学科发展动态调整课程内容，制订出符合学科发展要求的课程目标。同时，随着学科的不断发展，对人才培养的要求也在不断提高。为使学生具备扎实的学科基础、较高的学术水平和较强的实践能力，必须制订更加科学、全面的课程目标，以满足学科发展的需要。学科发展也带来了课程目标的多元化。不同学科具有不同的特点和发展方向，因此，在制订课程目标时，需要充分考虑学科的特点和要求，制订出具有针对性的课程目标。这样可以保证学生在掌握学科知识的同时，也能够充分发展自己的个性和特长。在制订课程目标时，必须充分考虑学科发展的趋势和要求，确保课程内容与学科发展动态保持一致。同时，也要根据学科发展的需要不断更新、提高课程目标的要求，以培养出具备扎实学术基础和较强实践能力的优秀人才。

3.1.3 课程目标的功能

1. 定向功能

课程目标是课程设置和教学活动的出发点和归宿，它对整个课程教学活动起着指导和制约的作用。在课程与教学实践中，课程目标具有定向、激励、评价和聚合等功能。首先，课程目标为教学活动提供了明确的方向，使教师和学生都能清楚地了解教与学的任务和要求，从而有针对性地开展教学活动。其次，课程目标能够激发学生的学习动机和兴趣，使他们更加积极地参与到学习过程中。再次，课程目标也是评价学生学习成果的重要依据，通过对照教学目标，教师可以全面了解学生的学习状况，及时调整教学策略。最后，课程目标还能将各个教学环节有机地结合起来，形成一个完整的教学体系。总之，确立合适、合理、正确的课程目标是确保教学质量、优化教学效果的关键。因此，教师在进行教学设计时，应该充分考虑课程目标的设定，确保教学活动的高效开展。

2. 激励功能

课程目标不仅是一种预期结果，更是一种期待和诱因，能够激发学生的学习动力。当课程目标与学生的内在需求、兴趣相符合且难度适中时，这种激励作用尤为明显。学生的内在需求是积极性的源泉，能够驱动他们为实现目标而努力。同时，当课程目标符合学生的兴趣时，学生会更加积极地参与学习活动。适中的目标难度则能引起学生的兴趣，使他们持之以恒地追求目标。维果茨基的“最近发展区”理论指出，课程目标应适度超出学生的现有发展水平，但又要达到其可能的发展水平，这样才能最有效地激励学生的学习活动，并维持他们持久的学习动力。对于不喜欢某项学习的学生，如果教师提出的课程目标不能引起他们的兴趣或难度不适中，那么即使目标明确，也无法激发他们的积极性。教学实践证明，只有符合学生需求、难度适中的课程目标，才能引起学生持久的学习积极性，激励他们为实现目标而不懈努力。因此，教师在制订课程目标时，应充分考虑学生的内在需求和兴趣，确保课程目标难度适中，以最大限度地发挥其激励作用。

3. 评价功能

在确定课程目标之后，它的达成情况便成为评价课程与教学实施效果的标准。在课程与教学活动进行中，我们需要不断地对教学过程进行评价，以了解实施进度、效果以及存在的问题。这种评价不仅有助于调整和改进教学方法，还能为其他教育工作者或管理者提供参考。课程与教学实施效果的测量和评价都是基于既定的课程目标进行的。由于教师的教学活动是围绕课程目标展开的，因此，课程目标设计得合理、客观，就成为进行科学的课程评估的基础。如果课程目标设计得不合理，可能会导致教学评价出现偏差，从而影响评估的效度、信度、难度和区分度。课程目标的评价既能为课程与教学实施效果的评价提供标准，又能为课程目标的设计与编制提供反馈，有助于进一步优化教与学的效果。

4. 聚合功能

课程目标在课程体系中扮演着核心和灵魂的角色，它对其他要素起着支配、聚合和协调的作用，促使它们发挥出最佳的教学效果。无论是教师的教学活动，还是学生的学习活动，以及教材、教学方法、教学手段和教学环境等，都是为实现既定的课程目标而展开的。正是由于有了课程目标这个核心，教学系统的各个要素才能够有机地聚合在一起，形成一个高效运行的整体。如果缺乏明确的课程目标，教学活动将失去方向，变得混乱无序。一个含糊不清的课程目标会导致教学无法聚焦于核心目标，使整个教学活动变成一盘散沙。即使各个要素都发挥出最大的潜能，也难以达到教学系统的整体最优化状态。课程目标的聚合功能使得人们能够自觉地围绕这一核心要素，优化教学系统的结构，以提升教学质量和发挥最大的教学效能。它就像课堂的灵魂一样，引导着各种要素协调工作，形成和谐的课堂氛围。因此，课程目标在教学实施中起着至关重要的作用。只有制订明确、合理的课程目标，才能确保教学活动有序进行，促使各个要素发挥出最佳的教学效果，提升整体教学质量。

3.1.4　课程目标的确立

确立课程目标一般需要经历四个基本环节。

1. 确定教育目的

教育目的（或教育宗旨）是课程与教学的终极目的，是特定的教育价值观的体现。教育目的有两个价值取向：个人本位和社会本位，即教育与人的发展是怎样的关系、教育与社会进步是怎样的关系，因而课程目标的确定要以终极的教育目的为导向，首先确定教育目的。

2. 确定课程目标的基本来源

课程目标的基本来源是特定教育价值观的具体化。课程开发的基本维度有学习者的需要、当代社会生活的需求和学科的发展，对这三个基本维度的关系的不同认识集中反映了不同教育价值观的理论目的和意图。这是确定合理的课程目标的关键。确定课程目标的基本来源就是要在这三者之间做出权衡与取舍，从而体现既定的教育价值观。

3. 确定课程目标的基本取向

在“普遍性目标”“行为目标”“生成性目标”“表现性目标”等取向之间应做何选择？怎样处理这几种目标取向之间的关系？它们不仅反映了特定的教育价值观，也与课程开发的向度观有着内在联系。目标取向的确立为目标内容的选择和目标的陈述奠定了基础。

4. 确定具体的课程目标

在教育目的、课程目标的基本来源、课程目标的基本取向确定以后，课程目标的基本内容和陈述方式也就确定下来了，在这种情况下，即可进一步获得内容明确而具体的课程目标体系。

教育的根本问题是“培养什么人、怎样培养人、为谁培养人”。2021年修订的《中华人民共和国教育法》第五条明确规定“教育必须为社会主义现代化建设服务、为人民服务，必须与生产劳动和社会实践相结合，培养德智体美劳全面发展的社会主义建设者和接班人。”课程目标作为教育目标的下位概念，是构成课程内涵的第一要素，指向人才培养的具体要求，为课程内容的设计和课程实施提供了明确的方向。在课程内容的设计上，课程目标起着关键的指导作用。根据课程目标，教育者可以确定哪些知识、技能和态度是必要的，以及如何有效地将这些内容融入课程中。这有助于确保课程内容与教育目标保持一致，并满足学生的学习需求。课程目标的明确性也有助于课程实施的顺利进行。教师和学生可以根据课程目标制订学习计划，选择合适的教学方法，以及评估学习进展。通过对课程目标的学习和认识，教师可以更好地指导学生的学习，帮助他们理解学习内容与总体目标之间的关系，从而激发他们的学习热情和主动性。明确、合理的课程目标有助于确保教育的有效性，培养出符合社会需要、时代需求的高素质人才。

当今社会是信息社会，必须有一个能满足信息社会需求的新的人才观——信息时代的人才观。国际21世纪教育委员会向联合国教科文组织提交的报告《教育——财富蕴藏其中》中提出：“毫无疑问，个人获取信息和处理信息的能力，对于自己进入职业界和融入社会以及文化环境都将是一个决定性因素。”人才的培养要通过教育来实现，信息素养的培养要靠信息技术教育来实现，而信息技术课程是信息技术教育的重要形式，是迅速提高学生信息素养的最有效的途径。伴随我国的计算机教育向信息技术教育的成功过渡，信息技术课程从理念、目标、内容到教与学的方法都发生了很大的变化，信息素养的培养取代以往计算机教育时代的单纯技能训练，成为信息技术教育的重要目标。

3.2　理解学科核心素养

信息通信技术（ICT）的迅猛发展推动人类社会快速迈入信息时代，人类的生产生活方式发生着深刻变化，大数据、人工智能等新兴技术逐渐取代重复性的常规工作，这就要求人类发展计算机所不具备的复杂能力。核心素养是人解决复杂问题和适应不可预测情境的高级能力和人性能力，这些能力包括创新思维、批判性思考、解决问题、沟通协作等方面的技能，以帮助人类更好地适应信息时代的发展。

3.2.1　几个通用核心素养框架

1. OECD 核心素养框架

国际经合组织（OECD）1997 年 12 月启动了“素养的界定与遴选：理论和概念基础”（Definition and Selection of Competencies: Theoretical and Conceptual Foundations，即 DeSeCo）项目。OECD 于 2003 年出版了《核心素养促进成功的生活和健全的社会》（Key Competencies for a Successful Life and a Well-Functioning Society）研究报告，将有关学生能力素养的讨论直接指向“核心素养（Key Competencies）”，并构建了一个涉及“人与工具”“人与自我”“人与社会”三个方面的核心素养框架，具体包括：（1）交互使用工具的能力，具体包括交互使用语言、符号和文本的能力，交互使用知识和信息的能力，交互使用技术的能力；（2）在异质群体中有效互动的能力，具体包括与他人建立良好关系的能力，合作能力，管理并化解冲突的能力；（3）自主行动能力，具体包括适应宏大情境的行动能力，形成并执行人生规划和个人项目的能力，维护权利、兴趣、范围和需要的能力。

2. 欧盟核心素养框架

2001 年 3 月，欧盟理事会批准成立“教育与培训 2010 工作项目”，意为到 2010 年要建立起适应知识社会所需要的欧洲教育和培训新体系，其核心是形成欧洲核心素养框架。2006 年 12 月，欧洲议会（European Parliament）和欧洲理事会联合批准这一框架，框架名称为“为终身学习的核心素养：欧洲参考框架”，该框架由此成为欧盟及其成员国建立信息时代教育的纲领性文件。欧盟这样界定“核心素养”——“核心素养”是所有个体达成自我实现和发展、成为主动的公民、融入社会和成功就业所需要的那些素养，具体包括：（1）母语交际；（2）外语交际；（3）数学素养和基础科技素养；（4）数字素养；（5）学会学习；（6）社会与公民素养；（7）首创精神和创业意识；（8）文化意识和表达。

3. 美国 21 世纪学习框架

美国 21 世纪学习框架（Framework for 21st Century Learning）由两部分构成：（1）核心学科与 21 世纪主题；（2）21 世纪技能。核心学科包括英语、阅读或语言艺术、世界语言、艺术、数学、经济学、科学、地理、历史、政府与公民。21 世纪主题包括全球意识，金融、经济、商业和创业素养，公民素养，健康素养，环境素养。21 世纪技能包括相互联系的三类：（1）学习与创新技能，包含“创造性与创新”“批判性思维与问题解决”“交往与协作”三种技能；（2）信息、媒介和技术技能，包含“信息素养”“媒介素养”“信息通信技术素养”三种技能；（3）生活与生涯技能，包含“灵活性与适应性”“首创精神与自我导向”“社会与跨文化技能”“生产性与责任制”“领导力与责任心”五种技能。

4. 中国学生发展核心素养

中国学生发展核心素养以培养“全面发展的人”为核心，充分反映新时期经济社会发展对人才培养的新要求，高度重视中华优秀传统文化的传承与发展，引领学生践行社会主义核心价值观。中国学生发展核心素养分为文化基础、自主发展、社会参与三个方面，综合表现为人文底蕴、科学精神、学会学习、健康生活、责任担当、实践创新六大素养，具体细化为国家认同等十八个基本要点，如表 3-1 所示。各素养之间相互联系、互相补充、相互促进，在不同情境中整体发挥作用。

表 3–1　以培养“全面发展的人”为核心的核心素养的具体维度和构成

核心素养		基本要点	主要表现描述
文化基础	人文底蕴	人文积淀	具有古今中外人文领域基本知识和成果的积累；能理解和掌握人文思想中所蕴含的认识方法和实践方法等
		人文情怀	具有以人为本的意识，尊重、维护人的尊严和价值；能关切人的生存、发展和幸福等
		审美情趣	具有艺术知识、技能与方法的积累；能理解和尊重文化艺术的多样性，具有发现、感知、欣赏、评价美的意识和基本能力；具有健康的审美价值取向；具有艺术表达和创意表现的兴趣和意识，能在生活中拓展和升华美等
	科学精神	理性思维	崇尚真知，能理解和掌握基本的科学原理和方法；尊重事实和证据，有实证意识和严谨的求知态度；逻辑清晰，能运用科学的思维方式认识事物、解决问题、指导行为等
		批判质疑	具有问题意识；能独立思考、独立判断；思维缜密，能多角度、辩证地分析问题，做出选择和决定等
		勇于探究	具有好奇心和想象力；能不畏困难，有坚持不懈的探索精神；能大胆尝试，积极寻求有效的问题解决方法等
自主发展	学会学习	乐学善学	能正确认识和理解学习的价值，具有积极的学习态度和浓厚的学习兴趣；能养成良好的学习习惯，掌握适合自身的学习方法；能自主学习，具有终身学习的意识和能力等
		勤于反思	具有对自己的学习状态进行审视的意识和习惯，善于总结经验；能够根据不同情境和自身实际，选择或调整学习策略和方法等

续表

核心素养		基本要点	主要表现描述
自主发展	学会学习	信息意识	能自觉、有效地获取、评估、鉴别、使用信息；具有数字化生存能力，主动适应　“互联网+”等社会信息化发展趋势；具有网络伦理道德与信息安全意识等
	健康生活	珍爱生命	理解生命意义和人生价值；具有安全意识与自我保护能力；掌握适合自身的运动方法和技能，养成健康文明的行为习惯和生活方式等
		健全人格	具有积极的心理品质，自信自爱，坚韧乐观；有自制力，能调节和管理自己的情绪；具有抗挫折能力等
		自我管理	能正确认识与评估自我；依据自身个性和潜质选择适合的发展方向；合理分配和使用时间与精力；具有达成目标的持续行动力等
社会参与	责任担当	社会责任	自尊自律，文明礼貌，诚信友善，宽和待人；孝亲敬长，有感恩之心；热心公益和志愿服务，敬业奉献，具有团队意识和互助精神；能主动作为，履职尽责，对自我和他人负责；能明辨是非，具有规则与法治意识，积极履行公民义务，理性行使公民权利；崇尚自由平等，能维护社会公平正义；热爱并尊重自然，具有绿色生活方式和可持续发展理念及行动等
		国家认同	具有国家意识，了解国情历史，认同国民身份，能自觉捍卫国家主权、尊严和利益；具有文化自信，尊重中华民族的优秀文明成果，能传播弘扬中华优秀传统文化和社会主义先进文化；了解中国共产党的历史和光荣传统，具有热爱党、拥护党的意识和行动；理解、接受并自觉践行社会主义核心价值观，具有中国特色社会主义共同理想，有为实现中华民族伟大复兴中国梦而不懈奋斗的信念和行动
		国际理解	具有全球意识和开放的心态，了解人类文明进程和世界发展动态；能尊重世界多元文化的多样性和差异性，积极参与跨文化交流；关注人类面临的全球性挑战，理解人类命运共同体的内涵与价值等
	实践创新	劳动意识	尊重劳动，具有积极的劳动态度和良好的劳动习惯；具有动手操作能力，掌握一定的劳动技能；在主动参加的家务劳动、生产劳动、公益活动和社会实践中，具有改进和创新劳动方式、提高劳动效率的意识；具有通过诚实合法劳动创造成功生活的意识和行动等
		问题解决	善于发现和提出问题，有解决问题的兴趣和热情；能依据特定情境和具体条件，选择制订合理的解决方案；具有在复杂环境中行动的能力等
		技术应用	理解技术与人类文明的有机联系，具有学习掌握技术的兴趣和意愿；具有工程思维，能将创意和方案转化为有形物品或对已有物品进行改进与优化等

核心素养的内涵包含两大层面：一是凸显整体意义和理想目标的宏观意义层面，这一层面强调个人修养、社会关爱、家国情怀，注重自主发展、合作参与、创新实践；二是基于教育实施的具体学科核心素养的综合层面，这一层面以核心素养体系为基础，将各学科核心素养统筹起来。

3.2.2 信息技术学科核心素养

新版课程标准围绕核心素养进行课程目标的设置，实现了课程目标从信息素养到信息技术学科核心素养的转变，体现了教育领域对信息技术教育认识的深化和提升。信息素养是指人们获取、处理、评价和利用信息的能力，是信息时代人们必须具备的基本素质。而信息技术学科核心素养则在信息素养的基础上，强调学生对信息技术的理解、掌握和应用，以及在信息技术领域的发展潜力。

1. 信息素养

为更好地理解信息技术学科核心素养的内涵及外延，我们先对信息素养进行分析阐述。

信息素养是信息时代公民必备的素养。公民具有信息素养是构建和谐社会的一个重要基础与标志。信息焦虑、数字鸿沟、网络犯罪等很多当今社会问题的产生都与公民缺乏信息素养具有密不可分的联系。

（1）国外信息素养的阐述

信息素养的研究起源于美国。1974 年，美国信息产业协会主席保罗 • 泽可斯基提出了“利用大量的信息工具及主要信息资源解决问题的技术与技能”这一信息素养概念。其后，美国图书馆协会、全美学校图书馆协会、美国教育传播与技术协会等相关部门不断推进信息素养的研究，为美国信息素养教育的开展与推进提供了研究支持。

1989 年美国图书馆协会下属的“信息素养总统委员会”在其总结报告中给出了信息素养的定义：“要成为一个有信息素养的人，必须能够确定何时需要信息，并且具有检索、评价和有效使用所需信息的能力……从根本上说，具有信息素养的人是那些知道如何进行学习的人。”

1990 年，美国的 Mike Eisenberg 和 Bob Berkowitz 两位博士共同提出了一个旨在培养学生信息素养、基于批判性思维的信息问题解决系统，即 Big6 方案（见表 3-2）。

表 3–2 Big6 方案

Big6 方案	信息素养
确定任务	确定信息问题 确定解决问题所需求的信息
信息搜索策略	确定信息来源范围 选择最适合的信息来源
检索获取	检索信息来源 在信息来源中查找信息
信息的使用	在信息来源中通过各种方式感受信息 筛选出有关的信息

续表

Big6 方案	信息素养
集成	把来自多种信息来源的信息组织起来 把组织好的信息展示和表达出来
评价	评判学习过程（效率） 评判学习成果（有效性）

1992 年，Doyle 在《信息素养全美论坛的总结报告》中对信息素养进行了如下解释：作为一个具有信息素养的人，要能够认识到精确和完整的信息是做出合理决策的基础；确定对信息的需求；形成基于信息需求的问题；确定潜在的信息源；确定成功的检索方案；从包括计算机和其他信息源中获取信息；评价信息；组织信息用于实际应用；将新信息与原有的知识体系进行融合；在批判性思考和问题解决的过程中使用信息。

英国 1995 年颁布了英国中小学信息素养的九级水平标准。

1998 年，美国图书馆协会和美国教育传播与技术协会制定了学生学习的九大信息素养标准（包括信息素养、独立学习和社会责任三个方面）：①能够有效而快速地获取信息；②能够熟练、批判性地评价信息；③能够精确、创造性地使用信息；④能探讨与个人兴趣有关的信息；⑤能欣赏作品和其他对信息内容进行创造性表达的内容；⑥能力争在信息查询和知识创新中做得最好；⑦能认识信息对民主化社会的重要性；⑧能履行与信息和信息技术相关的符合伦理道德的行为规范；⑨能积极参与各种活动来探求和创建信息。

2000 年，美国高等教育图书研究会（ACRL）发布《美国高等教育信息素养能力标准》。该标准分为标准、执行标准和效果三个板块，共包括 5 个大标准、22 项执行指标和若干子项。

在日本，信息素养的研究也不断深入，“信息运用的实践能力、对信息的科学理解、参与信息社会的态度”的信息素养内涵被纳入 1999 年颁布的中小学“新学习指导纲要”中。

2003 年，联合国信息素养专家会议发表了《布拉格宣言：走向信息素养社会》。会议宣布：信息素养正在成为一个全社会的重要因素，是一项促进人类发展的全球性政策。信息素养是人们投身信息社会的一个先决条件。在此基础上，许多专家和机构都对信息素养概念提出了新的看法，Robert Burnhein、Mary F. Lenox、C. S. Doyle 等提出了各自的信息素养概念。

Burnhein 和 Robertin 在《信息素养——一种核心能力》一文中指出，要成为一个有信息素养的人，必须能够确定何时需要信息，并且具有检索、评价和有效使用所需信息的能力。

Lenox 和 Mary F.认为，信息素养是指一个人获取和理解多种信息资源的能力，具体包括：第一，必须希望懂得和使用分析技能去简单陈述问题，明确研究方法以及能对实验性（经验性）

结论进行批判性的评价；第二，必须能利用越来越多的、复杂的方法寻求问题的答案；第三，一旦已经明确了要寻找的东西，就一定能够找到。

（2）国内信息素养的阐述

国内较早的信息素养阐释出现在王吉庆的《信息素养论》中，他认为信息素养是一种可以通过教育所培养的，在信息社会中获得信息、利用信息、开发信息方面的修养与能力，包括信息意识与情感、信息伦理道德、信息常识以及信息能力多个方面，是一种综合性的、社会共同的评价。

桑新民从三个层次、六个方面描述信息素养的内在结构与目标体系。第一层次：①高效获取信息的能力；②熟练、批判性地评价、选择信息的能力；③有序地归纳、存储、快速提取信息的能力；④运用多媒体形式表达信息，创造性使用信息的能力。第二层次：⑤将以上驾驭信息的能力转化为自主、高效的学习与交流能力。第三层次：⑥学习、培养和提高信息时代公民的道德、情感，以及法律意识与社会责任。

张义兵从多重视野对信息素养予以定位，认为：从技术视野看，信息素养应定位在信息处理上；从心理学视野看，信息素养应定位在信息问题解决中；从社会学视野看，信息素养应定位在信息交流上；从文化学视野看，信息素养应定位在信息文化的多重建构能力上。

而李艺认为：信息素养由知识、技术、人际互动、问题解决、评价调控、情感态度和价值观六部分组成。其中，知识为其他五部分提供基础条件，而评价调控则为其他各部分（包括知识部分）提供必要和重要的形成保证。因此，知识与评价调控这两部分组成其他四部分的共同承载；技术、人际互动、问题解决三部分有机相连并呈现一定的层次；情感态度和价值观是一种精神的领航，渗透于技术、人际互动、问题解决之中，并相互影响。六部分形成一个有机的整体。

2003年颁布的《普通高中技术课程标准（实验）》在课程目标中明确提出："普通高中信息技术课程的总目标是提升学生的信息素养。学生的信息素养表现在：对信息的获取、加工、管理、表达与交流的能力；对信息及信息活动的过程、方法、结果进行评价的能力；发表观点、交流思想、开展合作并解决学习和生活中实际问题的能力；遵守相关的伦理道德与法律法规，形成与信息社会相适应的价值观和责任感。"

信息技术课程强调通过合作解决问题的学习活动，让学生在获取、加工、管理、表达与交流信息的过程中，理解信息科学，掌握信息技术，感悟信息文化，内化信息伦理道德，使学生成为适应信息社会发展的具有良好信息素养的公民。

2. 核心素养

核心素养是课程育人价值的集中体现，是学生通过课程学习逐步形成的正确价值观、必备品格和关键能力。信息技术课程要培养的核心素养主要包括信息意识、计算思维、数字化学习与创新、信息社会责任。这四个方面互相支持，互相渗透，共同促进学生数字素养与技能的提升。

（1）义务教育阶段信息科技学科核心素养

①信息意识

信息意识是指个体对信息的敏感度和对信息价值的判断力。具备信息意识的学生，具有一定的信息感知力，熟悉信息及其呈现与传递方式，善于利用信息科技交流和分享信息、开展协同创新；能根据解决问题的需要，评估数据来源，辨别数据的可靠性和时效性，具有较强的数据安全意识；具有寻找有效数字平台与资源解决问题的意愿，能合理利用信息真诚友善地进行表达；崇尚科学精神、原创精神，具有将创新理念融入自身学习、生活的意识；具有自主动手解决问题、掌握核心技术的意识；能有意识地保护个人及他人隐私，依据法律法规合理应用信息，具有尊法学法守法用法意识。

②计算思维

计算思维是指个体运用计算机科学领域的思想方法，在问题解决过程中涉及的抽象、分解、建模、算法设计等思维活动。具备计算思维的学生，能对问题进行抽象、分解、建模，并通过设计算法形成解决方案；能尝试模拟、仿真、验证解决问题的过程，反思、优化解决问题的方案，并将其迁移运用于解决其他问题。

③数字化学习与创新

数字化学习与创新是指个体在日常学习和生活中通过选用合适的数字设备、平台和资源，有效地管理学习过程与学习资源，开展探究性学习，创造性地解决问题能力。具备数字化学习与创新能力的学生，能认识到原始创新对国家可持续发展的重要性，养成利用信息科技开展数字化学习与交流的行为习惯；能根据学习需求，利用信息科技获取、加工、管理、评价、交流学习资源，开展自主学习和合作探究；在日常学习与生活中，具有创新创造活力，能积极主动运用信息科技高效地解决问题，并进行创新活动。

④信息社会责任

信息社会责任是指个体在信息社会中的文化修养、道德规范和行为自律等方面应承担的责任。具备信息社会责任的学生，能理解信息科技给人们学习、生活和工作带来的各种影响，具有自我保护意识和能力；乐于帮助他人开展信息活动，负责任地共享信息和资源，尊重他人的知识产权；能理解网络空间是人们活动空间的有机组成部分，遵照网络法律法规和伦理道德规范使用互联网；能认识到网络空间秩序的重要性，知道自主可控技术对国家安全的重要意义；自觉遵守信息科技领域的价值观念、道德责任和行为准则，形成良好的信息道德品质，不断增强信息社会责任感。

（2）高中阶段信息技术学科核心素养

①信息意识

信息意识是指个体对信息的敏感度和对信息价值的判断力。具备信息意识的学生能够根据解决问题的需要，自觉、主动地寻求恰当的方式获取与处理信息；能够敏锐感觉到信息的变化，分析数据中所承载的信息，采用有效策略对信息来源的可靠性、内容的准确性、指向的目的性做出合理判断，对信息可能产生的影响进行预期分析，为解决问题提供参考；在合作解决问题的过程中，愿意与团队成员共享信息，实现信息的更大价值。

②计算思维

计算思维是指个体运用计算机科学领域的思想方法，在形成问题解决方案的过程中产生的一系列思维活动。具备计算思维的学生，在信息活动中能够采用计算机可以处理的方式界定问题、抽象特征、建立结构模型、合理组织数据；通过判断、分析与综合各种信息资源，运用合理的算法形成解决问题的方案；总结利用计算机解决问题的过程与方法，并迁移到与之相关的其他问题解决中。

③数字化学习与创新

数字化学习与创新是指个体通过评估并选用常见的数字化资源与工具，有效地管理学习过程与学习资源，创造性地解决问题，从而完成学习任务，形成创新作品的能力。具备数字化学习与创新能力的学生，能够认识到数字化学习环境的优势和局限性，适应数字化学习环境，养成数字化学习与创新的习惯；掌握数字化学习系统、学习资源与学习工具的操作技能，用于开展自主学习、协同工作、知识分享与创新创造，助力终身学习能力的提高。

④信息社会责任

信息社会责任是指信息社会中的个体在文化修养、道德规范和行为自律等方面应尽的责任。具备信息社会责任的学生，具有一定的信息安全意识与能力，能够遵守信息法律法规，信守信息社会的道德与伦理准则，在现实空间和虚拟空间中遵守公共规范，既能有效维护信息活动中个人的合法权益，又能积极维护他人合法权益和公共信息安全；关注信息技术革命所带来的环境问题与人文问题；对于信息技术创新所产生的新观念和新事物，具有积极学习的态度、理性判断和负责行动的能力。

3.3　现行信息技术课程的目标

3.3.1　信息技术课程的总目标

1. 义务教育阶段信息科技课程的总目标

义务教育阶段信息科技课程标准指明，将培养学生核心素养作为课程目标的逻辑主线，并使其贯穿于学生从小学到初中的义务教育阶段。中小学信息科技课程的总目标指向学生信息科技核心素养的形成。每个目标的实现都需要满足一定的前提条件，并遵从科学规律。

（1）树立正确价值观，形成信息意识

认识到数据对社会发展的作用和价值，自觉辨别数据真伪，判断和评估所获取信息的价值，增强信息交流的主动性和友善性，树立正确的信息价值观。根据解决问题的需要，有意识地寻求恰当方式检索、选择所需信息。掌握和运用信息科技手段表达、交流与支持自己的观点，根据信息价值合理分配注意力，提高学习信息科技的兴趣；增强数据安全意识，认识到原始创新对国家可持续发展的重要性。

该目标既阐明育人长远目标达成与素养形成的关系，又指明二者的递进关系。树立正确价值观是形成信息意识的基础。

（2）初步具备解决问题的能力，发展计算思维

知道数据编码的作用与意义，掌握信息处理的基本过程与方法，体验过程与控制的场景，验证解决问题的过程，初步具备应用信息科技解决问题的能力。了解算法在解决问题过程中的作用，领会算法的价值。能采用计算机科学领域的思想方法界定问题、分析问题、组织数据、制订问题解决方案，并对其进行反思和优化，使用简单算法，利用计算机实现问题的自动化求解。能有意识地总结解决问题的方法，并将其迁移到其他问题求解中。

发展计算思维是培养学生解决问题能力的基础和前提。发展计算思维可以使学生运用科学原理、科学方法及科学工具，形成规范系统的模式解决实际问题。

（3）提高数字化合作与探究的能力，发扬创新精神

围绕学习任务，利用数字设备与团队成员合作解决学习问题，协同完成学习任务，逐步形成应用信息科技进行合作的意识。适应数字化学习环境，针对问题设计探究路径，通过网络检索、数据分析、模拟验证、可视化呈现等方式开展探究活动，得出探究结果。利用信息科技平台，开展协同创新，在数字化学习环境中发挥自主学习能力，主动探索新知识与新技能，采用新颖的视角思考和分析问题，设计和创作具有个性化的作品。

当前已经步入智能时代，未来社会生产需要数字化工具的支持。使用数字化工具协同生产、探索未知领域将成为创新精神的重要构成。该目标倡导以创新精神为支点形成创新文化生态。创新的内涵主要包括原创、组合创新、应用创新等。

（4）遵守信息社会法律法规，践行信息社会责任

领悟网络空间命运共同体对信息社会发展的重要意义，具备自觉维护国家信息安全、网络安全的意识，认识到自主可控技术对国家安全的重要性。采用一定的策略与方法保护个人隐私，尊重他人知识产权，安全使用数字设备，认识信息科技应用的影响。正确应对人工智能对社会的影响，认识到人工智能对伦理与安全的挑战。能遵循信息科技领域的伦理道德规范，明确科技活动中应遵循的价值观念、道德责任和行为准则。按照法律法规与信息伦理道德进行自我约束，积极维护信息社会秩序，养成在信息社会中学习、生活的良好习惯，能安全、自信、积极主动地融入信息社会。

遵守信息社会法律法规是践行信息社会责任的先决条件。该目标指向教师培养学生遵纪履责的三个层次：第一，教师要引领学生深入理解信息社会法律法规内涵；第二，教师要培养学生遵守信息社会法律法规的良好习惯；第三，教师还要进一步引导学生主动践行信息社会责任。

2. 高中阶段信息技术课程的总目标

高中信息技术课程标准将课程总目标表述为：

高中信息技术课程旨在全面提升全体高中学生的信息素养。课程通过提供技术多样、资源丰富的数字化环境，帮助学生掌握数据、算法、信息系统、信息社会等学科大概念，了解信息系统的基本原理，认识信息系统在人类生产与生活中的重要价值，学会运用计算思维识别与分析问题，抽象、建模与设计系统性解决方案，理解信息社会特征，自觉遵循信息社会规范，在数字化学习与创新过程中形成对人与世界的多元理解力，负责、有效地参与到社会共同体中，成为数字化时代的合格中国公民。

3.3.2 信息技术课程的具体目标

我国义务教育阶段信息科技课程标准与高中阶段信息技术课程标准针对信息意识、计算思维、数字化学习与创新、信息社会责任四大核心素养，对不同学段学生应该达到的水平（主要指义务教育阶段）、不同类型课程（指高中信息技术必修课程、高中信息技术选择性必修课程与高中信息技术选修课程）的目标提出了明确要求（如表3-3所示）。

表 3-3　各学段指向核心素养的课程目标

学段	核心素养			
	信息意识	计算思维	数字化学习与创新	信息社会责任
第一学段（1~2年级）	1. 在日常生活中，具有主动使用数字设备的兴趣与意识。知道数字设备使用的基本规范。合理安排数字设备的使用时间，养成数字设备使用的好习惯 2. 体验文字、图符、语音等多种输入方式的表达与交流效果，有意识地使用数字设备处理文字、图片和声音 3. 知道信息有真实与虚假之分。能选用恰当的数字化方式表达个人见闻和想法，乐于与他人分享信息	1. 在教师指导下，体验使用数字设备解决问题的过程。知道信息的多种表示方式 2. 对于给定的简单任务，能识别任务实施的主要步骤，用图符的方式进行表达 3. 在实际应用中，能按照操作流程使用数字设备，并能说出操作步骤	1. 在教师指导下，尝试使用数字设备及数字资源开展学习活动，丰富学习手段，改进学习方法 2. 通过对数字设备的合理使用，了解数字设备的使用过程和方法，激发对信息科技的好奇心和学习兴趣，产生对信息科技的求知欲 3. 能利用数字设备，通过文字、图片、音频、视频等方式记录自己在学习与生活中发生的事情，将记录结果分类、保存，需要时进行提取。能创建简单的数字作品	1. 自觉保护个人隐私，能在家长和教师的帮助下确定信息真伪 2. 在浏览他人数字作品时，能友善地发表评论。在分享他人数字作品时标注来源，尊重数字作品所有者的权益 3. 在公共场合文明使用数字设备，自觉维护社会公共秩序
第二学段（3~4年级）	1. 了解数据的作用与价值。列举数字设备对社会发展和人们生活的影响 2. 知道数据编码的作用与意义，理解数据编码是保持信息社会组织与秩序的科学基础 3. 在网络应用过程中，合理使用数字身份，知道数字身份对个人日常学习与生活的作用和意义，规范	1. 能根据需要选用合适的数字设备解决问题，并简单地说明理由。能基于对事物的理解，按照一定的规则表达与交流信息，体验信息存储和传输过程中所必需的编码及解码步骤 2. 在简单问题的解决过程中，有意识地把问题划分为多个可解决的小问题，通过解	1. 利用在线平台和数字设备获取学习资源，开展合作学习，认识到在线平台对学习的影响 2. 比较线上线下学习方式的异同。依据学习需要，在教师指导下有效地管理个人在线学习资源 3. 借助信息科技进行简单的多媒体作品创作、展示、交流，尝	1. 认识到数字身份的唯一性与信用价值，增强保护个人隐私的意识，提升自我管理能力，形成在线社会生存的安全观 2. 了解威胁数据安全的因素，能在学习、生活中采用常见的防护措施保护数据 3. 用社会公认的行为规范进行网络交流，遵守相关的法律法规

续表

学段	核心素养			
	信息意识	计算思维	数字化学习与创新	信息社会责任
第二学段（3~4年级）	地进行网络信息交流	决各个小问题，实现整体问题的解决 3. 依据问题解决的需要，组织与分析数据，用可视化方式呈现数据之间的关系，支撑所形成的观点	试开展数字化创新活动，感受应用信息科技表达观点、创作作品、合作创新、分享传播的优势	
第三学段（5~6年级）	1. 体验物理世界与数字世界深度融合的环境。感受应用信息科技获取与处理信息的优势 2. 根据学习与生活需要，有意识地选用信息技术工具处理信息。崇尚科学精神、原创精神，具有将创新理念融入自身学习、生活的意识 3. 针对简单问题，确定解决问题的需求和数据源，主动获取、筛选、分析数据，解决问题	1. 通过生活中的实例，了解算法的特征和效率。能用自然语言、流程图等方式描述算法。知道解决同一问题可能会有多种方法，认识到采用不同方法解决同一问题可能存在时间效率上的差别 2. 对于给定的任务，能将其分解为一系列的实施步骤，使用顺序、分支、循环三种基本控制结构简单描述实施过程，通过编程验证该过程 3. 在问题解决过程中，能将问题分解为可处理的子问题，了解反馈对系统优化的作用	1. 通过学习身边的算法，体会算法的特征，有意识地将其应用于数字化学习过程中，适应在线学习环境 2. 能利用在线平台和工具寻找生活中的过程与控制场景。能设计用计算机实现过程与控制的方案，并在实验系统中通过编程等手段加以验证 3. 在学习作品创作过程中，利用恰当的数字设备规划方案、描述创作步骤。在反思与交流过程中，对学习作品进行完善和迭代	1. 了解算法的优势及对知识产权保护的作用，认识到算法对解决生活和学习中的问题的重要性 2. 认识到自主可控技术对保障网络安全和数据安全的重要性
第四学段（7~9年级）	1. 观察、探究、理解互联网对社会各领域的影响。体验互联网交互方式，感受互联网和物联网给人们的	1. 在实践应用中，熟悉网络平台中的技术工具、软件系统的功能与应用 2. 能根据需求，设计	1. 根据学习需要，有效搜索所需学习资源，探究信息科技支持学习的新方法、新模式，借助信息科技提高学习质量	1. 应用互联网时，能利用用户标识、密码和身份验证等措施做好安全防护。会使用加密软件对重要信息

续表

学段	核心素养			
	信息意识	计算思维	数字化学习与创新	信息社会责任
第四学段（7~9年级）	学习、生活和工作方式带来的改变 2. 了解人工智能对信息社会发展的作用，具有自主动手解决问题、掌握核心技术的意识 3.主动学习互联网知识，增强数据安全意识，进行安全防护	和搭建简单的物联系统原型，体验其中数据处理和应用的方法与过程 3. 知道网络中信息编码、传输和呈现的原理。能通过软件与硬件相结合的项目活动采集、分析和呈现数据 4. 通过案例分析，理解人工智能。根据学习与生活需要，合理选用人工智能，比较使用人工智能和不使用人工智能处理同类问题效果的异同	2. 在学习过程中，选择恰当的数字设备支持学习，改变学习方式具备利用信息科技进行自主学习和合作学习的能力 3. 主动利用数字设备开展创新实践活动。根据任务要求，借助在线平台，与合作伙伴协作设计和创作作品。在创新实践活动中，认识到原始创新对国家可持续发展的重要性	进行加密，能使用网盘进行信息备份 2. 在物联网应用中，知道数据安全防护的常用方法和策略，保护个人隐私，尊重他人隐私。了解自主可控对国家安全以及互联网和物联网未来发展的重要意义 3. 通过体验人工智能应用场景，了解人工智能带来的伦理与安全挑战，合理地与人工智能开展互动，增强自我判断意识和责任感。遵循信息科技领域的伦理道德规范，明确科技活动中应遵循的价值观念、道德责任和行为准则
高中必修	1. 描述数据与信息的特征，知道数据编码的基本方式 2. 了解人工智能技术，认识人工智能在信息社会中的重要作用 3. 描述信息社会的特征，了解信息技术对社会发展、科技进步以及个人生活与学习的影响	1. 了解数据采集、分析和可视化表达的基本方法，能够利用软件工具或平台对数据进行整理、组织、计算与呈现，并能通过技术方法对数据进行保护；在数据分析的基础上，完成分析报告 2. 依据解决问题的需要，设计和表示简单算法；掌握一种程序	1. 掌握数字化学习的方法，能够根据需要选用合适的数字化工具开展学习 2. 能构建简单的信息系统，积极利用各种信息系统促进学习与发展	1. 在信息系统应用过程中，能预判可能存在的信息泄露等安全风险，掌握信息系统安全防范的常用技术方法 2. 认识信息系统在社会应用中的优势及局限性，能够自觉遵守相关法律法规与伦理道德规范

续表

学段	核心素养			
	信息意识	计算思维	数字化学习与创新	信息社会责任
高中必修		设计语言的基本知识，利用程序设计语言实现简单算法，解决实际问题 3. 知道信息系统的组成与功能，描述信息系统常用终端设备（如计算机、智能手机和平板电脑等）的基本工作原理；知道信息系统与外部世界的连接方式，了解常见的传感与控制机制，以及接入方式、带宽等因素对信息系统的影响；理解软件在信息系统中的作用，借助软件工具与平台开发网络应用程序		
高中选择性必修	1. 能够运用生活中的实例描述数据的内涵与外延，能够将有限制条件的、复杂生活情境中的关系进行抽象，用数据结构表达数据的逻辑关系 2. 知道网络的结构、特征和发展过程，理解物联网的概念，认识与物联网相关的应用 3. 能认识有效管理与分析数据对获取有价值信息、形成正确决	1. 能够从数据结构的视角审视基于数组、链表的程序，解释程序中数据的组织形式，描述数据的逻辑结构及其操作，评判其中数据结构运用的合理性 2. 理解影响网络传输质量的基本因素，熟悉 TCP/IP 等协议的功能和作用，描述网络的拓扑结构，掌握使用基本网络命令查询	1. 能够针对限定条件的实际问题进行数据抽象，运用数据结构合理组织、存储数据，选择合适的算法（如排序、查找、迭代、递归等）编程实现、解决问题 2. 理解网卡、交换机、路由器等网络设备的作用和工作原理，熟知常见的网络服务，能够根据任务特点选择恰当的网络服务，	1. 能够分析数据与社会各领域间的关系，自觉遵守相应的伦理道德和法律法规 2. 形成积极、安全使用网络的观念，具备防范网络安全隐患的意识，能判断日常网络使用中不安全问题产生的原因，掌握构建个人安全网络环境的基本方法 3. 认识数据备份的重要性，能根据需要及

续表

学段	核心素养			
	信息意识	计算思维	数字化学习与创新	信息社会责任
高中选择性必修	策的作用与意义，认识数据管理与分析技术对人类社会生活的重要影响；能在特定的信息情境中，根据业务数据问题解决的需要，利用多种途径采集与甄别数据 4. 初步了解三维设计及相关技术的基础知识，形成三维设计及相关技术在当今社会有重要作用的认识 5. 理解利用信息技术解决问题的基本思路与方法，认识数字化工具在问题解决方案中的价值与作用	联网状态、配置情况及发现故障的操作 3. 能够确定学习和生活中的业务数据问题，能提出解决方案，评价其合理性、完整性以及分析方案优化或改进的可能性 4. 能按照特定数据管理的需求，使用数据库管理系统建立关系数据库，会选用恰当的策略与方法对数据进行管理 5. 会采用适当的方法提取数据；能正确选用数据分析方法和工具分析并解释数据 6. 能描述人工智能的基本特征，会利用开源人工智能应用框架搭建简单智能系统 7. 掌握三维设计中关于建模的基本知识与技能，提高模块化信息处理能力，并逐步延伸到提高系统化的信息处理能力 8. 知道基于开源硬件进行项目设计的一般流程，能将其应用于实际项目中，根据事物的特点进行一定的	理解创新网络服务的意义，列举日常生活中与物联网相关的设备并描述其工作原理 3. 能根据需要，主动选用数字化工具开展自主或协作学习，创造性地解决问题 4. 了解人工智能的新进展、新应用（如机器学习、自动翻译、人脸识别、自动驾驶等），并能适当运用在学习和生活中 5. 能够利用数字化环境查找学习资源，运用三维设计的思想、方法与技术进行创作与表达 6. 能在信息技术环境下综合利用科学、技术、工程、人文艺术与数学学科的相关知识	时备份与还原数据，确保数据安全 4. 了解人工智能的发展历程，能客观认识智能技术对社会生活的影响 5. 通过学习中的交流和相互评价，理解知识产权对信息社会产生的影响，增强积极参与信息社会建设的意识，树立数字化环境下积极进取的态度 6. 理解并自觉践行开源的理念与知识分享的精神，理解保护知识产权的意义

续表

学段	核心素养			
	信息意识	计算思维	数字化学习与创新	信息社会责任
高中选择性必修		抽象，设计符合事物特性的系统；能利用各种材料、开源硬件与软件实现所设计的项目方案，能利用开源硬件的设计工具、编程语言实现外部数据的输入、处理，利用输出数据驱动执行装置的运行		
高中选修	1. 能了解算法的概念、基本要素和基本特征，能够分析、描述实际问题 2. 知道移动应用的特点，认识到信息社会中移动应用的价值	1. 能够用自然语言、伪代码、流程图等描述算法并利用符号语言将其形式化；初步掌握二叉树在搜索算法中的应用，掌握贪心、分治、动态规划、回溯等常见算法及其编程应用；掌握算法分析的一般方法和过程，能够计算算法的时空复杂度 2. 能够基于移动终端的特点，利用图形化的设计开发工具，设计开发基于单台设备的移动应用；能够初步进行本地数据的存取和基于网络的数据传输，开发基于真实任务的简单移动应用，设计基于移动应用的问题解决方案	1. 了解算法的优势和不足，能够将算法思想迁移到实际生活和学习中 2. 能够利用移动终端、选择恰当的移动应用进行学习，解决生活与学习中的问题，提升实践与创新能力	1. 能够负责任地应用算法 2. 重视移动应用中的信息安全问题，初步掌握移动应用中的信息安全及个人数据保护的基本思想与相应技术方法

不同学段的不同目标受清晰的顶层设计框架调控。课程目标顶层设计框架通过定位课程属性协调义务教育阶段信息科技课程与高中阶段信息技术课程的关系，强调义务教育阶段信息科技课程的基础性、实践性和综合性。课程目标的设立旨在从小培养学生的科学精神和科技伦理，并为学生高中阶段信息技术课程的学习奠定坚实的基础。例如，课程标准中反复提到要提升学生的自主可控意识，既是培养核心素养总体目标在课程层面的贯彻落实，也是为实现在高中阶段培养学生信息意识的目标做铺垫。课程标准通过在义务教育阶段引领学生从小树立国家安全观念高于一切的观念，将立德树人的根本任务具体化。同时，课程标准引导学生从小思考如何协调国家安全与个人安全的关系，使其从小接受正确价值观的熏陶，助力其逐渐成长为一名合格的国家公民。课程目标顶层设计框架兼顾了技能行为训练目标和科学理论学习目标，并对二者做出统筹规划，助力学生通过课程学习桥接理论知识与实践技能。

习题

1. 课程目标是什么？课程目标如何制订？课程目标具有什么功能？
2. 信息技术学科核心素养是什么？有什么特点？思考如何在教学设计与实践中体现信息技术学科核心素养。
3. 结合具体的信息技术课程，探讨如何在教学中有效地体现并达成信息技术课程目标。

第 4 章

信息技术课程的课程内容

学习目标

学习本章之后，您需要达到以下目标：

- 知道课程内容的内涵及价值；
- 知道信息技术课程内容的选择方法；
- 分析信息技术课程内容的组织方式及具体设置；
- 领会信息技术教材编制原则及校本课程开发流程。

课程的教学内容，也可简称为“课程内容”，是指各门学科中特定的事实、观点、原理和问题，以及处理它们的方式。课程内容的研究主要解决如何选择和组织某一门课程的内容，即决定应该教什么和以什么样的方式呈现这些需要教的内容。课程内容的选择和组织是一项最基本的工作。作为一门快速发展中的课程，信息技术在课程理念的形成、内容体系的建设、教学方法的应用、学习评价的开展等方面都还处在持续探索阶段。因此，内容建设研究是信息技术课程研究的核心内容之一。本章主要介绍信息技术课程内容选择的依据与原则、信息技术课程内容的建设等。

4.1 信息技术课程内容的概述

4.1.1 理解课程内容的基本内涵

1. 课程内容的基本概念

课程内容是在一定的教育价值观及相应的课程目标指导下对学科知识、社会生活经验或学习者的经验中有关知识经验的概念、原理、技能、方法、价值观等的选择和组织而构成的体系。

不同学者关于课程内容概念的观点如表 4-1 所示。

表 4-1　不同学者关于课程内容概念的观点

学者	观点
王道俊	课程内容应当反映时代要求，注重培养学生的主体性和创造性，以及社会主义核心价值观
胡荣华	课程内容应当体现基础性、时代性、生活性和发展性，以适应学生的全面发展和未来社会的需求
刘道义	课程内容的选择应当基于对学生发展需求的深刻理解，注重知识的深度和广度，以及与学生经验的联系
钟祖荣	课程内容应当紧密结合学生的认知发展水平和生活实际，强调学科知识的系统性和逻辑性，同时注重培养学生的创新能力和实践能力

2. 课程内容的价值取向

课程内容的意义如何解释，是直接影响课程内容的选择范围和呈现方式的问题。自课程作为一个独立的研究领域以来，对课程内容的解释大多围绕着几种不同的价值取向展开：课程内容即教材、课程内容即学习经验、课程内容即学习活动。课程内容的不同价值取向，体现了不同的教育目的观。表 4-2 列出了课程内容三种价值取向的特点。

表 4-2　课程内容三种价值取向的特点

价值取向	特点
课程内容即教材	课程体系是以科学逻辑组织的 课程是社会选择和社会意志的体现 课程是既定的、先验的、静态的 课程是外在于学习者的，并且基本上是凌驾于学习者之上的——学习者服从课程，在课程面前是接受者的角色
课程内容即学习经验	课程往往从学习者的角度出发和设计 课程是与学习者个人的经验相联系、相结合的 强调学习者作为学习主体的角色
课程内容即学习活动	强调学习者是课程的主体，以及作为主体的能动性 强调以学习者的兴趣、需要、能力、经验为中介实施课程 强调活动的完整性，突出课程的综合性和整体性，反对过于详细的分科 强调活动是人的心理发生、发展的基础，重视学习活动的水平、结构、方式，特别是学习者与课程各因素的关系

从课程内容的三种价值取向特点的分析中可以看出，每一种课程内容价值取向都有各自的合理性，同时也都存在着一定的局限性。因此，现代课程理论的发展，倾向于以比较广义的方式理解课程内容，即不只是局限于其中的某一种取向，使它们之间对立起来，而是辩证地考虑

与处理这几方面的关系，使课程内容的内涵同时兼顾学科体系、学习活动、学习经验、学习机会等方面的因素。

4.1.2 信息技术课程内容的转向

1. 从静态转向动态

传统的信息技术课程知识观往往将知识视作一成不变的、具有绝对确定性的内容。在这种观念下，知识被看作是静态的、孤立的，与学生的实际生活经验和现实世界相对脱节。然而，随着信息技术的飞速发展以及知识更新速度的加快，这种静态的知识观已经无法满足当代社会的需求。现代的信息技术课程知识观正逐渐从确定性转向非确定性，强调知识的动态性、开放性和生成性。这意味着知识不再被视为固定的、不可更改的，而是随着技术的进步、社会的发展以及学生个体经验的不断丰富而不断变化的。在这种观念下，信息技术课程更加注重培养学生对知识的探究能力、批判性思维以及创新精神，鼓励他们主动参与到知识的建构过程中，从而实现真正意义上的学习与发展。这一转向不仅反映了教育领域对信息技术发展趋势的积极回应，也体现了对学生主体地位和终身学习能力的重视。通过培养学生的自主学习能力和问题解决能力，信息技术课程旨在帮助他们更好地适应未来社会的挑战，成为终身学习者和创新者。

2. 从传递转向生成

在传统的信息技术课程中，知识往往被视作一种单向传递的、固定的内容，教师的角色主要是知识的传递者，而学生则是被动的接受者。这种模式下，学生的主要任务是通过记忆和重复来获取知识，而缺乏对知识深层次的理解和探究。然而，随着教育理念的不断进步和信息技术的飞速发展，现代的信息技术课程知识观正在发生深刻的转变。它更加强调知识的生成性和建构性，认为知识不是静态的、孤立的存在，而是学生在特定的情境下，通过与教师、同伴以及学习资源的互动主动生成的。在这种新的知识观下，学生的角色发生了根本性的变化，他们不再是知识的被动接受者，而是成为知识生成和建构的积极参与者。通过自主学习、实践探究和问题解决等过程，学生不仅能够主动获取新知识，还能在已有知识的基础上进行创新和拓展。这种从传递转向生成的转变不仅体现了对学生主体性和创造性的尊重，更有助于培养学生的高阶思维能力和创新能力。在生成性的信息技术课程中，学生不再满足于简单地记忆和重复知识，而是学会发现问题、分析问题并解决问题。这种学习方式不仅有助于提高学生的信息素养和综合能力，而且为他们未来的学习和职业发展奠定了坚实的基础。

3. 从价值无涉转向价值关涉

在传统的信息技术课程观念中，知识常被视作一种中立、客观、与价值无直接关联的存在。在这种观念下，知识的传递和学习主要聚焦于技术本身的操作和应用，而相对忽视了知识背后所隐含的价值观念、文化意义以及社会影响。然而，随着信息技术在社会各领域的深入应用和广泛影响，现代的信息技术课程知识观逐渐认识到知识与价值之间的密切联系。知识不仅是技术和信息的载体，同时也反映了一定的文化观念、价值取向和社会规范。不同的知识体系和技术应用往往蕴含着不同的价值判断和文化选择。因此，在现代的信息技术课程中，越来越强调引导学生深入理解和反思知识背后的价值意义，不仅包括知识的实用价值，更包括其对于个体发展、社会进步、文化传承等方面的深远影响。这种引导，旨在培养学生的价值判断能力，使他们在面对复杂多变的信息技术环境时，能够做出符合个人发展和社会责任的选择。同时，这种价值关涉的转向也强调了信息技术课程在培养学生社会责任感方面的重要作用。通过揭示知识背后的价值意义和文化取向，信息技术课程不仅传授技术知识，更在潜移默化中引导学生形成正确的价值观和社会责任感。

4. 从注重技能转向注重素养

在早期的信息技术课程中，教学重点往往落在具体的技能操作上，如软件操作、编程技巧等。这种技能导向的教学方法虽然能够使学生快速掌握某些特定的技术，但可能忽视对学生整体信息素养的培养。随着信息社会的快速发展，单纯的技术技能已经不足以应对日益复杂多变的信息环境。因此，现代的信息技术课程正在经历一个重要的转变，即从过分注重技能培养转向全面提升学生的信息素养。这种素养不仅包括基本的信息获取、信息处理、信息安全等技能，而且强调学生的信息评价能力、创新思维、批判性思维以及解决问题的能力。在这一转向中，信息技术课程不再仅仅是一门技能课，而是一门旨在培养学生综合素质的基础课程。它要求学生不仅能够熟练使用各种信息技术工具，而且能够理解信息技术的本质、评估信息的质量、安全合法地利用信息，并具备在信息社会中自我学习、持续发展的能力。这种从技能到素养的转变，体现了教育对信息社会发展趋势的深刻洞察，也体现了对学生全面发展、终身学习能力的高度重视。通过全面提升学生的信息素养，信息技术课程能够帮助学生更好地适应信息社会的挑战。

4.1.3 信息技术课程内容的价值

1. 课程内容建设是课程改革的关键

课程改革是为促使信息技术课程适应社会发展需要、学科发展趋势以及学生发展特点，培养社会所需人才而进行的，对信息技术学科的课程内容、结构顺序等进行调整、更新、改进，使得课程内容更加贴合实际发展需求、更加科学合理。课程内容并非课程改革的唯一要素，课程改革通常还涉及课程目标、课程方法、评价等，是对信息技术课程的整体改进发展，但是对课程目标、方法等的调整都会在课程内容中体现，因此课程内容建设是课程改革的核心，可直观反映出课程改革的方向。课程改革的目标、要求都会通过课程内容的设计编排来实现，课程内容亦会通过一次次的课程改革更新课程内容结构体系，吸收学科前沿知识理论与科学研究成果，从而确保学生学习的知识技能的时代性与准确性。《义务教育信息科技课程标准（2022年版）》的课程内容整体基于学科核心素养的发展要求，优化信息科技课程内容结构，加强课程内容的育人性质，并设置跨学科主题课程内容，指明课程内容要求，深化信息技术课程改革。

2. 课程内容直接体现课程目标要求

课程目标是对学生达成的学习成果的预期，指引着教学活动的方向，而课程内容是实现课程目标的载体，体现着课程目标的要求。课程内容是依据课程目标选择与组织的，支撑课程目标实现。课程目标具有抽象性，课程内容是课程目标的具体体现，贯穿于教学全过程。课程目标包含知识与技能、过程与方法、情感态度价值观三方面的目标，通过教学设计对课程内容特点分析，围绕课程目标组织编排课程内容，帮助学生逐步达成课程目标。同时，课程内容可判断学生的学习情况，为评价是否达成课程目标提供依据。信息技术课程目标围绕学科核心素养，以促进学生知识技能、价值观、品格的养成。信息技术课程内容则要考虑内容的选择是否具有前瞻性，内容设计是否符合教学规律，内容组织是否具备关联性、是否与实际生活相联系，总体的课程内容编排是否能体现课程目标要求，以实现课程目标。

3. 课程内容直接影响教学活动方式

信息技术课程内容有其各自不同的特点，有技能型课程内容，例如编写程序、课件制作等；有知识型课程内容，例如计算机原理、数据安全等。从教学方法来看，不同类型的课程内容决定着教学开展的不同活动方式，例如，技能型课程内容更注重学生动手操作练习，教师可组织开展项目式教学；而知识型课程内容更注重学生的迁移能力、思维培养，可组织开展学生小组讨论。课程内容特点不同，相应的教学方法、教学情境均不同。从教学过程设计来看，信息技术课程内容具有较强的实践性和抽象性，抽象的信息技术相关原理理论、发展等课程内容不易被学生理解，可以在教学过程中借助人工智能、VR 等新型技术呈现抽象的理论性知识，帮助学生学习、理解抽象知识；而实操性的课件制作、编程软件操作等信息技术技能则需要在教学过程中创设真实的问题情境，引导学生操作相关软件完成任务，从实际的操作过程中习得技能。因此，课程内容不同，教师和学生的活动方式亦有不同，课程内容影响着教学的活动方式。

4.2　信息技术课程内容的建设

信息技术课程内容的建设首先需要考虑相应的依据与原则。课程内容的选择需要从学生发展的需要、社会发展的需要和学科本身性质三个维度加以考虑。本节主要介绍信息技术课程内容的选择依据、选择原则与建构目标。

4.2.1　信息技术课程内容的选择依据

信息技术课程内容的选择，受到多个方面因素的影响，比如社会需求、学生发展等。课程内容的选择必然受到以上诸多因素的影响，但是，选择的过程可以说是一个价值判断的过程。知识有价值或者没有价值，必然有一定的判断标准和依据。所以，信息技术课程内容的选择依据主要应该包含以下三个方面的因素，综合起来才能够选择出最好的信息技术课程内容。

1. 明确社会需求

学生个体的发展与社会的发展是相辅相成的，学生在学校学习期间所形成的知识体系和水平，在一定程度上决定学生能否适应社会生活并在社会中充当一定的社会角色。这就要求学生掌握满足未来社会需求的必备品质和关键能力，这是社会发展对学生素养发展的本质要求，是选择课程内容的客观依据。因此，在进行信息技术课程内容选择时，要充分考虑现阶段社会生产的需求和社会发展的趋势。

首先，信息技术课程内容要符合信息社会生产生活的需要。信息技术已经渗透到现今社会的各个方面，成为推动社会进步和发展的重要力量。在信息社会中，利用信息技术进行信息收集与处理、组织合作与创新活动、运用计算机解决复杂问题等能力和素养被普遍认为是信息时代人们所应具备的重要素质。

其次，信息技术课程内容还应顺应未来信息社会的发展趋势。大数据、人工智能、元宇宙等信息技术革命性成果对社会发展和人才培养带来了巨大的冲击，快速发展的信息技术也为课程内容的选择带来了挑战。基础教育阶段的信息技术课程也应关注未来的信息社会发展方向，避免出现人才培养滞后于社会发展的问题。

课程内容的选择应该同时考虑现实需求和未来趋势，既着眼于现今信息社会的生产生活需要，又展望于未来智能社会的创新发展需要，只有这样，信息技术课程内容才能真正适应社会发展的需求，推动社会进步。

2. 明确学生特征

课程与教学的最终目的指向促进学生的全面发展，这就要求选择的课程内容适应学生的发展特征，学生的学习需要、学习兴趣、身心发展特点以及认知规律等特征是选择课程内容的重要考量维度。

首先，课程内容的选择需要考虑学生现有的发展水平及发展规律。学生的身心发展水平制约着课程内容的深度和广度。基础教育阶段的学生年龄跨度较大，是学生心理发展的重要转折时期，在进行课程内容选择时，要充分考虑学生的心理发展特征。从小学阶段到中学阶段，学生的思维逐步从具体思维过渡到抽象逻辑思维，在这一过程中学生的心理发展存在着不平衡性。在进行信息技术课程内容选择时也要考虑这一特征，为不同年龄阶段的学生设计不同的课程内容，循序渐进地推动学习。

其次，课程内容的选择还要考虑学生的个性化发展需要。人本主义课程观认为，人学习的目的是促进自我实现，课程设置和内容选择的基本出发点是学生自我实现的基本需要，因此课程内容需要为学生提供有助于个人自由和发展的、有内在激励的经验。杜威的“儿童中心”课程观也重点关注儿童的兴趣、爱好、动机和需要，将这些要素作为课程内容选择的根本依据。学生中心课程观认为，学习是学生主动建构的过程，课程内容的选择必须满足学生的身心发展需要，促进学生个性自由发展，保护和促进学生的好奇心和求知欲。

技术多样、资源丰富的数字化环境为学生提供优质的个性化学习支持，信息技术课程内容应该适应教育数字化的这一改变，关注学生不同的学习需求，为学生提供丰富多样、可供选择、智能推荐的课程内容，以满足学生的个性化学习需要。

3. 明确学科要求

课程内容本质上是由学科的知识体系组合而成的。因此，课程内容的选择必须考虑学科知识体系和人类科学文化的基本特点和发展趋势。

首先，学科知识体系的系统性和连贯性是课程内容选择的重要基础。一个学科的知识体系是经过长时间积累、沉淀和筛选而形成的，它具有内在的逻辑关系和结构层次。在选择课程内容时，需要确保所选内容能够体现学科知识体系的核心概念和基本原理，同时保证内容的连贯性和系统性，以便学生能够循序渐进地学习和掌握相关知识。

其次，人类科学文化的基本特点和发展趋势也是课程内容选择的重要考量因素。科学文化是人类智慧的结晶，它不断推动着人类社会的进步和发展。在选择课程内容时，需要关注科学文化的最新动态和前沿成果，将那些具有时代性、代表性和前瞻性的内容纳入课程体系中，从而帮助学生拓展视野、增强科学素养和创新能力。

信息技术是一门综合实践性的课程，其课程内容包括计算机科学、网络通信技术、信息科学、多媒体技术等多学科内容，在进行课程内容的选择时，要考虑学科内部及多学科间相互渗透、相互支持的作用关系，凝练成信息技术的核心内容体系，支持学生信息技术学科核心素养的培养。

4.2.2 信息技术课程内容的选择原则

综合考虑以上影响因素，才有可能设计出尽可能优化的信息技术课程。根据课程内容的选择原则，并考虑信息技术课程的独特点，我们认为，选择信息技术课程内容需要遵循以下原则。

1. 必须以信息技术课程目标为主要依据

信息技术课程目标是信息技术课程内容选择与教学的基本依据。信息技术课程内容的选择虽然受到很多因素的影响，但是首要考虑的是课程目标。这是因为，课程目标作为课程编制其他各个阶段的先导和方向，作为对学习者的理想期望，是专家、学者、教师等经过周密的思考，认真研究了社会、学科、学生等不同方面的特点与需求的结晶。所以，信息技术课程内容的选择必须合乎信息技术课程目标。

2. 必须适应学生的需求及兴趣

基础教育课程改革倡导课程需要支持每位学生的发展。可见，信息技术课程内容无论如何选择、如何设计、如何实施，最终的目的都是使学生的潜力得到最大限度的发挥。在信息技术课程内容的选择上，必须意识到，选择出来的信息技术课程内容如果不能被学生内化和吸收，就永远只是一种外在物，对学生将来的行为、态度、个性等不会产生什么影响。相反，如果选择信息技术课程内容时能够注意到学生的兴趣、需求和能力，并尽可能与之相适应，不仅有助于学生更好地掌握科学文化知识，而且还有助于他们养成良好的学习态度。事实证明，任何偏离学生特点的课程内容，无论过难或过易，都不会取得好的效果。

3. 注重内容的基础性

基础教育的性质和时代的特点决定了课程是为学生的终身发展打基础的。因此，在浩如烟海的知识系统中，应该选择最基础的内容。信息技术学科知识更加繁杂，所以我们更加需要注意信息技术课程内容选择的基础性。所谓基础性，从一方面来讲，它具有普遍性和共同性，无论是事实知识还是原理知识，都是客观上大量存在的事物，是学生学习和从事各种职业都用得着的工具；从另一方面来讲，它具有发生性、起始性，后来学习的其他知识，都以它为准备条件，即它是知识系统中那些迁移力最强的知识。

4. 应该贴近社会生活和学生生活

传统教育将学生置于一个理性的世界中，从而使学生失去了对生活世界的关注。而实际情况是每个学生都要在社会中生活，迟早都要解决就业的问题并进行劳动，都要遇到和处理实际的生活问题，都要适应社会的需要，为社会的发展服务。而且，只有与社会生活、学生生活紧密联系的内容，才能真正成为学生兴趣所在。信息技术已走进人们的日常生活，渗透到社会生活的每一个角落。社会生活需要信息技术，信息技术也需要在社会生活中得以发展。相反，若信息技术与社会生活相脱离，信息技术课程教学仅仅局限在课程、课本和学校，割裂与社会的联系，将会使信息时代、信息社会失去意义，学生也就不可能深刻理解信息技术的作用。因此，应引导学生学会运用信息技术解决生活中遇到的问题，利用信息技术进行学习，为走向信息社会、实现终身发展打下良好的基础。信息技术的运用将实现学生个体与社会信息的重组与统一。同时，通过信息搜集、比较、概括等方法扩展、增值信息，并在信息扩展与增值的过程中，培养学生的信息素养。所以，信息技术课程内容要回归学生的生活世界，关注学生的真正生活，使学生能够获得真实的生活体验。

4.2.3　信息技术课程内容的建构目标

根据一定的选择依据、遵循一定的选择原则，均指向建构出适合发展学生四大核心素养的课程内容，具体体现为三个方面：确立信息技术学科知识体系、建构信息技术学科实践经验、覆盖信息技术学科伦理道德。

1. 确立信息技术学科知识体系

对知识的认知是一个哲学命题，人们对于“什么是知识”有着各种各样的回答。例如，柏拉图将知识视作“灵魂对理念世界的回忆”；亚里士多德认为“知识来自感官知觉，并通过理性和方法来组织和验证”；实用主义哲学观点认为“知识是解决问题、做出决策和创造新事物的工具或资源”；社会建构主义认为“知识是在社会互动中共同建构的，学习和知识获得是社会活动的一部分”；教育学定义“知识是人类通过学习、实践和经验积累得到的对世界的认识和理解”；知识进化论则强调“知识的动态性”，认为“知识是随着时间和环境的变化而不断演化和发展的”。综观各种观点，“知识”的概念具有这样一些特征：第一，系统性，知识并非孤立、碎片化的信息，而是由众多相互关联、互为支撑的经验、概念和原理构成的综合体；第二，社会性，知识不是纯粹的个人感悟或见解，而是经过社会筛选、整合和共享的智慧结晶，它反映了一个社会群体在特定文化、历史和价值观背景下的共同认知和追求；第三，传播性，知识传播可以是直接的、显性的，如通过语言、文字、图像等媒介进行，也可以是间接的、隐性的，如通过示范、模仿和实践等方式实现，知识的传播性不仅扩大了其影响范围，也促进了知识的不断创新和发展；第四，实用性，知识的最终价值体现在其能够指导人们的行动、提高决策效率和实现目标的能力上，通过应用知识，人们能够更准确地分析问题、制订方案并付诸实践，从而更有效地应对现实生活中的各种挑战。

知识体系是特定学科领域下知识的结构化集合，它涵盖了基本事实、相关概念、理论、方法等要素。知识体系不是对知识的简单罗列，更重要的是揭示了知识之间的内在联系、层次结构和逻辑关系，从而形成一个系统化、网络化的知识架构。信息技术课程的知识体系是课程内容的核心内容，主要包括以下几个层次。

（1）基本事实

①信息技术的发展历程：从早期的机械计算到电子计算，再到现代的信息技术，其发展历程构成了信息技术课程的基本历史背景。

②信息技术在日常生活和工作中的应用实例：例如，互联网的使用、社交媒体的流行、电子商务的崛起等，都是信息技术应用的直接体现。

（2）相关概念

①信息技术基础概念：如数据、信息、知识、计算机、网络、人工智能等，这些是构建信息技术知识体系的基础。

②专业术语：包括硬件、软件、操作系统、编程语言、算法、数据库等，这些专业术语是理解和应用信息技术的重要工具。

（3）学科理论

①计算机科学理论：包括计算理论、信息论、控制论等，这些理论为信息技术的设计和应用提供了基础支撑。

②网络通信理论：包括 TCP/IP 协议、网络通信原理等，这些理论是理解和应用网络技术的基础。

③数据处理与分析理论：包括统计学、数据挖掘、机器学习等，这些理论为数据处理和分

析提供了方法论指导。

（4）学科方法

①计算机操作方法：包括基本的鼠标操作、键盘操作、文件管理操作等，这些是使用计算机的基本技能。

②编程方法：包括各种编程语言的语法规则、编程技巧、算法设计等，这些是进行软件开发和应用的基本能力。

③网络应用方法：包括网络搜索、电子邮件使用、社交媒体应用等，这些是现代生活中必不可少的网络技能。

④数据处理方法：包括数据收集、整理、分析、可视化等，这些是进行数据驱动决策的基本步骤。

信息技术课程内容的知识体系是一个多层次、多维度的结构体系，它既包括基本的历史事实和基础概念，又包括深入的理论知识和实用的操作方法。这个知识体系旨在培养学生的信息素养和信息技术应用能力，为他们适应信息社会的学习、工作和生活打下坚实的基础。

2. 建构信息技术学科实践经验

除知识体系外，信息技术课程还应关注学生的学习经验，确保课程内容能够与学生的生活经验和学习需求相结合。学习经验并不等同于学科知识，也不属于教师的知识传授范畴，而是指向学生与外部环境交互过程的体会与感悟。建构主义学习观认为，学习是学生主动建构的过程，学生通过主动地探索世界、体会生活，从而去发现新的事物，建构新的知识。在进行信息技术课程内容的选择时，不仅要确定内容知识体系，还要为学生选择相应的生活情境，提供主动探索、发现的学习机会。

学习是促进学生社会化的一个过程，只有当学生能够将所学知识转化成具体的行为过程，并将其内化为日常生活的一部分时，才能切实掌握所学知识。因此，在选择信息技术内容时，应该将信息社会的生活经验和文化内涵转化成适宜学生的课程内容形式，以此将知识和能力的传递内化于学生的学习经验之中；还要构建适合学生发展和兴趣的内容情境，鼓励学生参与体验知识的应用过程，为学生提供有意义的学习经验，促进学生的个性化发展。学习经验成为课程内容选择的一个重要方面，体现了真实性学习的要求，鼓励“做中学”“用中学”“创中学”的主动式学习。具体来说，可以从以下几个方面考虑。

（1）实践操作经验：信息技术是一门实践性很强的课程，学生需要通过大量的实践操作来掌握知识和技能。因此，信息技术课程应提供丰富的实践操作机会，让学生在实践中学习、在实践中进步。

（2）问题解决经验：信息技术课程应注重培养学生的问题解决能力。通过设计真实的问题情境和任务，引导学生运用所学知识解决实际问题，从而丰富他们的问题解决经验，提高他们的问题解决能力。

（3）合作学习经验：信息技术课程应鼓励学生进行合作学习，让他们在小组内互相交流、互相学习、互相帮助。通过合作学习，学生不仅可以掌握知识和技能，还可以培养团队合作精神和沟通能力。

（4）探究学习经验：信息技术课程应鼓励学生进行探究学习，让他们在自主探究的过程中发现问题、解决问题。通过探究学习，学生可以培养自主学习能力和创新精神。

（5）终身学习经验：信息技术发展迅速，信息技术课程应鼓励学生自主学习和探究新知识，培养其终身学习的意识和能力。

3. 覆盖信息技术学科伦理道德

在教学过程中，不仅要强调知识技能的习得、学习经验的获取，同时还要引导学生形成正确的情感、态度、价值观。随着信息技术的发展，技术与生活的联系愈发紧密，重视技术应用带来的发展机遇的同时，也不可忽视信息技术带来的伦理道德问题。信息技术学科也将信息社会责任明确列为学科核心素养之一，强调关注学生的信息技术学科伦理道德意识的培养，使得学生养成正确的价值观，并遵循信息社会的道德原则和行为规范。信息技术学科伦理道德的培养，不仅有助于学生规范其行为，增强学生对信息社会的责任意识，还可以促进学生在信息社会的发展。因此，在信息技术课程内容中还需要涉及信息技术学科伦理道德知识，引导学生在学习过程和日常生活中正确看待技术应用，践行信息社会的道德原则与行为规范，承担其应尽的责任义务。信息技术学科伦理道德知识覆盖信息技术学科的学习、实践全过程，包括但不限于以下几个方面。

（1）信息数据安全：即在信息数据的使用处理过程中，保证信息数据的完整性与机密性，保护信息数据不被泄露、篡改或恶意访问；同时培养学生的诚实守信品质，保证信息数据和结果的准确性和透明性，不篡改信息数据和结果。

（2）知识产权意识：即加强对知识产权的认识，了解知识产权的类型，明确产品的责任归属及版权，确保产品使用的合理合法性以及可靠性、安全性，尊重他人成果，保护他人知识产权；同时懂得保护个人的知识产权，不被他人侵害自身的知识产权。

（3）个人隐私保护：在当今信息社会，个人隐私的保护尤为重要。尊重和保护个人隐私是信息技术学科伦理道德的重要内容之一，要引导学生学会在现实生活和网络虚拟世界中保护个人隐私，尊重他人隐私，不轻易透露个人隐私信息，具备信息保护能力。

（4）伦理问题决策：即学生在面对技术伦理冲突时，具有合理判断并决策、寻求解决方案的能力。要求学生具备良好的道德品质和价值观、信息技术伦理意识，在面临冲突矛盾时可以采用恰当的方式解决。

（5）法律法规遵守：即在学习和生活中遵守国家法律法规，自觉遵守行为规范，承担信息社会责任，共同创设并维护优良的网络环境。

信息技术学科伦理道德属于信息技术课程内容，有利于发展学生“信息社会责任”这一学科核心素养，增强学生的信息意识，规范学生的行为，帮助学生树立正确的价值观、辩证看待技术应用，使学生在道德层面有所发展。

4.2.4 信息技术课程内容的选择方法

在确定课程内容的选择范围之后，我们需要考虑哪些具体的内容可以被纳入信息技术课程内容之中。此时，我们可以运用一些内容选择方法，例如调查、访谈、观察、实验等。除上述基本方法之外，这里我们介绍两种特殊的内容选择方法，即运用概念图进行知识体系的选择和运用流程图进行学习经验的选择。

1. 运用概念图进行知识体系的选择

概念图主要来源于认知心理学和教育学领域的研究，是由康奈尔大学的诺瓦克（J. D. Novak）根据奥苏贝尔的认知结构迁移理论发展而来的可视化工具。它是一种用于表示概念之间关系的图形化工具，旨在帮助人们更好地组织和表达复杂的知识结构。利用概念图可以构建出特定学科领域的知识结构，这样我们便能更好地确定课程内容，选择合适的知识概念，构建清晰连贯的知识体系。

在开始构建概念图之前，首先要确定学科或课程中的核心概念。这些核心概念是知识体系的基础，其他知识点将围绕它们展开。例如，在信息技术课程中，核心概念可能包括数据、算法、网络、信息处理、信息安全、人工智能等。然后，以核心概念为中心，开始构建概念图的框架。在这个框架中，核心概念位于中心位置，其他相关概念作为分支与核心概念相连。这些分支可以根据它们的相关性、重要性或逻辑顺序进行排列。接下来在每个分支上添加细节和子概念，这些细节是核心概念的具体化。同时，要注意概念之间的关联，使用连接线表示这些关联，并在线上添加简短的标签来描述关联的性质（如“是……的一部分”“导致”“与……相似”等）。在初步构建完概念图后，需要对其进行评估和调整。确保所有重要的概念都已包含在内，且概念之间的关联准确反映了它们之间的关系。根据需要进行增删改，以完善概念图。在构建好概念图的基础上，可以清晰地看到不同概念之间的联系和层次结构。这有助于选择哪些知识点应该被纳入教学计划，以及这些知识点应该以何种顺序和方式呈现给学生。随着学科知识的不断更新和发展，概念图也需要定期修订和更新。应该保持对新技术和新理论的关注，及时将相关内容添加到概念图中。图 4-1 以算法主题为例，用概念图来协助构建知识体系。

2. 运用流程图进行学习经验的选择

学习经验的选择通常要考虑呈现动作、技能、过程、方法、决策等动态活动内容，这就要求将不同性质的课程内容要素进行组合。学习经验课程内容可以采用大纲、图示、表格等方法进行选择，这些方法偏向于静态活动的描述，缺少动态的活动组织过程。此处，我们介绍一种基于流程图的学习经验选择方法，用来确定课程内容的具体要素和过程。

流程图的应用可以追溯到20世纪初的工程领域和管理领域。随着工业化进程和复杂系统的出现，人们需要一种有效的方式来可视化和理解各种过程和系统的运作流程。流程图作为一种直观、清晰的表达工具，逐渐被广泛应用于各个领域。随着计算机技术的发展，流程图被用于描述算法和程序的执行流程，帮助程序员理解和设计复杂的软件系统。流程图的应用范围不断扩大，成为各个领域不可或缺的一种表达和分析工具。在教育领域，流程图也被广泛应用于课程设计和教学内容的选择和组织，帮助学生和教师更好地理解和掌握知识体系和教学过程。图4-2是高中“算法与程序实现项目”课程内容选择过程的流程图。

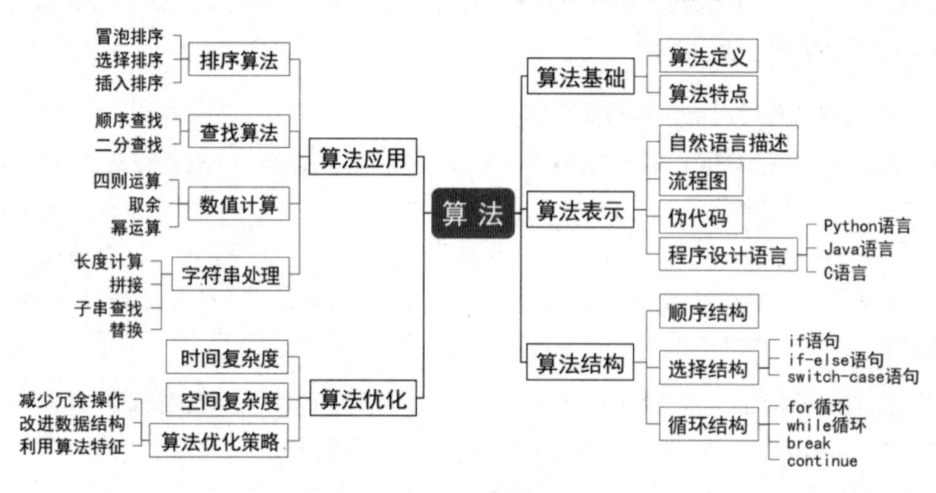

图4-1 “算法”知识体系概念图

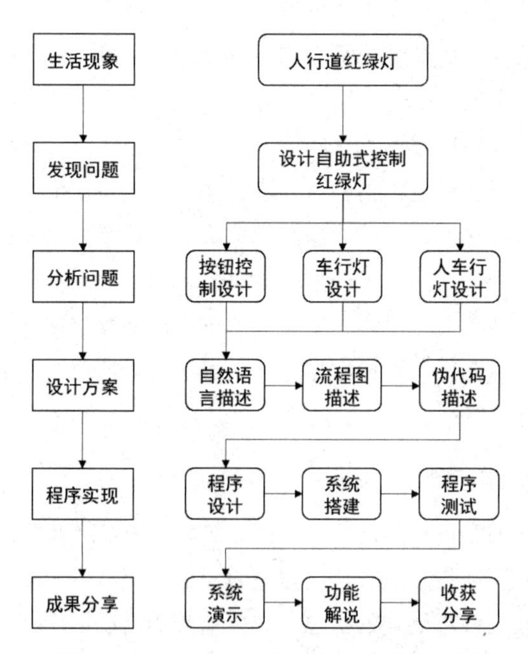

图4-2 “算法与程序实现项目”课程内容选择过程的流程图

4.3　信息技术课程内容的组织

课程内容并不是简单地堆砌、拼凑到一起就行的，如何进行内容的组织和编排有一定的方法和原则。即使是同样的课程内容，使用不同的组织方式也会形成不一样的内容呈现效果，给学生带来不一样的感受，发挥不一样的育人功能。在课程开发过程中，当我们将要呈现给学生的课程内容选择好之后，需要将各种内容元素加以整理，进行排序、整合，按一定的顺序、段落进行组织。泰勒认为，课程组织是在选择学习经验后将其编制成单元、学程和教学计划的程序。课程组织是在一定的教育哲学观指引下，根据学生的心理特征，对课程知识体系和学习经验进行合理的编制和整合，使其在动态运行的课程系统中产生合力，有效支持课程目标实现的过程。

4.3.1　信息技术课程内容组织的基本原则

20 世纪 40 年代，泰勒提出了课程内容编排和组织的三个基本原则，即连续性、顺序性和整合性。连续性是指直线式地陈述主要的课程要素；顺序性要求后续内容以前面的内容为基础，同时又对有关内容加以深入、广泛的展开；整合性则强调保持各种课程内容之间的横向联系，以便学生获得一种统一的观念，并把行为与所学课程内容统一起来。在进行信息技术课程内容组织时也应关注这些原则。

1. 连续性

连续性原则体现为课程内容组织要按照一条清晰的线索，直线式地呈现信息技术课程的主要要素。课程内容组织的连续性，能够确保学生在学习的过程中各个知识点之间形成稳固的连接，从而逐步构建一个完整、连贯的知识网络。例如，从基础的计算机操作、办公软件使用到更高级的数据分析、编程语言学习等，课程内容应该保持连贯，确保学生在每个学习阶段都能够建立坚实的知识基础，并为后续的学习做好准备。这种连续性不仅避免了知识点之间的断裂和重复，还有助于学生深化对某一主题或概念的理解。此外，连续性还要求在不同主题或单元之间保持连贯，例如，在进行编程学习时，可以先介绍程序的基本概念，然后逐步深入到程序的设计、开发、优化等方面，使学生能够在学习过程中逐步建立完整的知识体系。课程设计人员需要深入研究各个知识点之间的关联，确保课程内容在逻辑上是连贯的，才能促成课程内容材料与学习经验的逐渐复杂化，从而促进学生心智反应的逐渐成熟。因此，一方面，课程设计人员应该提供练习或应用新情境的学习机会，以帮助学生获得能力与素养的连续性提高；另一方面，课程设计人员需要规划清楚地组织课程要素，建立课程内容的连续性。

2. 顺序性

顺序性原则体现为课程内容的安排应该遵循学生的认知发展规律和学科知识的逻辑结构，将课程内容、学习经验及学习材料组织成某种联结的次序。顺序性与连续性有关，但又超越连续性，是指课程的“深度”范围之内的垂直组织规则，后续的学习内容建立在前一个学习经验或者课程内容之上，是对同一课程要素做更深更广更复杂的处理。在进行信息技术课程内容组织时，应该先让学生掌握基础概念和技能，然后逐渐引入更复杂的知识和应用。例如，在学习编程时，可以先教授基本的编程语法和逻辑，然后逐步引入更复杂的算法和数据结构，以便学生能够逐步建立坚实的知识基础，并为后续的学习做好准备。顺序性强调后续内容要以前面的内容为基础，同时又要对有关内容加以深入、广泛的展开。此外，顺序性还要求课程内容的安排应该符合学生的学习进度和能力水平，避免过早或过晚地引入新的知识点，导致学生无法有效掌握。

3. 整合性

整合性既是学科内的整合，也是学科间的整合。整合性原则体现为要在不同的课程内容之间建立适当的联系，以整合因内容分割所造成的知识分离的状态，从而达到最大的学习累积效果。换句话说，整合性是指课程经验“横”的联系，包括认知、技能、情感的整合与科目的整合。课程内容的整合有助于学生在大脑中构建一个完整、统一的知识体系，避免知识碎片化和孤立化。一般而言，内容的整合有助于学生逐渐获得一种统一的观点，并把自己的行为与所学习的课程要素统一起来。同时，整合性也体现在课程内容应该超越单一学科的界限，实现信息技术与其他学科的跨学科知识融合和应用。此外，整合性还要求将理论知识与实践应用相结合，通过项目式学习等方式，实现课程内容与现实生活、学生经验的紧密联系，让学生在实践中掌握和应用信息技术知识，培养学生的综合思维能力和解决问题能力，提高学生的学习兴趣和动力，促进学生的全面发展。

4.3.2 信息技术课程内容呈现的常用方式

课程内容的呈现方式一般有纵向与横向方式、逻辑顺序与心理顺序方式或者直线式与螺旋式。这里我们仅介绍直线式与螺旋式两种课程内容呈现方式。

1. 直线式与螺旋式

在课程史上，关于课程内容的呈现，形成了直线式与螺旋式两种方式。直线式就是把一门课程的内容组织成一条在逻辑上前后联系的直线，前后内容基本上不重复。螺旋式（或称圆周式）则在不同阶段使课程内容重复出现，但逐渐扩大范围和加深程度。螺旋式课程提供了一套具有逻辑先后顺序的概念组织，让学生在一至两年的时间里，学习探究一套逐渐加深、加广的复杂的概念实例。螺旋式课程内容呈现方式的主要特点包括：第一，合乎学科结构的逻辑顺序，结构严谨；第二，合乎学生的认知结构与认知发展过程；第三，合乎课程组织的连续性与顺序性原则；第四，提供明确的概念架构，作为教师进行探究教学的依据，并配合详细的教师教学指引，进行精致的教学设计，确保教学的流畅进行；第五，能提供具体的实物或教具，配合学生的认知发展阶段，设计能够激发学生学习兴趣的活动，满足学生好奇探究的学习欲望，合乎学生学习的需求。

直线式和螺旋式两种课程内容呈现方式，在现代教学与课程理论中仍然存在争论。例如，苏联教学论专家赞科夫主张，教师在教学时，只要学生理解了就可以往下讲，不要原地踏步。因为过多地重复同一内容，会使学生感到厌倦。不断呈现新内容，学生会总觉得在学习新东西，能使学生保持学习的兴趣。所以，他对复习和巩固是持保留态度的。他认为学生现在巩固了，如果以后几年不用，还是要忘记的。而美国学者布鲁纳则明确主张采用螺旋式课程。他认为，课程内容的核心是学科的基本结构，应该从小就开始教各门学科最基本的原理，以后随着学年的递升而螺旋式地反复，逐渐提高。换句话说，课程内容要向学生呈现学科的基本概念和基本原理，以后不断在更高层次上重复它们，直到学生全面掌握该门学科为止。美国学者凯勒（C-Keller）在 20 世纪 60 年代构建了一种“逐步深入的课程”（post-holing），即一门学科在中小学 12 年期间学习两三遍，但学生每次都进一步深入地学习课程的不同部分。

一般而言，直线式与螺旋式课程内容呈现方格有其利弊。直线式可以避免不必要的重复；螺旋式则容易照顾到学生的认知特点，加深其对学科的理解。而两者各自的长处正是对方的短处。其实，直线式课程和螺旋式课程对学生思维方式有不同的要求，前者要求逻辑思维，后者要求直觉思维。逻辑思维是指按直线一步一步地思考问题，注重构成整体的部分和细节，只接受确切的和清楚的内容；直觉思维是指在理解细节之前先掌握实质，它考虑到整个形式，是以隐喻方式运演的，能做出创造性的跳跃。两者都有其特点。

2. 信息技术课程的“螺旋上升式”设计

“螺旋上升式”课程设计的思想由美国著名教育家、心理学家布鲁纳（J. S. Bruner）提出，他认为，课程内容的核心是学科的基本结构，包括基本概念、基本原理和基本课题等，而学习不是一次就能达到目的的，必须通过反复学习，通过在越来越复杂的形式中加以运用，不断加深理解，进而逐渐掌握。因此，应该让学生尽早有机会在不同程度上接触和掌握学科的基本结构，以后随着学生认知水平的提升，围绕学科的基本结构逐渐扩大范围和加深程度，以螺旋式重复来加深学生对学科内容的理解。

一般来说，“螺旋上升式”课程设计需要一定的条件，那就是作为该课程知识来源的背景学科（如物理学对于物理课程）具有比较明确的知识逻辑，或者说具有相对完整且稳定的基本结构。而信息技术课程的背景学科不是单一的某个学科，而是一个学科群，且该学科群的知识更新十分频繁。这就为信息技术课程实现“螺旋上升”带来很大的困难。但是，我们也应该看到这样一个事实：新世纪以来，信息技术在大众层面的发展呈现出稳定的局面，这种“稳定”当然不局限于计算机的性能或软件工具的类型与功能层面，也体现于更上层的“信息文化”层面。以此为基础，中小学信息技术课程内容的基本结构已经“呼之欲出”，从而为“螺旋上升式”课程设计打下了坚实的基础。“螺旋上升式”课程设计可以通过课程内容基本结构的合理组织，将新内容不断吸纳到原有的课程内容框架之中，使课程“以不变应万变”。这是新时代信息技术课程持续稳定发展的必然要求。

“螺旋上升式”既可以体现在纲要中的课程内容设计上，也可以体现在教材内容设计上。对于教材来说，需要教材编写者深入把握信息技术课程内容之间的内在关系，并巧妙地按照某种结构组织、编排教材内容。这是一项既具有挑战性，又具有创新性的工作，其前提就是编写者能够真正把握信息技术课程内容之间的内在关系。

“螺旋上升式”课程设计主要体现在课程内容在横向与纵向上的分布与展开。横向上体现的是课程内容在同一水平上分布与排列的基本框架，纵向上体现的是课程内容在不同水平上的层层递进与延伸，也就是课程内容之间的层级关系。

在横向上，课程内容以信息活动为主线，展开为信息的识别与获取、信息的存储与管理、信息的加工与表达、信息的发布与交流四个板块，它们既代表了一个完整的信息活动展开的序列，同时也代表了现实生活中最常见的几类工作需求。而信息活动本身又可以将信息技术工具、信息技术原理、信息技术应用以及信息技术的社会意义等多维内容要素整合于一体。每种工作通常都可以通过多种工具满足需求，如可以通过网页、E-mail、搜索引擎获取信息，可以通过 BBS、QQ、E-mail 等途径进行网络交流；而一种工具通常又可以用于多种工作类型，如 E-mail 可以用于获取信息、进行网络交流，甚至存储信息等。这样，课程内容的各构成要素按照各自所属的工作类别分布到所对应的信息活动序列之中，并通过信息活动序列间的内在联系保持横向连通性。

在纵向上，首先打破原来各阶段的“零起点”模式，按照课程内容的层级关系自然延伸，同时兼顾学生认知发展与知识积累程度，逐渐加大课程内容的深度。这种“自然延伸”并非局限于同一种工具软件功能的分阶段学习上（如此设计的教材虽然打着“螺旋上升”的旗号，实际上并没有突破传统的工具视野的束缚），而是按照同一个工作类别所聚合的知识模块内部由浅至深的层次关系不断加深学习，如对于围绕“表格”形成的知识模块，大致可以这样分析其层级关系：日常生活中的各种表格为基础层次，为学生提供对表格作用的初步体验；在其基础上，利用表格加工“结构化文本”，发挥表格的规划布局功能；通过恰当的任务引导，可引申出表格的运算功能（如文字处理软件中的表格具有统计功能）。由此，“表格”产生两个分支，一支引向页面布局中的表格利用（如网页、演示文稿中）；另一支引向数据表，进而引向数据库的“表”概念。伴随知识逻辑由浅入深展开的是学生相应的认知水平的不断发展，从而将课程内容在各学习阶段层层延伸开来。李艺教授领导的团队所构建的“螺旋上升”就是围绕信息素养、以信息活动为主线、多维内容要素相综合的“螺旋上升”，实现了对“工具”的超越。

4.3.3 信息技术课程内容编排的常用形式

由于受到自身信息技术教育观念的影响，信息技术课程内容在编排上出现了各种类型，有的着重于程序设计知识的传授，有的着重于信息技术软件工具技能的传授。

华东师范大学的王吉庆教授总结、分析了有关的信息技术教材后认为，信息技术课程内容的编排大致有如下三种类型：以信息技术学科知识的传播为主线进行组织编排、以信息技术的各种应用为主线进行组织编排、以一系列的信息处理任务为主线进行组织编排。

1. 以信息技术学科知识的传播为主线进行组织编排

信息技术学科本身有其学科的知识体系，其传播需要根据学生的认知发展规律进行，因此信息技术教材内容的编排着重于学科知识，力图使学生能够“不但知其然，而且知其所以然”。内容编排上强调系统性，按照学科分类来划分章节。对于计算机教育学科毕业的教师来说，这样的教材符合他们学习认知的过程，容易接受其作为教学所使用的教学资源。这种编排形式根本的问题在于许多教材尽管尽可能地进行深入浅出的解释，但还是着重于知识的传播，评价的标准通常也是对信息技术知识的理解与记忆。

2. 以信息技术的各种应用为主线进行组织编排

这是一种能力为本的内容编排方式，它把重点放在信息技术的技能上，面向社会针对于学习者的要求而进行内容遴选与编排，从计算机是一种广泛应用的工具的理念出发，课程设计人员与教材编写人员通常根据目前社会上信息技术应用的广泛程度确定其在教学内容体系中的位置，然后按照学习者的认知发展规律进行选择与编排。这样的教材有利于学以致用，学习者可以马上将信息技术应用于自己的学习、生活中。困难在于，一方面，信息技术软硬件更新迅速，应用工具不断出现，因此关于信息技术工具的教学内容一直是动态变化的；另一方面，内容的完备性、系统性很难达到，特别是评价学习者的学业成就时，容易偏重具体软硬件的操作能力。

3. 以一系列的信息处理任务为主线进行组织编排

这仍然是能力为本的内容编排方式，但是对于信息能力的理解着重于利用信息技术处理完成各种任务的能力。教学内容遴选人员和教材编写人员在学生所熟悉与希望了解的环境中，遴选各种不同的与信息处理有关的问题，以一系列的信息处理任务来组织教材内容。以这样的内容编排方式选择的教学内容是学习者有兴趣和熟悉的内容，着重于学习者信息能力的提高，特别是注重应用信息技术解决实际问题的实践教学，有利于学习者解决实际问题能力的培养。但是，由于学习者环境的多样化，他们感兴趣的问题的变化与发展很难在教材编写时预计到，因此内容的遴选比较困难，许多教材的案例选取具有过分明显的地方特色或个人特点，难以在比较大的范围推广。另外一个需要研究的问题是建立如何评价学习者信息能力的方法与标准体系。

4.4　现行信息技术课程内容分析

《普通高中信息技术课程标准（2017 年版 2020 年修订）》和《义务教育信息科技课程标准（2022 年版）》对课程结构和课程内容进行了总体部署，指导现行信息技术课程内容的选择和组织。课程内容基于核心素养发展要求，重视以学科大概念为核心，遴选重要观念、主题内容和基础知识，吸纳学科领域的前沿成果，有机融入社会主义核心价值观等思政元素，设计结构化的课程内容，增强内容与育人目标的联系，优化内容组织形式。设立跨学科主题学习活动，加强学科间相互关联，带动课程综合化实施，强化实践性要求，培养学生社会责任感、创新精神、实践能力等。同时，在组织时加强了学段衔接，基于对学生在健康、语言、社会、科学、艺术领域发展水平的评估，合理设计小学一至二年级课程，注重活动化、游戏化、生活化的学习设计。依据学生从小学到高中在认知、情感、社会性等方面的发展特点和信息技术的学科特征，合理安排不同学段内容，体现学习目标的连续性和进阶性。以项目式学习内容串联整个培养过程，将知识建构、能力培养与思维发展有机融入运用数字化工具解决问题、完成任务和实现项目的过程之中。

4.4.1 信息技术课程内容的模块划分

课程目标的一致性为课程内容的一致性建设提供了基础，小、初、高学段的信息科技课程目标都指向信息科技学科核心素养，这就要求课程内容的选择和组织紧紧围绕学生学科核心素养的发展，确保课程内容的衔接性、连续性和进阶性。

现行信息技术课程标准以内容模块的形式对课程内容进行组织。其中，义务教育阶段分为四个学段，共设计了九个内容模块，同时还设计了四个跨学科主题；普通高中阶段则分为必修、选择性必修以及选修三类课程，共十个内容模块。具体的课程结构如图 4-3 所示。小学低年级注重生活体验，课程内容融入语文、道德与法治、数学、科学、综合实践活动等课程；小学中高年级初步学习基本概念和基本原理，并体验其应用。初中阶段深化原理认识，探索利用信息科技手段解决问题的过程和方法。高中阶段的必修课程关注学科基本知识与技能的提升，强调学科核心素养的培养，旨在全面提升学生的信息意识，是学科学业水平合格性考试的依据；选择性必修课程服务于学生升学以及个性化发展的需要，为学生将来进入高校继续开展信息技术相关方向的学习以及应用信息技术进行创新、创造提供条件；选修课程则服务于学生的兴趣爱好、学业发展、职业选择，也为学校开设信息技术校本课程预留空间。

1. 义务教育信息科技课程第一学段的内容

义务教育信息科技课程第一学段包括“信息交流与分享”“信息隐私与安全”两个内容模块。第一学段的内容模块旨在帮助学生适应信息科技环境，建立对信息科技的概貌性认识，体会信息科技对学习和生活环境的变革性影响，培养基本的信息科技技能和信息安全意识，为后续的学习和发展奠定坚实的基础。“信息交流与分享”内容模块主要面向如何满足学习及生活信息交流需求，帮助学生认识信息交流与分享内容、方式、方法的丰富性、便捷性和独特性，规范学生的信息交流和分享行为；“信息隐私与安全”内容模块面向如何履行信息社会权责，关注学生在学习和生活中的信息隐私与安全问题，阐明保障个人信息安全的重要意义，培养学生的信息安全意识和安全使用数字设备的好习惯，认识健康、负责任地使用数字设备的重要性。同时，设计了“数字设备体验”跨学科主题内容，包括“信息安全小卫士”“信息管理小助手”“用符号表达情感”“向伙伴推荐数字设备”四项主题活动。

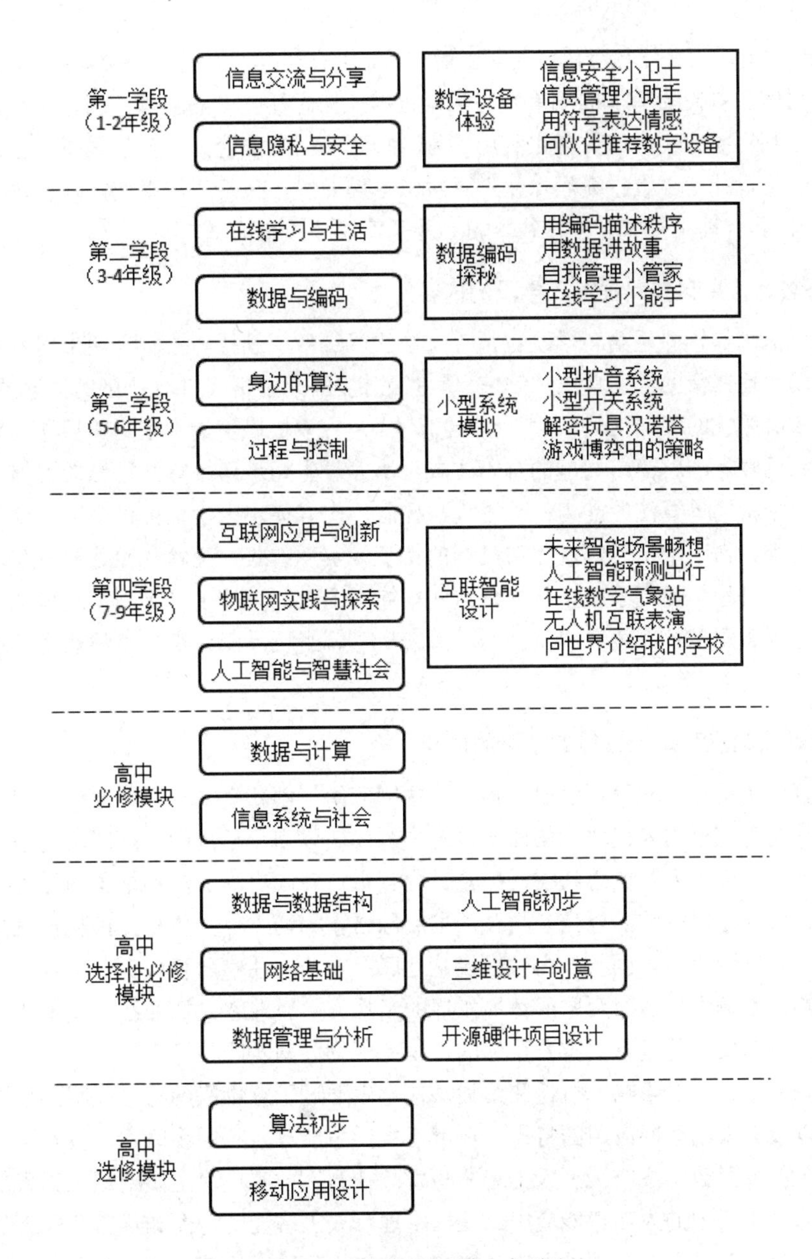

图4-3　信息技术课程内容模块

2. 义务教育信息科技课程第二学段的内容

义务教育信息科技课程第二学段包括“在线学习与生活”“数据与编码”两个内容模块。第二学段的内容模块旨在深化学生对信息科技的理解与应用，引导学生建立日常学习生活场景与信息科技应用和信息科技原理的联系，进一步提升他们的信息科技素养和实际应用能力。“在线学习与生活”内容模块介绍信息科技在不同场景的广泛应用，引导学生体会在线社会对人类的重要作用，阐明科技是推动在线社会发展的有效助力，培养学生利用在线方式解决问题的能力，逐步帮助学生适应在线社会的学习、生活方式，了解在线行为的安全准则；“数据与编码”内容模块介绍信息科技的基本构成单元，强调数据在信息社会中的重要作用，阐明数据编码让信息得以有效利用的意义，培养学生利用信息科技解决问题的能力，是后续学习信息科技课程的基础。同时，设计了“数据编码探秘”跨学科主题内容，包括“用编码描述秩序”“用数据讲故事”“自我管理小管家”“在线学习小能手”四项主题活动。

3. 义务教育信息科技课程第三学段的内容

义务教育信息科技课程第三学段包括“身边的算法”“过程与控制”两个内容模块。第三学段的内容模块旨在帮助学生深入理解信息科技的机理，为学生提供对计算机科学、网络通信、数据处理等核心领域的深层次认识。“身边的算法”内容模块以生活中常见的算法问题为载体，使学生了解利用算法求解简单问题的基本方式，培养学生初步运用算法思维的习惯，并通过实践形成设计与分析简单算法的能力；“过程与控制”内容模块为学生提供生活中常见的过程与控制系统的内容，帮助学生了解过程与控制的特征及实现方式，理解利用计算机解决问题的手段，进一步认识过程与控制系统自身的特点和规律。同时，设计了“小型系统模拟”跨学科主题内容，包括“小型扩音系统”“小型开关系统”“解密玩具汉诺塔”“游戏博弈中的策略”四项主题活动。

4. 义务教育信息科技课程第四学段的内容

义务教育信息科技课程第四学段包括“互联网应用与创新”“物联网实践与探索”“人工智能与智慧社会”三个内容模块。第四学段的内容模块以信息科技的实际应用为锚点，旨在引导学生探讨现代社会中人与信息科技的关系，内容重点转向更加宏观和抽象的思考，以及信息科技对人类社会的广泛影响，以信息科技的发展脉络作为切入点升华到探讨科技进步下人与社会的关系。“互联网应用与创新”内容模块从互联网视角关注信息科技对学生学习、生活和未来发展的影响，强调学生适应互联网环境发展的新形态、新业态，抓住社会变革带来的机遇，提升对“没有网络安全就没有国家安全”的认识；“物联网实践与探索”内容模块分析了物联网给人类信息社会带来的影响、机遇和挑战，使学生通过了解物联网与互联网的异同、主要的物联网协议以及典型物联网应用的特点，在学习生活中能有效利用物联网设备和平台，并能设计和实现简单的物联数字系统；“人工智能与智慧社会”内容模块主要介绍人工智能的基本概念和术语，通过生活中的人工智能应用，让学生理解人工智能的特点、优势和能力边界，知道人工智能与社会的关系，以及发展人工智能应遵循的伦理道德规范。同时，设计了“互联智能设计”跨学科主题内容，包括“未来智能场景畅想”“人工智能预测出行”“在线数字气象站”“无人机互联表演”“向世界介绍我的学校”五项主题活动。

5. 高中信息技术必修课程的内容

高中信息技术必修课程包括“数据与计算”“信息系统与社会”两个内容模块。必修课程的内容模块旨在为学生提供全面的信息技术知识和技能，同时培养信息素养和问题解决能力，强调信息技术学科核心素养的培养，是每位高中学生都必须修习的课程，是选择性必修和选修课程学习的基础。“数据与计算”内容模块介绍了数据的基础知识，引导学生理解数据的重要作用，使学生具备基本的数据处理和分析能力，了解算法的基本概念及特点，通过编程实践理解和应用算法，熟悉编程的基本流程，掌握基本的编程技能，具备利用程序解决实际问题的能力；“信息系统与社会”内容模块引导学生关注信息社会的基本特征和发展趋势，介绍信息系统的基本概念、组成要素和功能特征，强调信息安全素养、利用信息系统解决问题的过程与方法，提升学生的信息安全意识和信息道德观念。

6. 高中信息技术选择性必修课程的内容

高中信息技术选择性必修课程包括“数据与数据结构”“网络基础”“数据管理与分析”“人工智能初步”“三维设计与创意”“开源硬件项目设计”六个内容模块。其中，“数据与数据结构”“网络基础”“数据管理与分析”三个模块是为学生升学需要而设计的课程，三个模块的内容相互并列。“数据与数据结构”模块深入探讨数据的基本概念、数据结构及其在计算机科学中的应用，引导学生学习如何有效地组织、存储和处理数据，为后续的算法设计和程序开发打下基础；“网络基础”模块关注计算机网络的基本原理、网络协议和网络安全等知识，使学生了解互联网的架构、各种网络设备和服务的功能，以及如何保护网络免受攻击；“数据管理与分析”模块介绍数据库的基本概念、数据查询语言和数据挖掘技术，引导学生学习设计和管理数据库系统，以及使用数据分析工具提取有用信息。“人工智能初步”“三维设计与创意”“开源硬件项目设计”三个模块是为学生个性化发展而设计的课程，学生可根据自身的发展需要进行选学。在“人工智能初步”模块中，学生将接触到人工智能的基本概念、算法和应用，了解机器学习、深度学习等技术的原理，并探索人工智能在各个领域中的潜在应用；“三维设计与创意”模块引导学生学习三维建模、动画设计和虚拟现实等技术，通过实践项目，培养创新思维和审美能力，提升数字创意能力；“开源硬件项目设计”模块关注如何使用开源硬件和软件进行项目设计，帮助学生了解开源文化的精髓，掌握硬件编程和电路设计等技能，培养学生解决实际问题的能力。

7. 高中信息技术选修课程的内容

高中信息技术选修课程包括“算法初步”“移动应用设计”以及各高中自行开设的信息技术校本课程，旨在进一步拓展学生的信息技术视野，提升学生的信息技术专业技能和创新能力。“算法初步”内容模块引导学生了解算法的基本概念、分类和设计方法，通过编程实践增强对算法的理解，体会算法在解决实际问题中的应用，培养计算思维和问题解决能力；“移动应用设计”内容模块介绍移动应用的基本架构、设计原则和开发流程，引导学生在项目实践过程中掌握移动界面设计、数据交互、用户体验优化等关键技能，并培养团队合作精神和创新意识；校本课程则可以根据学校自身的办学特色、师资条件和学生需求自行开设，如机器人编程、数据科学、网络安全、人工智能等，为学生提供更加贴近实际、具有挑战性的学习体验，促进学生全面、个性化发展。

内容模块不但在每个学段内部具有递进关系，而且不同学段的内容模块间同样具有相互关联。信息技术课程内容分别按照介绍信息技术概貌，深入探索信息技术基本原理与功能，分析信息技术创新性应用案例，介绍信息技术大规模应用、信息技术核心知识与技能、信息技术应用的底层逻辑和创新应用、信息技术开发的逻辑顺序组织。每个学段的学习内容安排符合各学段学生的认知特点，并且整体的逻辑顺序符合学生接触新概念由感知到理解再到应用最终实现创新创造的认知规律。

4.4.2 信息技术课程内容的逻辑主线

信息技术课程的核心大概念是指在信息技术领域中具有基础性、通用性和引领性的重要概念、原理和方法。它们不仅是信息技术知识体系的基石，也为培养学生信息素养和计算思维提供了关键支撑。信息技术课程的结构和内容需要紧扣核心大概念，把握课程内容中蕴含的逻辑主线。信息技术课程围绕数据、算法、网络、信息处理、信息安全、人工智能六条逻辑主线设计内容模块，组织课程内容，体现循序渐进和螺旋式发展。

课程内容的第一条逻辑主线是“数据”，按照从数据本体向社会影响的自内而外的逻辑顺序组织课程内容。课程内容覆盖数据来源、数据表示、数据组织、数据应用等维度，各维度向学生呈现数据由产生到应用的完整生命周期。

课程内容的第二条逻辑主线是“算法”。算法主要用于描述解决问题的系统性策略机制，是计算机运行程序的法则与灵魂。该课程内容的内在逻辑主线遵从其所从属计算机科学领域知识逻辑。算法相关的课程内容围绕培养学生解决复杂问题、综合问题的问题解决能力的逻辑主线进行组织。

课程内容的第三条逻辑主线是“网络”。网络是万物进行信息交流的通道。网络相关的课程内容按照由狭义走向广义的发展逻辑进行组织。早期的网络主要面向计算设备终端之间狭义的信息互联。随着计算终端的小型化和移动化，网络逐步面向使用计算设备终端的人，关注人与人之间如何借助网络开展远程信息交互。随着 5G 时代的到来，未来任何人和物都可以轻松接入网络，实现万物互联的即时海量信息交互。

课程内容的第四条逻辑主线是“信息处理”。“信息处理”需要系统整合并综合运用“数据”“算法”“网络”三个要素。课程内容遵循由“数据点”扩散到“网络面”的逻辑进行组织。文字、图片、音频和视频等多媒体数据是信息处理的原点。算法是信息处理需遵循的规则，连接信息处理的原点与终点。互联网与物联网是信息处理的终点，信息处理结果最终借由网络传播到实际应用场景。

课程内容的第五条逻辑主线是“信息安全”。课程内容蕴含学生将课程中学习的知识外化到承担社会责任的逻辑主线。课程内容从文明礼仪、行为规范、依法依规、个人隐私保护等维度为学生构建系统的信息安全观，促使学生了解、掌握并依据规避风险原则，主动采取防范措施、自主开展风险评估等活动，最终实现学生所学课程内容向所承担社会责任的传导与迁移。

课程内容的第六条逻辑主线是“人工智能”。人工智能是未来科技的研发重点领域和典型应用工具代表之一，按照从体验到感知，由浅入深理解人工智能的顺序组织课程内容。由于人工智能大幅拓展了人类信息处理能力，革新了传统信息处理的流程与规范，因此可能带来社会伦理及信息安全等方面的风险与挑战。

除关注每条主线内部存在的逻辑关联外，还需要关注六条主线之间所存在的递进关联。数据是运用算法的基础。数据和算法是生成网络的基础。数据、算法和网络共同为信息处理提供综合的软硬件基础。随着现代社会信息处理需求的日益复杂，急切需要使用以人工智能为代表的新型科技工具。而先进科技工具的引入势必革新传统的信息处理流程与规范，在技术伦理与信息安全等领域构成严峻挑战，因此有必要构筑更完善的信息安全保障体系，规约使用新型科技工具的范畴，从而塑造人与科技和谐共生的良好关系。

4.5　信息技术教材编制与校本课程开发

4.5.1　信息技术教材编制原理

1. 教材编写依据

随着我国经济文化的高质量快速发展，国家教育体制也在经历着深刻变革。《义务教育信息科技课程标准（2022 年版）》对课程方案和课程标准进行了更新与完善，这对中小学信息科技课程教材的编写提出了新的要求。2020 年 11 月，习近平总书记在给人民教育出版社老同志的回信中写道：“希望人民教育出版社紧紧围绕立德树人根本任务，坚持正确政治方向，弘扬优良传统，推进改革创新，用心打造培根铸魂、启智增慧的精品教材，为培养德智体美劳全面发展的社会主义建设者和接班人、建设教育强国作出新的更大贡献。”

教材要发挥培根铸魂、启智增慧的作用，必须坚持马克思主义的指导地位，体现马克思主义中国化最新成果，体现中国和中华民族的风格，体现党和国家对教育的基本要求，体现国家和民族基本价值观，体现人类文化知识积累和创新成果。因此，在围绕立德树人根本任务，思考培养什么人、怎样培养人、为谁培养人的问题的基础上进行教材编写，方能打磨出精品。

2. 教材编写原则

（1）符合国家要求

课程教材反映了国家对人才培养的具体要求。课程教材要坚持马克思列宁主义、毛泽东思想、邓小平理论、“三个代表”重要思想、科学发展观和习近平新时代中国特色社会主义思想；始终坚持正确的政治方向，全面贯彻党的教育方针，遵循教育规律，落实立德树人的根本任务，发展素质教育；要做到扎根中国大地办好中国教育，注重继承和发扬中国优秀传统文化和社会主义先进文化；同时，积极学习国外优秀教育理念并将其同中国教育具体实际相结合，构建人类命运共同体理念，正确理解、尊重、包容不同民族的文化；全面落实有理想、有本领、有担当的时代新人培养要求，准确理解和落实党中央、国务院对于教育改革的各项要求，将社会主义先进文化、革命文化、中华优秀传统文化、国家安全、生命安全与健康等重大主题教育有机融入教材，增强教材的思想性。

（2）聚焦核心素养

课程教材要紧紧围绕课程标准，以学科核心素养为依据。核心素养是课程育人价值的集中体现，中小学信息科技课程核心素养主要包括信息意识、计算思维、数字化学习与创新、信息社会责任，这四种核心素养相互联系，共同促进学生数字素养与技能的提升。核心素养的中心地位贯穿于课程教材编写的目标制订、内容选择、内容编排环节，通过课程教材也可以更好地培养学生的核心素养，二者相辅相成。

（3）符合时代发展

现如今时代发展迅速，经济和社会的发展推动着教育领域的变革，也促使着科学知识和实践技能的更新，课程教材要将与时俱进的时代精神融入编写中，将原有教材中不符合时代要求的、陈旧的知识删除，为学生呈现学科研究领域的最新成果，帮助学生认识和理解所学课程的最新发展趋势，激发学生的数字化学习与创新精神，提高学生对于数字化时代技术发展的适应性。面对纷繁复杂的数字社会，中小学信息科技教材要引导学生掌握数字时代的知识与技能，在利用先进科学技术解决实际问题过程中遵守道德规范和科技伦理，遵循以人为本的宗旨，深刻认识到人类在推动时代向前发展的同时，时代也在塑造着人类。

（4）落实以人为本

课程教材的编写要充分考虑学生的身心发展水平、思维特点、接受能力和认知发展规律。编写者既要站在教材编写人员的角度从宏观层面有效把控，又要站在学生的角度思考其现有的知识水平，选择难易适中的课程内容，循序渐进地对课程内容进行合理编排，同时要考虑到各学段的知识衔接。比如，在信息科技课程中，小学低年级侧重于感受和体验知识，小学高年级则需要对知识的概念和原理进行初步理解，并尝试应用；到初中阶段，就要继续深化理论学习，积累利用信息科技解决实际问题的经验。

课程教材的编写要保证科学、准确，符合学科课程内容知识逻辑和学生身心发展规律，专业严谨地表达学科基本概念、核心内容，使用通俗易懂的表述方式，避免枯燥说教，为学生未来发展提供丰富实用的基础知识和基本技能，促进学生的核心素养培育。

（5）坚持实践导向

课程教材的编写需要在全面、正确把握理论知识基础上，重视学生实践能力的拓展，开展深入的探究活动，主要从两方面对学生进行考查：一方面是能否基于理论知识对实际生活进行正确解释；另一方面是能否将理论知识运用到实践活动中，做到实践经验的迁移。实践活动的设计要充分考虑和学生实际生活的关联性，比如在教材中配合理论知识进行相关实际案例的列举，或者设计科学、可执行的活动等，从而帮助学生理解理论，并培养学生的实践技能。

（6）凸显鲜明特色

课程教材的编写要在课程标准的指导下，结合中小学生的身心发展特点、教育教学规律以及教材使用所在地的特点，充分考虑信息技术课程教学的软硬设施基础、师资力量、课程开设情况等，对课程内容进行适当调整。也可在课程教材中凸显地域特色，编写特色课程教材，以此满足不同地区学校师生的多样化需求。在课程教材中将地方人文知识融入信息技术课程，比如，开展“感受家乡的人工智能变化和发展”“了解家乡的名胜古迹，使用计算机编程语言制作旅游宣传海报”等实践活动。各级教育行政部门也鼓励地方和学校结合本地经济社会发展特色，充分发掘本地人文精神与内涵，将其融入课程教材的编写，提升育人成果。

（7）呈现形式多样

课程教材的编写者除进行课程教材的编写，也应该编写与课程教材相配套的参考书、学习材料等，帮助学生拓展课内知识，提供全面丰富的辅助学习资料。课程教材建议纸质版教材和数字教材相结合，旨在为学生提供多样化的教材形态。数字教材即将纸质版教材进行数字化处理，使教材内容更加动态、灵活、便捷，具备更高的传播价值，以促进区域教育资源的均衡发展。

3. 教材内容选择

（1）逻辑性与开放性

知识的发现和积累过程遵循从一般到抽象、从微观到宏观的总体逻辑，这个过程与学生的认识和学习过程具有一致性。从思考问题的逻辑上来说，一般从“是什么”“为什么”“怎么做”三个维度展开。把握学科内容的“大概念”理念，增强知识的逻辑性和结构性，同时要注意核心素养之间的关联性，实现跨学科知识内容彼此渗透。根据学生认知和思维水平，设置具有逻辑性和开放性的练习和问题，引导学生进行深层次的探究思考，并为学生预留出足够的思考空间，提供开放性的内容学习资源，满足不同教学场景下的教学和学习需要，搭建个性化的学习空间。课程教材的内容是教师教学的辅助工具，教师亦可根据学生实际水平和教学环境灵活调整教学内容。

（2）科学性与先进性

信息技术课程教材内容的科学性体现在精准阐述本学科基本概念、基本知识和基本方法，根据信息技术课程标准要求确定教材内容的知识类别、覆盖广度、难易程度。同时，要把握课程教材内容的先进性，要面向数字化时代的发展要求，融合国内外优秀信息技术研究成果，基于核心素养的要求，在保留先前优质的教材内容基础上，将科学技术进步新成果融入教材。

（3）思想性与人文性

信息技术课程教材内容要确保正确的价值导向，语言文字规范，表述准确、通俗易懂，图文表搭配合理，具有较强的可读性。教材作为传播正确的科学知识的载体，要有高度的思想性，以帮助学生丰富知识与技能，获得身心的健康发展，树立正确的人生观和价值观。除此之外，课程教材内容选择要因地制宜，尽可能开发地区的优质教育资源，提升学生文化认同感和民族自豪感。习近平总书记在亚洲文明对话大会开幕式上的主旨演讲中指出："我们要加强世界上不同国家、不同民族、不同文化的交流互鉴，夯实共建亚洲命运共同体、人类命运共同体的人文基础。"因此，教材内容也应肩负信息社会的责任使命，站在国际视角选取合适的内容，提升学生跨文化的沟通能力。

（4）适应性与连贯性

课程教材内容的选择要着眼于学生全面发展，以核心素养为核心，适应各年龄阶段学生的认知水平和特点，注意各学段的内容衔接，要具有系统性、连续性、进阶性，帮助学生逐步提升自身的能力与水平。何克抗教授在《教学系统设计》中对教材内容的编排进行了简要总结：第一，注重从整体到部分，由一般到个别，不断分化。教材首先要阐释最基础、最一般的概念，然后再根据具体知识进行不断分化。第二，从已知到未知。学习是在已有经验基础上进行的更高阶的认知发展，因此，教材内容的编排要逐步递进，不断增加知识的难度。第三，按照事物的发展规律排列。比如，知识需要按照演变过程、年代发展等编排，以便展现得更加全面；第四，注意教学内容间的横向联系。不仅要注意概念的纵向联系，也要注重概念的横向联系，比如单元课题之间的联系，知识、技能、情感各部分之间的协调，以促进知识融会贯通。与此同时，课程教材内容应该重视各学段知识衔接，小学阶段应选择和学生实际生活相近的知识，为初中阶段学习做准备，进而为之后更高层次的学习打下扎实基础。

（5）实践性与创造性

首先，在中小学信息技术课程中，实践是指以真实的任务、真实的问题、真实的项目为驱动，让学生通过运用所学习到的信息技术理论知识解决实际生活中的真实问题。这个运用原理解决问题的过程便是实践。其次，通过引导学生经历实践过程，让学生原本局限于冰冷课本的思维变得活跃，也让知识的迁移更加具象化。最后，通过实践，让学生综合运用信息技术、数学、科学等知识，使学生在掌握知识的同时，提升创造能力。

4. 教材编写流程

（1）规划顶层设计

编写课程教材时，应以国家和地方教育纲领文件为宗旨进行顶层设计，明确教材编写的总体目标，设计具体的执行方案。制订目标要充分考虑到师资力量、学生的身心发展水平和学习需求，严肃、严谨、严格地设计课程教材编写的总目标，并监督参与的编写人员落实执行。

（2）细化结构编排

规划课程教材的整体结构，合理分配具体章节和各章节中的大致内容，这个过程要体现教材编写人员的大局观，要保证知识的系统性和连贯性，也要让学生能快速通过教材章节定位到所需内容。除文字部分，也要考虑案例、思考题、实践活动等的编排。

（3）分工编写创作

该环节是课程教材编写的重要步骤，具体包含两方面：一方面是项目分工和合作。在正式开始编写前，可以通过划分专家组、教师组等进行人员安排，再细化各成员的工作职责，将工作分配到具体人员，对于工作的要求、实施流程、成果验收等制订相应计划。在这个过程中，可以采用个人创作和集体创作相结合的方式提升教材编写的效率。另一方面是编写创作，具体细分的工作流程包括根据教材编写总目标和大纲搜集相关资料，进行各章节的内容编写、内容修改、校对，统稿，进行相关材料的编写等。

（4）开展专家审阅

课程教材的编写要邀请相关专家或课程教材编写专业团队在编写过程中给予学术支持，对于教材框架结构和内容编写采用专家组讨论形式，给出合理可行的修改意见，保证课程教材的质量和学术规范。

（5）合理编排图文

教材编写要注重排版的合理、美观，适当穿插图片、图标可以增加形象直观的感受，但是图片、图标的使用要注意学术严谨性，它们用于帮助学生辅助理解文字内容，不能喧宾夺主。

4.5.2　信息技术校本课程开发

课程按照开发管理的主体进行分类，可以分为国家课程、地方课程和校本课程，分别以国家、地方和学校作为主要层面。校本课程在符合国家要求的前提下，以学校为开发管理的主体，展示学校的办学宗旨和办学特色。2023 年，教育部印发《关于加强中小学地方课程和校本课程建设与管理的意见》，提出要遵循“整体设计，协同育人”“因地制宜，体现特色”“以管促建，提升质量”的基本原则，确保国家课程、地方课程和校本课程协同育人，将专题教育落实到日常教育教学活动中。

1. 校本课程的概述

在 20 世纪 50 年代和 60 年代，英美等国家以国家课程为主，统一使用专家学者所编写的课程教材，学校教师只作为课程的实施者，不参与课程教材的开发、编写和评价、修订。在课程及其教材的设计开发者、实施者和评价者三者脱节，缺少交流的情况下，教学课程出现了种种弊端，课程的可行性和实用性成为亟待解决的问题。校本课程始于 20 世纪 70 年，为了解决上述课程及其教材的设计开发者、实施者和评价者三者脱节的问题，国家政府根据本国的国情和课程情况，将全部或部分课程教材的编制权下放到基层学校，由基层学校根据自身的发展情况和发展需求进行校本教材的自主编制。

校本课程主要针对的是学校教育，是学校在确保国家课程和地方课程有效开展的前提下，根据学校自身的办学宗旨和育人理念，结合学校发展特点和实际条件，为满足学生的个性发展和学习需求，以学校教师作为课程及其教材的主要编制者、实施者和评价者的课程。校本课程相较于国家课程具有更强的自主性和灵活性、多样性。学校可以根据自身发展情况，对校本课程进行灵活修改和完善，自主决定校本课程及其教材的编制、实施和评价，从编制内容、种类和实施方法等方面不断丰富校本课程。同时，校本课程强调学生的主体性，以学生的个性发展和实际需求作为出发点，关注学生在未来社会中需要具备的品格和技能。

2. 校本课程的分类

根据校本课程呈现的方式，可以将其分为显性的校本课程和隐性的校本课程。显性的校本课程是指其课程计划、课程标准、教材形式有明确陈述，在明确的学校文件规定下在校内正式实施，对学生产生有计划、有目的的身心影响的课程。而隐性的校本课程则是指在学校情境中以间接、内隐的方式呈现，主要对学生的精神层面产生影响的非正式实施、无计划性的课程。

根据编制人员的参与情况，校本课程可分为独立开发的校本课程和合作开发的校本课程。独立开发的校本课程是由学校根据本校实际情况，以本校学生的实际发展需求为导向，由本校教师主导进行编制、实施和评价的课程。而合作开发的校本课程则是由学校的教师和专家学者、其他学校的教师进行合作，结合学校的办学宗旨和实际发展情况开发的课程。

根据课程内容来源，校本课程可分为两种：第一种是将国家课程或地方课程进行校本化，对已有的国家课程或校本课程采取选择、改编、整合、补充和拓展等再创造方式，使之更加符合学校的发展特色和学生的实际发展需求；第二种则是学校设计开发全新的校本课程，以学校和教师为主体，通过对学校课程资源、发展特色和学生学习需求进行分析，开发旨在促进学生个性发展和全面发展、提高学生个人素养的课程。

3. 校本教材的编制

教材是依据课程标准编制的、系统呈现课程内容的教学用书，是学生在学校系统获得知识的主要材料，也是教师进行教学设计、开展教学活动、布置课后练习、开展学业评估的基本材料。校本教材是学校的校本课程所用的教学材料的统称，其编制多以学校教师为主体，是学校教师实施校本课程的主要媒介。

（1）校本教材编制的原则

《关于加强中小学地方课程和校本课程建设与管理的意见》指出，校本课程的功能定位是：“丰富课程供给，增强课程对学生和学校的适应性。服务学生个性化学习需求，培养兴趣爱好，发展特长；注重引导学生及时了解经济社会和科技等新进展、新成果。体现学校文化，增强学校办学特色，促进教师专业发展。”这为校本教材的编制提供了基本指引。校本教材作为引导学生群体进行个性化学习的主要知识载体，应当具有以下特点。

①具有选择性。校本教材应根据所针对的学生群体的身心发展特征和个性化发展需求进行选择性编写，展现学校的办学宗旨和育人理念，符合学校的教学风格。同时，校本教材应当符

合学生的个性化学习需求，给学生一定的选择学习空间，丰富教材的载体形式，积极建设相配套的数字化资源。

②具有顺序性和科学性。教材中知识与知识之间的联系应具有逻辑性和系统性，符合学生的认知发展规律。章节和内容要进行科学合理的编排和设计，整体框架要严谨、有条理。校本教材的课程内容、学习经验和所用学习材料之间要具有某种联结上的顺序性，以便于学生在学习的过程中对知识进行有效组织。

③具有可操作性。校本教材应针对学校的资源条件、教师的教学能力、学生的发展需求进行编写，而非盲目对教材内容进行组织。

④具有综合性。校本教材的内容不应当局限于某一领域的内容，应对多学科内容进行整合，在不同的课程内容之间建立知识逻辑上的联系。

⑤具有扎实的理论知识。没有理论指导的实践是杂乱无章的，没有实践验证的理论是空洞无力的。无论是什么类型的校本教材，扎实的理论知识都是不可或缺的，教材必须体现扎实的学理性和理论性，摆脱传统的“灌输式”教学，增加理论知识的思辨内容。

⑥具有实践性。校本教材相较于国家课程，具有更高的灵活性，可以根据当地和学校的实际发展需求，设计并组织实施与教材知识紧密相关的实践活动，学生可以在实践过程中运用知识并进行巩固拓展。

（2）校本课程编制的一般步骤

①选定校本教材编写主题。校本教材的主题应与学校本身的发展和办学特色紧密相关，同时关注到学校和学生的未来发展需求。

②根据所选择的校本教材主题，选择校本教材编写人员，由编写组长进行人员分工，确定是否需要与专家学者和外校教师进行合作研讨。

③对校本课程的实施环境进行分析，收集并筛选教材编写的相关资料，主要包括与校本课程相关的学校资料、学生的学习需求分析等。校本课程所针对的教育对象不同，其所在学校和所在年级、班级的情况也存在差异，因此，在编写校本教材的时候，需要对学校环境、年级、班级情况以及学生的发展需求进行具体分析，为教材的编写提供更多事实依据。

④设置校本课程的目标和课程标准。校本课程的目标决定了课程的性质，与课程标准一同指导着课程的开发、实施和评价过程。教材编写者要在课程目标和课程标准的指导下进行教材的有效编写，规范教材内容及呈现形式。

⑤确定教材框架，明确校本教材的组织。教材框架的确定，可以让编写人员在明确的校本教材知识范围内进行资源和内容的选择。校本教材的组织就是选择和确定校本课程的内容和构成要素，在教学理论和学习理论的指导下，对知识要素进行系统化组织。

⑥拟定校本教材初稿。编写人员按照分工对确定的校本教材框架进行内容填写，对选定的教材内容进行系统有序的编排。

⑦开展校本教材的试验教学。在拟定校本教材初稿之后，编写人员应制订好教材的试验计划，选择合适的试验学生群体和试验时间，备齐试验教学所需的相关教具和材料。在试验的过程中，编写人员应当重点了解和关注试验学生群体对该校本教材的学习态度和兴趣程度、对不同教学策略的反应程度，教材内容的重难点设置是否恰当，教学后对学生学习的评价方式等。

⑧完善修订校本教材。编写人员需要对试验过程和结果进行分析，参考试验学生群体的意见，对教材初稿中存在的问题进行修改。

⑨编写校本教材定稿。校本教材一般包括封面、编写人员名单、前言、目录、教学内容、后记、参考文献、封底。

校本教材在定稿后会投入到学校教学中，教师在开展校本课程教学活动的过程中，需要随时关注学校和学生的发展变化，当教材和实际情况出现差异时，需要及时汇报并对教材内容进行更新，如果学校出现了新的教学成果，可以将其加入校本教材。

习题

1. 什么是课程内容？信息技术课程内容有什么价值？我国现行的信息技术课程内容有什么特点？
2. 信息技术课程内容有哪些组织原则、呈现方式与编排形式？
3. 论证信息技术课程内容的建构目标、选择依据与选择原则。

第 5 章 信息技术课程的教学设计

学习目标

学习本章之后，您需要达到以下目标：

- 领会信息技术课程独特的课程特点；
- 深入领会信息技术课程的教学原则；
- 应用信息技术课程教学设计的一般过程，完成一节信息技术课程的教学设计方案；
- 灵活运用各种信息技术课程的教学方法；
- 根据自己设计的信息技术课程，完成一次 15～20 分钟的信息技术课程的微格教学；
- 设计信息技术课程的一个单元学习活动。

教学的有效实施离不开有效的教学设计。本章我们将探讨信息技术课程的教学原则、教学设计原理、教学环节与教学方法。

5.1 信息技术课程的教学原则

5.1.1 信息技术课程的教学特点分析

1. 信息技术课程的特点

与其他课程相比较，信息技术课程具有以下特点。

（1）基础性与发展性相结合

信息技术课程强调基础性，旨在为学生提供适应未来社会发展的基本信息技术知识和技能。新课程标准要求教学覆盖信息技术的基础知识和基本操作，确保学生能够建立起坚实的信息技术基础。开设信息技术课程的目的就是让学生通过学习信息技术课程掌握和应用信息工具实现对信息的获取、加工、管理、表达与交流，通过学习应用信息技术、信息资源去解决学习和生活中的问题，为学生在信息社会的生存奠定基础。信息技术课程的发展性主要体现在：一是课程新，许多问题尚在探索之中，在课程建设、师资队伍建设、环境建设等各个方面都存在着许多值得探索的问题；二是课程内容自身处于不断发展变化之中，这是信息技术本身的发展所造成的，同时也是一门新课程发展过程中的必然。信息技术课程需要将基础性和发展性相结合，既要将基本的信息技术知识和技能传授给学生，也要引导学生不断探索信息技术的新发展。

（2）应用性与实践性相结合

新课程标准强调信息技术课程应以培养学生的信息素养和信息技术操作能力为主要目标。这要求教学过程中必须注重学生的动手实践，而不仅仅是理论知识的传授。课程内容的设计需要围绕实际操作进行，使学生在使用信息技术的过程中掌握相关技能。信息技术课程是一门应用性学科，培养学生应用信息技术解决实际问题的能力是课程的核心目标。学生不需要死记硬背一些信息技术方面的术语和概念，不需要面对一张张枯燥的试卷，他们要接受的是真正的生活对他们的考验，是身处信息社会中是否具有生存能力的挑战，要面对的是如何对大千世界中浩如烟海的信息进行检索、筛选、鉴别、使用、表达和创新，以及如何用所学的信息技术知识来解决学习和生活中的各种问题。信息技术是实践性很强的学科，即使是信息意识和情感方面的判断，也是操作性十分强的，人们通常更加关心一个人是否对使用信息技术表现出积极、热情的态度，而不在乎这个人是否用语言表达他的积极与热情。此外，无论是信息技术知识、技能，还是信息伦理道德问题，无不需要通过具体的实践，让学生利用信息技术去发现问题、解决问题。数据素养的提升具体是通过学生对信息技术操作与应用的积极性、正确态度与使用水平体现出来的。

（3）创造性与趣味性相结合

新课程标准提倡学生主动探索，通过解决问题的方式来开展信息技术的学习。这要求教师在教学中创造条件，让学生在探索中发现问题、分析问题并解决问题，从而培养学生的创新思维和实践能力。信息技术本身是提倡创造的，信息技术应用最重要的特点就是个性化。因此，信息技术课程更加需要突出培养中小学生的创造精神。考虑到中小学生在校学习期间的主要任务是学习前人已有的知识，许多创造是不能够凭空想象的，因此，信息技术课程虽具有创造性的特点，但在具体实施过程中还要兼顾探究和模仿两种学习过程。信息技术，尤其是计算机、多媒体技术，具有丰富的表现性，因此与其他学科相比，信息技术学科具有更多的趣味性，容易在教学中通过不同的表现手段激发、培养和引导学生的学习兴趣。

（4）综合性与人文性相结合

新课程标准将信息技术课程视为一个跨学科的综合性学习过程，强调在教学中融入人文元素，培养学生的信息伦理观念和社会责任感。这要求教学设计时结合语文、数学、科学等学科的知识，以及社会和文化等方面的内容，使信息技术的学习更具综合性和人文性。信息技术课程的综合性表现在其内容既包括信息技术的基础知识、信息技术的基本操作等技能性知识，也包括信息技术在学习和生活中的应用，应用信息技术解决实际问题的方法，对信息技术课程教学过程、方法与结果评价的方法，以及相关权利义务、伦理道德、法律法规等。信息技术课程既具有明显的工具性、应用性，同样也具有人文性，体现在课程为实现人的全面发展而设置，既表现出基本的工具价值，又表现出丰富的文化价值，既有恰当而充实的技术内涵，又体现科学精神，强化人文精神。

（5）专业性与整合性相结合

在信息技术课程教学中，不仅要注重学科的专业知识与技能的传授，还要将这些知识与技能与其他学科相结合，实现跨学科的教学。信息技术学科与其他学科相比，具有较强的整合性，这一学科可以被看作是各类学科学习的有机组成部分，强调在各类学科学习中有机地使用信息技术完善教学。新课程标准强调加强课程的跨学科特性，这意味着信息技术教学不再局限于单一的技能和知识传授，而是要与数学、科学、语文、艺术等学科相结合，实现学科间的知识和技能的综合应用。这种跨学科的教学方式有助于学生建立知识之间的联系，提高他们解决复杂问题的能力，并促进他们创新思维的发展。

2. 信息技术课程教学的需求分析

（1）教学内容兼具基础性和发展性

信息技术课程教学需要同时考虑信息技术课程内容的基础性和时代性。一方面，在信息时代，信息技术已经和读、写、算等基本能力一样，成为现代社会每个公民必须具有的基本素质和基本能力。如何在中小学阶段为学生打好基础，使中小学生在有限的在校学习期间学到信息技术知识和技能，不至于随着信息技术的发展而很快落伍，是中小学信息技术课程教学面临的突出问题。在教学中，我们从培养学生的信息素养角度出发，选取信息技术学科中的基础知识和基本技能，作为中小学信息技术课程的教学内容。另一方面，信息技术本身的发展又使信息技术课程具有明显的时代特征，在具体的教学设计与实施活动中，需要充分发挥教师的主观能动性，适时地针对信息技术的快速发展做出反应，调整信息技术课程教学内容，使学生的信息技术知识和技能不断适应新技术的发展。

（2）因地制宜选择多元化教学方法

在信息技术课程教学过程中，教师更需要重视学生的能力发展，强调从解决问题出发，让学生亲历处理信息、开展交流、相互合作的过程，形成个性化的过程体验，从而提高解决问题的能力，提升信息素养。此外，信息技术课程本身具有创造性，在信息技术课程教学中希望能够达到培养学生创造能力的目标。然而，创造不能凭空想象，学生在心理、智力、信息技术应用水平等方面存在较大差异，不能强求每个学生都能创造，因此，必要的模仿学习过程也是需要在课程教学中兼顾的。在教学活动中，我们可以根据需要适当整合模仿和创造，既注重任务情境和任务的创设，又注重基本信息技能的模仿训练。

（3）教学活动需要软硬件环境支持

为了让学生具有信息技术的应用意识、应用能力，信息技术课程的开设需要有软硬件环境的支持。地区、学校和教师要努力创造条件，营造良好的学习氛围，为改善学生的学习方式、激发学生的探究欲望，自主、自由地交流与共享信息提供可靠的学习平台、学习资源和学习环境。

信息技术与其他课程的教学在软硬件环境上的差异尤为显著，信息技术课程的目标和内容十分强调学生对于信息技术与信息系统的掌握与使用能力，信息素养中包含的信息意识、信息伦理道德等实际上也需要通过信息技术的应用显现出来。这些能力的提高均需要一定的信息系统为学生提供操作和应用信息技术的可能。

（4）教学活动中师生知能的互补性

信息技术的迅猛发展和信息技术课程的新颖性特点，使我们看到一种过去讨论其他学科教育时未曾有过的特殊现象：年轻人在信息知识、信息技术操作技能，甚至综合信息素养方面，远远超过了年龄比他们大、学历比他们高的成年人。这种现象在学校信息技术课程教学中表现为学生往往成为教师的“教师”，教师往往需要和学生一起共同来完成信息技术任务、解决信息技术问题。信息技术教师要充分认识到学生与教师在信息技术课程教学中的互补性特点，利用这个特点提高教学效率，培养学生的信息交流能力；利用互补性特点，鼓励学生自主学习，引导学生向健康的信息使用方向发展。同时，信息技术教师要比其他学科教师更加注重自身知识与能力的不断学习与提高，不断提升自身的信息素养，关注新技术的发展，关注学生的发展，开阔自己的视野。

5.1.2 信息技术课程的教学原则分析

1. 教学的基本原则

教学原则是根据教学目标、教学的客观规律，在总结教学实践经验基础上制订的、教学工作必须遵循的一般原理或准则，是教学工作应遵循的基本要求，是指导教学工作的方向和方法论。教学的基本原则包括以下几个。

第一，目标导向原则。教学活动应以明确具体的教学目标为导向，确保教学的针对性和有效性。教师在设计教学活动时，应明确教学目标，让学生了解学习的内容和预期达到的效果。在教学过程中，教师还需不断调整和优化教学策略，以确保教学活动能够顺利实现预设目标。在制订教学目标时，教师应考虑学生的需求、兴趣和能力水平。目标应具有可衡量性、具体性和可实现性，以便学生明确学习方向和预期成果。教师可以通过观察、评估和反馈等方式，检查学生是否达到教学目标，并据此调整教学计划。

第二，学生中心原则。教学应关注学生的需求和兴趣，充分发挥学生的主体作用。教师在教学过程中应尊重学生的主体地位，关注学生的个性化需求，激发学生的学习兴趣和积极性，引导他们主动参与教学活动。学生中心原则强调教学应围绕学生的需求和兴趣展开，教师应充分了解学生的特点和学习风格，采用个性化的教学方法，以满足不同学生的学习需求。教师还应鼓励学生参与课堂讨论和实践活动，培养他们的自主学习和合作学习能力。

第三，差异化教学原则。教学应考虑到学生的个体差异，提供适合不同学生的教学内容和方法。教师应根据学生的认知水平、学习风格、兴趣爱好等因素，采用个性化的教学策略，给予学生个性化的指导和支持，帮助他们实现个性化发展。差异化教学原则要求教师关注每一个学生的独特性，并针对他们的不同需求制订个性化的教学计划。教师可以通过提供不同难度的教学材料、调整教学节奏和方式，以及利用辅助工具和技术等手段，满足不同学生的学习需求。

第四，启发式教学原则。教学应激发学生的思维和创造力，通过解决问题和探索活动促进学生的理解和认知。教师应通过有效的问题引导、情境创设和实践活动，激发学生的思考，培养他们的创新意识和解决问题的能力。启发式教学原则强调教师应引导学生主动思考和探索，而不仅仅是传授知识。教师可以通过提出开放式问题、设计思维导图和开展实验等活动，激发学生的思维和创造力，帮助他们发展批判性思维和问题解决能力。

第五，实践性教学原则。教学应强调实践和应用，使学生能够在实际情境中应用所学知识和技能。实践性教学原则要求教师将理论知识与实际情境相结合，提供实践机会让学生将所学知识和技能应用于实际情境中。教师可以通过案例分析、实验、实习、社会实践活动等方式，让学生在实践中学习和提高。

第六，反馈与评价原则。教学应包括及时的反馈和评价，帮助学生了解自己的学习进度，同时也帮助教师调整教学策略。教师应关注学生的学习过程和结果，通过评价和反馈，引导学生正确认识自己的学习状况，提高学生自我调整和发展的能力。反馈与评价是教学过程中不可或缺的一部分。教师可以通过多种方式进行反馈和评价，如口头反馈、书面反馈、自我评价、同伴评价等。及时、具体和建设性的反馈和评价可以帮助学生明确自己的优点和不足，激发他们的学习动力，提高他们的自我反思能力。同时，教师应根据学生的反馈和评价结果，及时调整教学计划和方法，以实现教学质量的持续改进。

第七，系统性教学原则。教学应注重知识的系统性和连贯性，帮助学生建立完整的学习体系。教师应按照学科知识的逻辑结构和内在联系组织教学内容和活动，帮助学生形成知识网络和体系。教师应将知识点有机地组织在一起，形成知识网络，帮助学生理解和记忆。此外，教师还应注重学科之间的联系，帮助学生建立跨学科的知识体系，提高他们的综合素养和创新能力。

第八，参与性教学原则。教学应鼓励学生积极参与，发挥他们的主观能动性。教师应设计互动性强的教学活动，如小组讨论、角色扮演、游戏等，激发学生的参与热情，培养他们的合作和沟通能力。参与性教学原则强调学生的主体地位和积极参与的重要性。教师可以通过设计多样化的教学活动，如小组合作、项目研究、课堂讨论等，让学生充分参与教学过程。这样的教学方式有助于培养学生的自主学习能力、批判性思维和团队合作能力。

第九，创新性教学原则。教学应注重培养学生的创新思维和能力，鼓励他们提出新观点、解决新问题。教师应营造开放、包容和鼓励创新的教学环境，提供丰富多样的学习资源，激发学生的创新思维和创造力。教师可以通过设计创新性实验、项目、竞赛等活动，培养学生的创新意识和解决问题的能力。同时，教师还应鼓励学生提出新观点和疑问，充分尊重他们的个性差异，为他们的创新和发展提供支持和指导。

第十，促进学生持续发展的教学原则。教学应关注学生的持续发展和终身学习。教师应关注学生的个人成长和职业发展，提供有益于学生长远发展的教学内容和活动。教师应关注学生的个人兴趣和职业规划，提供有益于他们未来发展的教学资源和指导。此外，教师还应注重培养学生的自主学习能力和适应能力，帮助他们适应不断变化的社会和发展需求，为他们的终身学习和持续成长奠定基础。

2. 信息技术课程教学实践中还应该关注的原则

信息技术课程教学的原则是教学的基本原则在信息技术课程教学过程的具体运用，一般可以梳理为以下几个实践原则。

（1）基础性与发展性相结合

①基本含义

基础性与发展性相结合的原则，是指信息技术课程教学在引导学生掌握“双基”（基础知识和基本能力）的基础上，以发展的眼光，注重学生信息素养的培养，使学生的知识与能力相得益彰，共同提高。基础性与发展性相结合原则的提出，是信息技术课程本身的需要，也是信息社会的发展对教育提出的要求。

②基本依据

基础性与发展性相结合是针对学生信息素养的培养提出来的，依据有三：

其一，人类已经迈入信息社会，信息技术成为一种基础性工具，信息素养成为社会公民的一项基本素质。因此，培养学生的信息素养及促进学生的发展，已成为信息技术课程教学的首要任务。

其二，学生信息素养是一个掌握基础与促进发展的过程。信息技术课程的教学，一方面要能让学生掌握牢固扎实的基础知识、基本技能，并使学生掌握学习信息技术的一般方法，保持可持续性发展，以适应信息技术与社会的瞬息万变；另一方面要求教师对教学内容的选择既注重基础，也适度反映学科（前沿）进展，使学生在掌握信息技术“双基”的同时，增强对信息技术发展前景的展望和对未来生活的向往，并促进学生知识、技能及创新能力的发展。

其三，学生的心智发展是一个循序渐进、逐步成熟的过程，而信息技术的各个组成部分在技术深度和文化内涵上也存在程度上的不同。结合学生心智发展和信息技术的这些特点，就要求教师在教学中注意内容难度、深度和广度上的取舍，坚持基础性与发展性的有机结合，促进学生信息素养的发展。

③基本要求

在教学中贯彻基础性与发展性相结合的原则，需要注意如下几个问题。

- 重视信息技术课程“双基”的培养

随着信息技术的大众化发展，人们的学习、生活、工作中处处都有信息技术的踪影。因此，在中小学信息技术教育中，使学生掌握信息技术的基本知识和技能，获得解决问题的一般性方法，逐渐形成对待信息技术的积极态度，领悟到信息技术的普遍价值，可以为学生现在和今后的学习、生活和工作奠定必要的基础，能最有效地作用于学生的未来，为学生的终身发展打下基础。

- 注重教学过程及教学内容的发展

在教学中，要注重教学过程及内容的发展，动态地认识学生信息素养的发展水平，并以信息素养的提升为宗旨，以贯彻教育哲学所倡导的“发展本位”重要思想。

a. 关注教学过程的发展

苏联教育家维果茨基提出“最近发展区”理论，认为“教学应当走在发展的前面”，对教学过程而言，重要的不是着眼于学生现在已有的发展水平，而是关注那些正处于形成阶段或正在发展的过程。教学应促使“最近发展区”的形成并使之不断变化。信息技术课程的教学也应遵循“最近发展区”的原理，使教学有一个适当的起点，并通过教学促使学生信息素养水平的提升。由于每个学生的“最近发展区”存在差异，因此要求教师对学生知识、技能水平有及时的了解，以发展的眼光认识和评价学生的信息素养水平，并根据不同的水平设计相应的教学任务，为学生提供有效的学习支持。

b. 关注教学内容的发展

信息技术课程的教学内容将随着时代的发展而不断发展。随着信息技术的发展，大众化或者普及性知识也将随着时间而变化，如信息技术中的各种普及性知识，从文字处理到数据管理，从网络浏览到网站设计，都是动态变化的。技术取向较深的模块，也会随技术的发展携带一些容易理解的文化要素，并且这些要素可能具有广泛迁移的意义。因此，适时调整教学内容甚至课程体系是很有必要的，以便使中小学信息技术课程的教学具有明显的时代发展特点。

- 教会学生学习，培养学生的自学能力

信息技术发展迅速、日新月异。面对信息技术迅速变化和知识量骤增的特点，信息技术课程的教学不可能面面俱到地让学生掌握各种信息技术。因此，培养学生具有对不断发展、变化的信息技术的学习和适应能力，既是当前教学的需要，也是培养信息时代公民的需要。自学能力是智能的重要构成部分，是独立探索与获取新知识的基本能力，是顺利完成学习任务的必备条件。联合国教科文组织教育丛书《学会生存——教育世界的今天和明天》中指出：“新的教育精神使个人成为他自己文化进步的主人和创造者。自学，尤其是在他人帮助下的自学，在任何教育体系中，都具有无可替代的价值。”未来的学校必须把教育的对象变成教育自己的主体，受教育的人必须成为教育自己的人。不具备自学能力，就很难学有所成。因此，必须使学生具有独立获取知识、信息的兴趣、能力、意志和习惯。

因此，教师首先应在提高自身专业水平的前提下，注意总结和归纳信息技术的基本特征和一般发展规律。通过教会学生对某一类技术或软件的基本知识和基本使用方法、技巧，使学生真正学会利用信息技术处理问题的思维方法，从而达到知识的有效迁移，并促进学生发展。其次，教师要引导学生学会自主学习。在给出教学任务之后，通过组织学生共同研讨、分析任务，尽可能让学生自己提出解决问题的步骤、策略与方法。还应培养学生利用计算机提供的“帮助”和人机对话等途径来解决问题，培养学生的自学能力。同时，还要注意培养学生利用网络获取帮助并解决问题的能力。再次，教师还要培养学生的评价能力，一方面要引导学生学会对自己的学习结果进行评价，使学生真正成为学习的主人；另一方面要引导学生在具体工具的使用中认识其优点、发现其不足，培养学生的批判意识。

（2）全面性与个性化相统一

①基本含义

新世纪合格人才应该具备两项基本品质：一是全面发展的基本素质；二是充分发展的优良个性。全面与个性两者相辅相成，在教学中应得到统一的发展。一方面，个性发展是全面发展的条件。个性培养的目的是确立主体意识，培养独立人格，发挥创造才能，从而更自觉、更充分、更主动地全面提高基本素质，从而实现人的发展的最高目标。另一方面，全面发展又是个性发展的基础，没有全面发展的基础，高层次的个性发展也无法实现。因此，全面发展总是表现为个性的不断扩展和丰富，个性发展也必然伴随全面发展而不断升华和完善。

②基本依据

由于遗传因素、家庭环境和个人成长经历的不同，同一班级中的学生虽然有着共同的年龄，但是在知识水平、接受能力、个性心理特征（学习态度和方法、兴趣和爱好、气质和性格、禀赋和潜能）等方面都会存在很大的差异。同时，信息技术课程作为一个具有内在特殊性且应用性极强的科目，不同学生对其有着不同的适应性。落实到信息技术课程的教学中，就要求教师做到全面发展与个性发展、集体教学与因材施教的辩证统一，“尊重学生的人格，关注个体差异，满足不同学生的学习需要，创设能引导学生主动参与的教育环境，激发学生的学习积极性，培养学生掌握和运用知识的态度和能力，使每个学生都能得到充分的发展”。

③基本要求

我国目前的课堂教学普遍班级大、学生人数多，因材施教原则的贯彻是比较困难的。但是，毫无疑问，教师应当在可能的条件下争取将这一原则最大限度地付诸实践。在教学中贯彻这一原则，要求教师：第一，充分了解学生，不仅在学生的学习成绩方面，还要在学生的个性特征、家庭背景、生活经历等方面做到“心中有数”，以便“因材施教”；第二，尊重学生的差异。信息技术课程教学，应以所有正常学生可以达到的程度为标准，在达到标准的基础之上，教师应当允许学生存在不同方面、不同水平的差异，并且针对每一个学生的具体条件帮助他获得最适宜的个性发展，而不是去普遍地增加难度和深度；第三，面向每一个学生。现代教育的一个重要理念是，每一个学生都有权利得到适合于自己的教育。

在信息技术课程教学中，要具体落实全面发展与个性发展原则，可以从以下几个方面着手。

其一，确立多级教学目标。在使全体学生达到课程标准的基本要求的条件下，可根据学生信息技术水平和能力上的差异设置多级教学目标，对不同能力水平的学生进行分层次教学。对基础较差的学生，可以适当降低要求，多鼓励、多帮助，提供有针对性的指导，鼓励他们向全班平均水平靠齐，缩小与先进学生的差距；对于基础较好的学生，可以提出更高的要求，鼓励他们自主探究，增强他们进一步提高信息技术水平的动力。

其二，设计灵活多样的教学内容和学习任务。一方面，教师应该针对学生的需求与兴趣差别，设计不同的学习内容和任务，满足不同学生的需要；针对学生能力水平的差异，提供不同难度水平的学习任务。另一方面，在完成任务的软件工具的选择上，应该允许学生选用自己感兴趣的软件工具。

其三，尊重学生的认知风格，给予不同的教学指导。一般来说，不同学生具有不同的认知风格。有些学生喜欢独立确定完成任务的方法，而有的学生则依赖于教师提供完成任务的线索和启发。有些学生善于用复合思维，综合信息与知识，运用逻辑规律，缩小问题范围，直至找到解决问题的方法；有些学生则可能更具发散思维优势，喜欢沿着多个方向寻找解决问题的方法。教师在教学过程中应充分注意到这种差异，采用不同的教学策略，施以不同的教学方法和指导，鼓励不同意见和思路的迸发，鼓励多样化的问题解决方式和方法。

其四，采取多样的教学组织形式。教师应根据实际情况和需要，有效使用各种教学组织形式，使集体教学、小组合作与个别指导有机结合。对于基础性的内容以及学生在学习过程中反映的共性问题，教师可以采用集体讲授的形式。对于基础较差的学生，可以采用个别辅导的方法为其提供学习支持，消除他们的恐惧感和畏难情绪，增强其学习的信心；对于少数优秀学生，可以提供多样化的自主探索空间和条件，给予专门指导，使其能够得到充分提高。也可以采用小组合作方式，使学生的个体差异变为优势资源，让学生在合作交流中互相学习并充分发挥自己的长处，协作完成学习任务。

（3）信息技术与生活相结合

①基本含义

信息技术与学生日常生活和学习相结合原则，指信息技术课程教学应与学生的学习和生活经验相结合，信息技术课程教学应贴近学生的生活和学习，并与学生的日常学习相整合。

②基本依据

信息技术课程是一门具有明显时代特色的工具性课程，同时又是一门基础性课程。作为一门工具性课程，只有将其应用于实践中，学生的学习才能有效提高。作为一门基础性课程，并不以作用于学生的未来职业发展为主要目标，而是定位于服务他们当前的学习和生活现实。因此，信息技术课程的教学，更应该将信息技术与学生的日常生活和学习有效结合，也就是说，一方面，信息技术的学习要贴近学生生活；另一方面，信息技术要整合到学生的日常学习中去。

③基本要求

- 信息技术的学习要贴近学生生活

中小学信息技术课程，要在坚持信息技术课程知识体系严谨性的前提下，密切联系学生的现实生活和社会实践，鼓励学生将所学的知识积极地应用到生产、生活乃至信息技术革新等各项实践活动中去，在实践中创新，在创新中实践；鼓励学生恰当地表达自己的思想，进行广泛的交流与合作，并在此过程中分享思想、激发灵感、反思自我、增进友谊，共同建构健康的信息文化。

在教学中，教师可以适度设置贴近学生生活经验的“真实”学习任务、典型案例、研究性课题或活动课程等：不仅可以把来源于社会生活的实际问题引入教学，也可以在条件允许的情况下，吸引学生参与校内的机房建设与管理、校园网建设与管理、学习资源的建设等，以此引导学生把“学”与“用”融合在一起，让学生在活动过程中掌握应用信息技术解决问题的过程和方法。

- 将信息技术整合于学生的日常学习中

信息技术作为基本工具，不能完全脱离其他学科内容而独立存在。实现信息技术与课程的整合，是要将信息技术变为学生的学习和发展的重要工具和手段，即一方面将已经掌握的信息技术知识与技能应用于信息技术课程自身的学习，另一方面将信息技术当作学习其他课程内容的工具、手段和环境。具体表现如下。

a. 信息技术与本学科教学的整合

信息技术不仅是学生学习的对象，而且是学生学习信息技术的工具。学生在学习信息技术的过程中，可以应用已经具备的信息技术基本技能去获取与当前学习内容相关的支持资料，管理当前有关的学习资料和成果，表达学习中的疑惑，获得老师和学生的启发和解答，交流学习信息技术的经验、感受，利用信息技术与同学合作完成某项任务等。

b. 信息技术课程教学与其他学科内容的整合

信息技术课程的学习，需要有一定的学科知识作为基础，学生在利用这些学科知识支持信息技术内容学习的同时，也巩固和加深了对它们的理解和掌握，甚至有可能从中得到新的启迪，进而获得新知。例如，学习用拼音法输入汉字时，要用到语文课中学过的汉语拼音知识；学习用画图工具画几何图形时，要用到数学中图形方面的知识；画艺术图画时，要用到美术方面的知识；学习程序设计语言时，要用到许多英语单词和语句；编电子音乐程序时，要用到音乐知识；等等。此外，教师可以鼓励和引导学生联系学科学习的实际，将信息技术应用于其他课程的学习中。例如，在学习文字编辑软件后，可以用它来完成其他学科教师布置的作业和任务。又比如，在程序设计课程中，鼓励学生通过编程完成数学课的有关作业。

（4）科学教育与人文教育相融合

①基本含义

信息技术课程应当将科学教育与人文教育相融合，全面地培养学生的信息素养。2023年发布的《普通高中技术课程标准（实验）》指出，高中信息技术课程的设计要体现"信息技术应用能力与人文素养培养相融合的课程目标"。与此同时，选修部分强调在必修模块的基础上关注技术能力与人文素养的双重建构。

②基本依据

信息技术课程教学中的科学教育与人文教育具有不同的功能，存在不同的教育价值取向。科学教育注重信息技术知识、技能和原理的掌握，以适应信息社会的需要，人文教育则在于探求信息技术对生活的影响和意义、人在信息社会中的生存方式和价值取向；科学教育追求的是速度和效率，人文教育追求的则是体验和沉浸；科学教育强调客观技术的掌握，人文教育强调主观情绪的感受；科学教育的教学评价标准是定量的和统一的，人文教育的评价标准是定性的和多样的。科学教育与人文教育的不同功能和性质，决定了科学教育与人文教育的价值取向的不同：科学教育的工具性价值超过目的性价值，人文教育的目的性价值超过工具性价值。这就是说，科学教育更注重信息技术知识的传授、工具的使用，是启智的过程；人文教育虽然也要传授信息技术知识，也为人们提供一种适应信息社会生活的技术工具，但它更关注的是目的本身，是情感、人格的陶冶过程。应该说，两者体现在信息技术教育中是相辅相成、不可分割的，因此，实现科学教育与人文教育的融合就显得异常重要，这种重要性体现在如下两个方面：

其一，人文教育融入科学教育已成为社会发展之必然。在以信息技术为动力推动人类社会向前发展的同时，信息技术的匿名性、网络化等特征，也使人类社会面临着一系列新的挑战。由此可见，信息技术越向前发展，人类社会就越是迫切需要提倡人道主义精神、道德规范和价值准则。而这些精神、规范和准则又绝非信息技术本身所固有的，它们只能由超越信息技术的人文文化和人文教育来提供。只有通过人文教育唤醒人的良知，树立有利于自身与社会发展的价值观，即用价值理性指引技术的开发与使用，方能使之造福于人类。

其二，作为个体的人的生存、发展与自我实现，也呼唤着科学教育与人文教育的融合。一方面，人具有维系其生存所必需的学习、工作和生活需要。这些需要的满足要求人掌握一定的信息技术工具的使用方法，而个体的这种能力通过较系统地接受科学的信息技术教育才能有效地获得。另一方面，人同时也是有自我意识、有情感、有意志、有理想的社会化的人，具有对真、善、美及尊重与自我实现的精神需要。这些需要的满足要求人具有一定的创造、获取以及享受人类精神财富的能力，而个体的这种能力通过接受人文教育才能获得。

③基本要求

信息技术课程中的科学教育和人文教育的融合是全方位的，是教育思想、教育价值观、课程研制、课程实施等方面的根本改变，同样也体现在信息技术课程教学的过程中，其目的就是使信息技术教育人文化，以人的全面发展为最高目标，而以技术素养的掌握作为基础和实现目标的手段。

信息技术与人文教育的整合，可以在教学中体现在以下几个方面。

第一是感受，要使学生在亲历信息技术活动的过程中，体验到信息技术的作用与价值；第二是感悟，让学生感悟到信息技术活动中的合作和探究精神，感悟到信息技术作品的风格、情调、美感以及蕴含的情感；第三是理解，理解信息技术问题解决过程中，发现问题和分析问题的角度和立场，理解问题解决过程中的合作、交流的重要性，理解信息技术作品所表达的思想、情感和态度；第四是交流和分享，乐于同他人交流与分享自己的感受和观点，并能用适当的信息表达方式，适时、主动、清晰、生动、流畅地表达出来，善于激发、倾听、理解和包容他人意见，和谐、理性地进行讨论，能辩证地吸收他人观点和思想；最后是获得精神的自由和升华，能个性化地感悟信息技术活动中的人与技术、人与人的关系，内化社会成员应承担的责任，建立稳定的态度和健康的行为习惯，形成与信息社会相适应的学习方式和生活方式、价值观和责任感。

5.2　信息技术课程的设计原理

5.2.1　掌握教学设计的基本模式

信息技术课程的教学设计需要遵循一般的教学设计的原则和规律，一般教学设计的过程和方法、要素同样适用于信息技术课程的教学设计。这里我们简要介绍国际上采用较多的四种教学设计模式。

1. ADDIE 模式

ADDIE 模式将设计过程分为 Analysis（分析）、Design（设计）、Develop（开发）、Implement（实施）与 Evaluate（评价）五个阶段。

分析阶段重在明确要解决的问题或要达成的目标以及当前为达成目标已有的准备情况、条件与环境等。分析阶段是整个教学设计过程的起点，它涉及对学习者的需求、学习内容以及学习环境进行深入的探究。在需求分析中，需要明确学习者的先验知识、学习风格以及学习动机等；同时，确定教学目标，理解学习者希望达到的具体能力或知识水平。分析阶段的目标是明确教学的差异，即学习者当前状态与预期目标状态之间的差距。

设计阶段重在确定达成目标的基本路径、策略与方法。设计阶段在分析阶段的基础上，规划如何达到教学目标的具体策略，包括制订学习策略、选择适当的教学方法和媒体、规划课程结构以及设计评估方法。教学设计应确保教学活动能够有效地支持学习者达成既定的学习目标。

开发阶段将设计阶段的设计成果转化为用于未来实践的材料、工具、评价标准等。开发阶段关注的是教学材料的创建和制作。根据设计阶段的规划，开发者选择或开发教材资源，设计互动活动和学习工具，并准备用于教学的资源。这个阶段可能涉及创建多媒体内容、在线学习平台或纸质教材等。

实施阶段并非将设计方案完整地付诸实践，而是指为实践所做的流程、培训与试验等。实施阶段是将开发好的教学材料和计划带入实际教学环境中的过程，这包括学习环境的建设、教学方法的应用、教学活动的执行以及学习者支持服务的提供。实施阶段需要考虑学习者的参与度、教学活动的有效性以及学习资源的可用性等因素。

评价阶段是对整个设计流程的评价，是对设计本身的评价。评价阶段是教学设计过程的重要环节，它涉及对整个教学活动的成效进行评价。评价不仅关注学习成果，还包括对教学过程、教学材料和教学策略的反思。评价结果用于确定教学设计是否实现了其目标，以及哪些方面需要改进。

2. 肯普模式

根据肯普（J. E. Kemp）的教学设计模型，一个教学系统应包括四个基本要素：学生、方法、目标和评价。在进行教学设计时要考虑：这个教案或教材是为什么样的人而设计的？希望这些人学到什么？最好用什么方法来教授有关的教学内容？用什么方法和标准来衡量他们是否确实学会了？这四个基本要素及其关系组成教学系统开发的出发点和大致框架，并由此引申开去，由十个教学环节构成教学系统设计的过程，形成一个教学系统开发的椭圆形结构模型，如图 5-1 所示。根据肯普模式的特点，在教学中要把握三个主要问题：①学生必须学习到什么（确定教学目标）；②为达到预期的目标应如何进行教学（即根据教学目标分析确定教学内容和教学资源，根据学生特征分析确定教学起点，并在此基础上确定教学策略、教学方法）；③检查和评定预期的教学效果（进行教学评价）。

3. 迪克–凯里模式

迪克-凯里（Dick & Carey）模式是典型的教学系统设计模式。该模式从确定教学目标开始，到总结性评价结束，组成一个完整的教学系统开发过程。在该模式中，教学设计活动主要包括学习需要分析、教学内容分析、教学对象分析、学习目标编写、教学策略设计、教学媒体选择、教学媒体设计、形成性评价和总结性评价等几个方面，如图 5-2 所示。

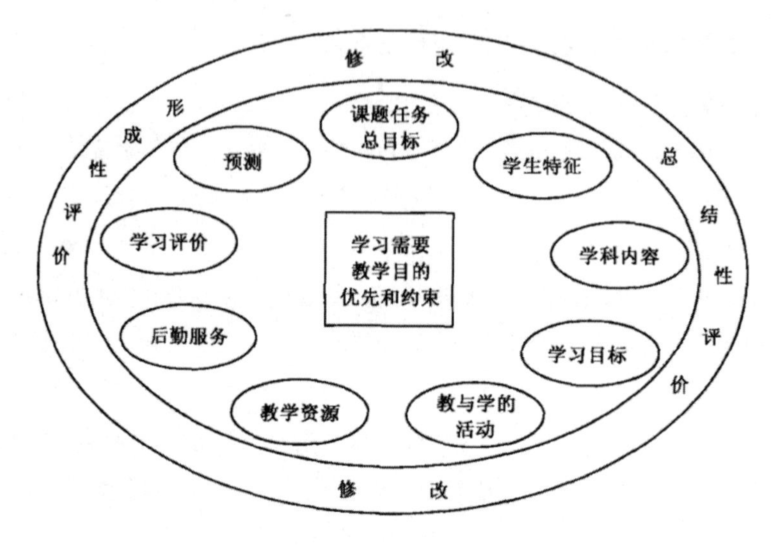

图5-1　肯普模式

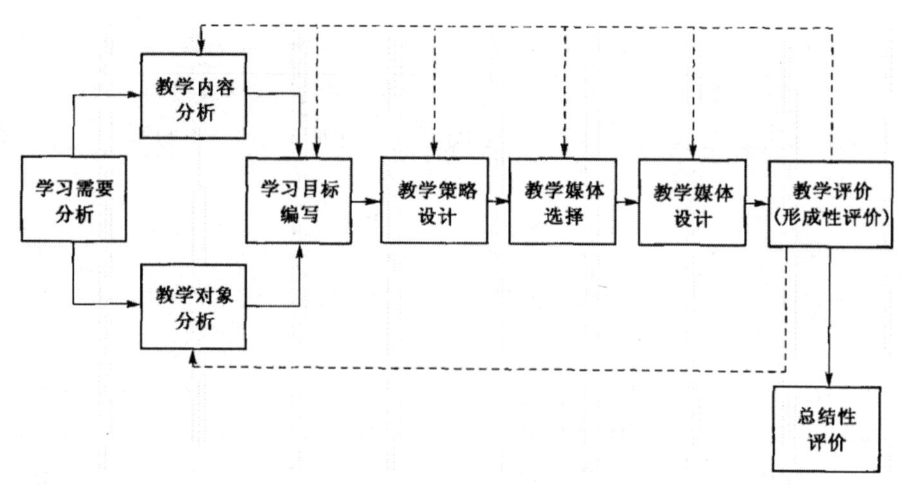

图5-2　迪克-凯里模式

4. 史密斯–雷根模式

史密斯-雷根模式由 P. L. Smith 和 T. J. Ragan 于 1993 年提出，并发表在他们两人合著的《教学设计》一书中。该模式是在第一代教学设计中有相当影响的迪克-凯里模式的基础上，吸取了加涅在“学习者特征分析”环节中注意对学习者内部心理过程进行认知分析的优点，并进一步考虑认知学习理论对教学内容组织的重要影响而发展起来的，如图 5-3 所示。由于该模式较好地实现了行为主义与认知主义的结合，较充分地体现了“联结-认知”学习理论的基本思想，雷根本人又曾是美国 AECT 理论研究部主席，是当代著名的教育技术与教育心理学家，因此该模式在国际上有较大的影响。

（1）把“学习者特征分析”和“学习任务分析”合并为“教学分析”模块，并对这一模块补充了“学习环境分析”。

（2）该模式明确指出应设计三类教学策略：（教学）组织策略、（教学内容）传递策略、（教学资源）管理策略。

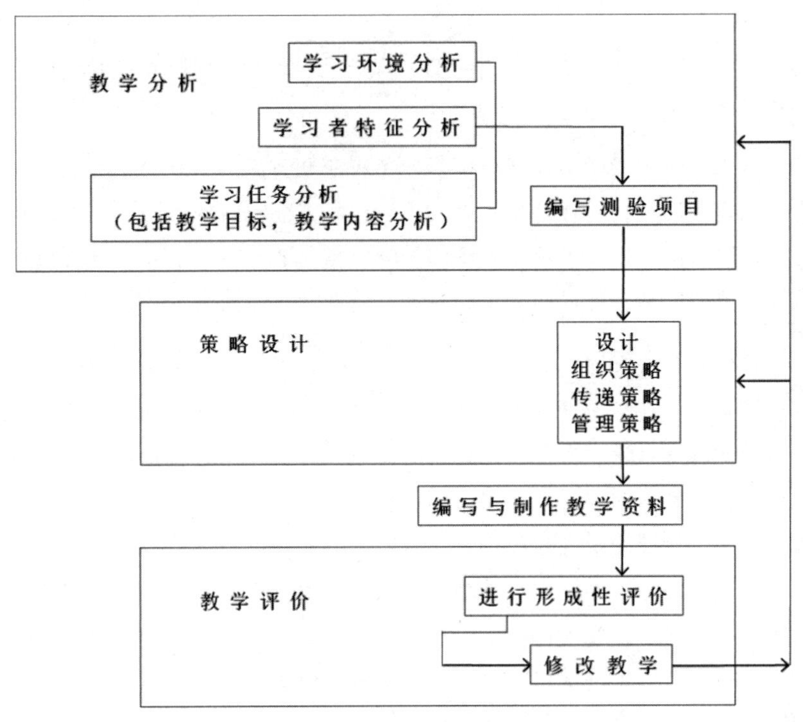

图5-3　史密斯-雷根模式

5.2.2　信息技术课程的具体设计

1. 教学背景分析

前端分析是美国学者哈利斯（J. Harless）在 1968 年提出的一个概念，指的是在教学设计的前期进行的分析，主要指学习需要分析、教学内容分析和学习者特征分析。前端分析的目的在于根据学习需要、教学内容和学习者的特征准确确定信息技术课程教学的目标，教学目标的准确、清晰的表达有助于确定教学内容（为达到教学目标所需掌握的知识单元）和教学顺序（对各知识单元进行教学的顺序），其最终目的是让学生更好地达成既定目标，提升自身的信息素养，成为信息社会合格的公民。

（1）学习需要分析

学习需要在教学设计中是一个特定概念，是指学习者学习方面目前的状况与所期望达到的状况之间的差距，也是学习者目前水平与期望达到的水平之间的差距。

期望达到的状况是指学习者应当具备什么样的能力素质，具体到信息技术课程，无论针对哪个学段，都指向学生在信息意识、计算思维、数字化学习与创新、信息社会责任四大核心素养维度应该达到的水平。

学习者目前的水平是指学习者目前已经获得的能力素质，具体到信息技术课程，则具体指学习者当前的信息技术知识和技能。

差距则指出了学习者在能力素质方面的不足，指出了教学中实际存在和要解决的问题，这正是经过教育可以解决的学习需要。

由此，信息技术课程中的学习需要分析需要考查两个方面：一是教学大纲或课程标准中注明的目标要求，二是学习者目前在信息技术知识和技能方面已有的水平。二者之间的差距为确定教学目标提供了可靠的依据。信息技术课程教学中常见的学生起点水平分析包括课前调查或摸底测验，调查或测验的结果可以为教学提供更为精细的设计依据。

（2）教学内容分析

教学内容分析是课堂教学设计基础中的基础，是一个追求课堂教学艺术的教师教学设计的第一步，是通过课堂教学对学生产生优良影响的起点。分析教学内容是为了确定教学内容的范围、深度及教学内容各部分的联系，回答教师“教什么”、学生“学什么”的问题。对教学内容的熟练掌握和对课程标准的正确理解是教学内容分析的基础，信息技术教师教学内容分析的意义在于教师对课程设置和原始课程开发意图的科学分析和正确掌握，在于教师对课程标准的正确理解和具体落实方法的个性设计，在于教师对学生学科知识体系的建构方法的指导，在于教师对信息技术学科同其他不同学科课程内容的整合，在于教师对教学内容重点和难点的科学确定，在于教师对课程内容合理的二次开发和具体的科学组织，在于教师对上述问题解决过程中的教学策略的优化选择。

因此，信息技术课程的教学内容分析主要从两个角度展开：一是研究课程标准，看看课程标准中如何规定学生应该达到的最低要求。在具体的教学内容分析之前，要在通读信息技术课程标准的前提下认真研究课程标准对教学的要求。不研究课程标准的教学属于盲目的教学，不通读课程标准的课堂教学属于“头疼医头，脚疼医脚”的实用性和经验性教学。二是研究教材，看看教材中相应内容的知识点、需要教学的深度，以及内容与内容相互之间的联系，找出所要教学的内容在课程整个教学过程中占一个什么样的位置，它对前导知识是如何衔接的，对后续知识又是如何起到铺垫作用的。具体的教学内容分析一定要在对学科课程整体研究和通读教材的基础上进行。不通读教材就难以掌握教材的整体和全局，就难以理解每个年级或每册信息技术教材在信息技术教育和教学中所承担的任务，就可能会使每节课所传授的知识和技能形成一些支离破碎的知识点，使学生难以利用这些缺乏联系性的知识点建构自己的知识体系，对教师的教学和学生的学习都是不利的。

教学内容分析的目的之一是确定教材中的教学重点和难点内容，在分析教学重点的基础上确定教学策略，在分析教学难点的基础上选择教学媒体。例如，某信息技术教师在分析了课程标准和教材之后，对高一“表格数据处理”部分的内容做了如下处理：

考虑到学生的信息技术基础水平的差异，在衡量了学生的总体情况和本节课的重点安排后，决定删除教材中“数据透视表”的内容，将分类汇总和分析数据内涵作为本节课的重点和难点。目的是减轻学生的负担，保证学生在课上有充足的实践、讨论和探究的时间，使学生能真正消化知识并将知识转化为自己的信息技术处理能力。同时，根据教学内容分析结果，广泛参考了多种版本的教材，对教材中的范例进行改造，构建了“齐来评选文明班集体”这个与学生有密切联系的主题。另外，教学重难点选定为“分类汇总的作用和操作方法，以及数据内涵的分析”，根据这一重难点内容，“设置视频演示、一个任务练习与一个探究问题”。

（3）学习者特征分析

学习者特征分析就是要了解学习者的一般特征、学习风格，分析学习者学习教学内容之前所具有的初始能力，并确定教学的起点。其中，学习者的一般特征分析就是要了解那些会对学习者学习有关内容产生影响的心理和社会的特点，主要侧重于对学习者整体情况的分析。学习风格分析主要侧重于了解学习者之间的一些个体差异，了解不同学习者在信息接收加工方面的不同方式；了解他们对学习环境和条件的不同需求；了解他们在认知方式上的差异；了解他们的焦虑水平等某些个性意识倾向性差异；了解他们的生理类型的差异；等等。由于信息技术课程自身的特点，学生的信息技术应用水平差异显著，因此在信息技术课程教学设计中，学习者特征分析更为重要，尤其是针对学生信息技术和信息素养的原有知识、能力等的诊断将直接关系着教学中的起点问题、任务设计问题以及评价问题等。

下面在分析学习者特征时，既注意了学生的一般特征，又考虑了学生的初始能力。

①一般特征

a. 高中学生逻辑思维能力优于初中生，能够独立地收集资料、分析问题，并且做出理论上的概括；

b. 高中学生在日常生活中经常会遇到信息处理和决策问题。

②初始能力

a. 学生在初中时学习过文本和表格信息的加工，对信息处理有了一定认识；

b. 学生对高中信息技术必修课程学习模块的学习方法有了一定的认识。

尤其值得注意的是，在信息技术课程教学中，由于学生个体在信息素养水平上的差异往往比其他学科更显著，因此，对于学生差异的分析和教学手段、方式方法的处理尤为重要；教学中，教师往往需要考虑设置分层次任务，在学习方式上往往需要采用小组合作、同伴互助等让信息技术水平高的学生帮助信息技术水平较低的学生，如下例所示。

为需要帮助的学生所做的调整：将任务1（求五个班第一周的成绩）和任务2（求五个班两

周内的成绩）放在学习分类汇总之前，设计的目的是让学生复习和重温初中学过的基本表格数据处理（求和、排序）。对于没有这方面基础的学生，因为任务难度不高，所以可以让已经掌握了的学生帮助他们完成，还可以让学生上台演示操作过程。

2. 教学目标设计

（1）目标分类

①布鲁姆目标分类

布鲁姆目标分类（如表 5-1 所示）在 20 世纪 50 年代由布鲁姆提出，后续经由多名学者修订完善。该目标分类体现了认知心理学和行为心理学，将教学目标分为认知、动作技能和情感三个领域，又按照复杂程度划分了不同层次，为教师设计教学目标提供指导。

表 5–1　布鲁姆目标分类

<table>
<tr><td rowspan="6">认知领域</td><td>知道</td></tr>
<tr><td>领会</td></tr>
<tr><td>应用</td></tr>
<tr><td>分析</td></tr>
<tr><td>综合</td></tr>
<tr><td>评价</td></tr>
<tr><td rowspan="7">动作技能领域</td><td>知觉</td></tr>
<tr><td>定势</td></tr>
<tr><td>有指导的反应</td></tr>
<tr><td>机械动作</td></tr>
<tr><td>复杂的外显反应</td></tr>
<tr><td>适应</td></tr>
<tr><td>创新</td></tr>
<tr><td rowspan="5">情感领域</td><td>接受</td></tr>
<tr><td>反应</td></tr>
<tr><td>价值化</td></tr>
<tr><td>组织</td></tr>
<tr><td>价值体系个性化</td></tr>
</table>

②加涅的目标分类

加涅的目标分类将学习结果分为五大类，即言语信息、智慧技能、认知策略、动作技能和态度。学习结果也可称为教学目标，是指导教学目标设计的重要理论依据。

- 言语信息：这种学习类型主要涉及学习者通过语言来掌握和表达事实、定义、概念等知识。言语信息的学习帮助学习者解决“是什么”的问题，例如，了解北京是中国的首都，或者认识时钟的构造和功能。这类学习结果通常是通过语言的陈述来表达的。
- 智慧技能：智慧技能是学习者应用知识和规则来处理外部信息的能力。它包括辨别、概念、规则和高级规则（解决问题）等层次。辨别技能是最基本的，涉及区分不同刺激的特征。概念技能则涉及对刺激进行分类，并对同类刺激做出相同反应。智慧技能的学习帮助学习者解决“怎么做”的问题，例如，将分数转换为小数，或者保持动词与主语的一致性。
- 认知策略：认知策略是学习者内在的组织能力，用以调节和控制自己的注意、学习、记忆和思维等过程。与智慧技能不同，认知策略主要针对学习者内部的思维操作，如运用 SQ3R 方法提高阅读效率。认知策略的学习让学习者能够更好地管理自己的学习过程。
- 动作技能：动作技能是指通过练习而逐渐改进的身体动作能力，包括各种游戏和体育活动中的技能，以及使用工具的操作程序。这种技能的学习可以通过不断的练习得以提升，但它不适用于智慧技能、言语信息、认知策略和态度的学习。例如，学习骑自行车就是一种动作技能的学习。
- 态度：态度是通过学习获得的内部状态，它影响个人对事物、人物、事件的情感反应和倾向。态度学习涉及对人、对事、对物、对己的反应，可以是积极的也可以是消极的。例如，通过学习，一个人可能会形成对环境保护的积极态度或者对健康生活方式的坚持。

③马扎诺目标分类

基于布鲁姆目标分类，马扎诺综合心理学理论知识及自身的认识理解，提出了二维的目标分类体系，强调学习者的自我系统、元认知系统和认知系统之间的相互作用，以及知识的不同领域与思维加工过程的融合。马扎诺目标分类如表 5-2 所示。

表 5-2　马扎诺目标分类

<table>
<tr><td rowspan="6">知识</td><td rowspan="2">信息领域</td><td>事实</td></tr>
<tr><td>组织理念</td></tr>
<tr><td rowspan="2">智力程序领域</td><td>智力技能</td></tr>
<tr><td>智力过程</td></tr>
<tr><td rowspan="2">心理意向领域</td><td>心理技能</td></tr>
<tr><td>心理过程</td></tr>
</table>

续表

<table>
<tr><td rowspan="12">过程</td><td rowspan="4">认知系统</td><td>回顾</td></tr>
<tr><td>理解</td></tr>
<tr><td>分析</td></tr>
<tr><td>知识运用</td></tr>
<tr><td rowspan="4">元认知系统</td><td>明确目标</td></tr>
<tr><td>过程监控</td></tr>
<tr><td>清晰度监控</td></tr>
<tr><td>准确度监控</td></tr>
<tr><td rowspan="4">自我系统</td><td>重要性检验</td></tr>
<tr><td>有效性检验</td></tr>
<tr><td>情意检验</td></tr>
<tr><td>整体动机检验</td></tr>
</table>

④梶田叡一目标分类

日本教育家梶田叡一认为学校教育中应该具备基础目标、提高目标和体验目标三类基本的目标。基础目标为通过一定的教学要求学习者掌握的知识技能等。提高目标期望学习者在一定的方向有提高和发展。体验目标是指让学习者通过切实体验，感受特定的知识内容。梶田叡一目标分类如表5-3所示。

表5–3　梶田叡一目标分类

目标领域	基础目标	提高目标	体验目标
认知领域	知识、理解等	逻辑性、创造性等	发现等
情感领域	兴趣、爱好等	态度、价值观等	感动、触动等
动作技能领域	技能、技术等	熟练掌握等	技术成就等

（2）编写方法

①加涅五成分目标

五成分即情境、学习类型、行为对象、具体行为、特殊条件。“情境”指行为发生的情境、前提条件等。“学习类型”指用特定的动词描述，代表学习结果的类型。“行为对象”指学习者行为表现的内容或对象。“具体行为”指外显的可观察的行为，用行为动词表述。“特殊条件”指学习者行为表现的限制条件、适应的工具等。

②ABCD目标表述法

ABCD目标表述法包含四个要素：对象（Audience）、行为（Behavior）、条件（Condition）

和标准（Degree），这四个要素的英文首字母组合在一起，即ABCD，也是该目标表述法的名称。

A：对象，指学习者或教学对象。

B：行为，指学习者通过学习完成的特定的可观测的行为及内容。

C：条件，指学习者完成学习所需的条件或环境。

D：标准，指衡量行为完成程度的标准，使得教师有依据对学习者行为评估。

③马杰的目标描述法

马杰（R. Mager）认为行为目标的陈述应该具备三个基本的要素，即具体目标、条件和标准。具体目标为通过学习学生应该能做什么，描述学生行为的预期结果。条件为在什么条件下学生会产生学习行为，规定学生行为产生的条件。标准为怎样评判学生行为，制订评价标准。

④哥朗兰德的两步法

哥朗兰德（N. E. Gronlund）提出将教学目标按照两步进行设计编写，第一步为界定总目标，第二步为根据总目标设计编写子目标。总目标应该具有整体性、概括性、指导性，为整体的教学提供方向。子目标应该具有代表性、具体性，且其设计编写应方便观察测量。逐层分步设计编写教学目标，有利于教学目标的详细表达，准确反应教学设计意图。

⑤我国的教学目标书写方法

新版课程标准颁布以前，我国较多教师按照三维目标设计编写教学目标，即知识与技能、过程与方法、情感态度价值观。知识与技能为学科的基本知识内容、实践能力、创新能力等基本能力方面的目标。过程与方法为学习者学习行为的产生过程中的环境、方法等。情感态度价值观为教学中的情感、态度、价值观的渗透与学习者恰当的情感、态度、价值观的养成。

随着新版课程标准的颁布，信息技术教师开始按照信息技术学科核心素养开展信息技术课程教学目标的设计编写，即信息意识、计算思维、数字化学习与创新、信息社会责任四方面。

3. 教学内容设计

（1）加涅的学习分类

加涅（R. M. Gagne）是一位著名的教育心理学家，他在学习理论方面做出了重要贡献。加涅根据学习结果，将学习分为五类，分别是言语信息的学习、智慧技能的学习、认知策略的学习、动作技能的学习、态度的学习。

言语信息的学习涉及记忆和理解事实、概念、定义和规则。它分为两个层次：序列组织和分类组织。序列组织涉及学习一系列步骤或指令。分类组织涉及理解和记忆事物的分类和关系。言语信息的学习对于获取知识和理解世界至关重要。

智慧技能涉及使用符号和概念来理解和解决问题。它们通常分为三个层次：辨别、规则和高级规则。辨别技能是识别不同事物的能力。规则技能是应用单一规则解决问题的能力。高级规则技能是综合多个规则和概念来解决复杂问题的能力。智慧技能的学习需要大量的实践和应用，以及适当的指导和反馈。

认知策略是学习者用来控制和调节自己的学习过程的内部组织技能，包括复述策略、精细加工策略、组织策略和批判性思维策略。复述策略涉及重复和记忆信息。精细加工策略涉及深入理解和加工信息。组织策略涉及将信息分类和结构化。批判性思维策略涉及分析和评估信息。

动作技能涉及肌肉运动和协调，如打字、游泳、开车等。动作技能的学习需要大量的实践和反馈。它包括知觉动作技能和机械动作技能。知觉动作技能涉及对身体位置和动作的知觉和控制。机械动作技能涉及熟练和准确地执行动作。

态度学习涉及对个人、事物或情境的情感反应、价值评价和行为倾向。态度可以分为三个层次：认知成分、情感成分和行为倾向。认知成分涉及对事物的信念和观念。情感成分涉及对事物的情感反应和价值评价。行为倾向涉及对事物的行为倾向和偏好。

（2）奥苏伯尔的学习分类

美国心理学家奥苏伯尔（Ausubel）提出了一个基于学习材料与学习者原有知识结构关系的学习分类体系，以及基于学习进行方式的学习分类体系。

根据学习材料与学习者原有知识结构的关系，学习分为机械学习和有意义学习。机械学习主要关注对学习材料的记忆，学习者往往没有理解材料背后的意义。这种学习方式适用于学习简单的、直观的信息，如背诵电话号码、乘法表等。然而，机械学习容易遗忘，且难以应用于复杂的情境。有意义学习，强调学习者将新信息与已有知识结构中的适当观念相联系，从而获得深层次的理解。这种学习方式有助于学习者构建新的知识结构，促进长期记忆和知识的应用。

根据学习进行方式，学习分为接受学习和发现学习。接受学习是指学习者通过听讲、阅读等方式被动接收信息。在这种学习中，学习者通常接受教师或教材提供的知识，然后通过记忆和理解来掌握这些知识。接受学习适用于传递已经有定论的知识，效率较高，但也可能限制学习者的主动性和创造性。发现学习是指学习者通过探索、实践主动发现知识。发现学习强调学习者的主动性和创造性，学习者需要自己发现事实、原则和概念，并通过实践来检验它们。发现学习有助于培养学习者的思维能力和问题解决能力，但需要更多的时间和资源，且学习成果可能不如接受学习那样明确。

（3）线性编排教学内容

加涅的学习层级理论（Learning Hierarchy Theory）认为，学习是一个逐级建构的过程，每一级的学习都需要以前一级的学习为基础。这一理论对教学内容的设计和安排有重要的指导意义，尤其是在线性编排教学内容时。

线性编排教学内容是指按照一定的逻辑顺序和结构，将教学内容组织成一条线性的流程，使得学习者在学习过程中能够逐步构建起知识体系。在这个过程中，教师应该根据加涅的学习层级理论，将教学内容分为不同的层级，每个层级都是在之前层级的基础上建立的。加涅学习层级理论的八个层级如表 5-4 所示。

表 5–4　加涅学习层级理论的八个层级

信号学习	学习者对某个信号做出特定的反应
刺激-反应学习	学习者通过特定的反应来获得强化
动作链索	学习者将多个刺激-反应动作按照顺序组合起来
言语联想	学习者将言语刺激和反应行为按照顺序组合起来
辨别学习	学习者学会区分不同的刺激
概念学习	学习者掌握抽象的概念和原则
规则或原理学习	学习者学习如何将概念应用于具体的情境中
解决问题学习	学习者在复杂的情境中运用规则和原理来解决问题

（4）螺旋式编排教学内容

布鲁纳是一位著名的心理学家和教育家，他提出了螺旋式编排教学内容的理念。这一理念强调在学习过程中不断地更新核心概念，每次都以更高阶、更深入的方式呈现这些概念，从而帮助学习者逐步深化理解和掌握知识。螺旋式编排教学内容的特点如下。

核心概念的重复呈现：核心概念在学习过程中不断出现，每次都以新的视角或深度进行探讨，使得学习者能够逐步建立起对这一概念的全面理解。逐步深入：随着学习者的认知发展，教学内容逐渐从简单到复杂，从具体到抽象，使得学习者能够在不同层次上理解和内化知识。促进理解而非记忆：螺旋式编排的教学内容注重理解和应用，而非简单的记忆。通过多次的呈现和探讨，学习者能够更好地理解和运用知识。适应学习者的认知水平：教学内容的设计应该考虑到学习者的认知水平，确保每次的呈现都能够对学习者构成适当的挑战，同时又不会过于困难。鼓励探究和发现：螺旋式编排的教学内容鼓励学习者进行探究和发现，从而促进主动学习。

在实际教学中，教师可以根据布鲁纳的螺旋式编排理念，将教学内容设计成一系列相互关联的模块或主题，每个模块或主题都包含对核心概念的探讨。这些模块或主题可以按照一定的顺序排列，形成一个螺旋上升的结构，使得学习者在学习过程中能够不断地深化对核心概念的理解。

（5）信息技术课程的教学内容设计

信息技术课程的教学内容应涵盖以下几个方面。

信息意识：培养学生对信息的敏感度，让他们能够在生活和工作中意识到信息的重要性，并主动去寻找和利用信息。信息伦理：教育学生遵守信息法律法规，尊重他人隐私，正确使用信息资源，不进行非法活动。信息技能：培养学生利用信息技术工具获取、处理、分析和应用信息的能力。信息技术应用：培养学生将信息技术应用于解决问题、创新和工作中的能力。信息科学：向学生介绍信息科学的理论知识，培养他们的信息科学素养。

针对上述几个方面，下面给出关于教学内容设计的几点建议：

第一，注重信息意识培养。在教学过程中，可以通过讲解信息的重要性、信息的社会影响等，让学生认识到信息的价值。同时，可以通过案例分析、讨论等方式，让学生了解信息的不当使用可能带来的后果，从而提高他们的信息意识。

第二，注重信息伦理教育。在教学过程中，应该向学生介绍信息法律法规，教育他们遵守法律规定，尊重他人隐私。此外，还可以通过讲解伦理故事、讨论伦理问题等方式，让学生深入理解信息伦理的重要性，培养他们的信息伦理观念。

第三，注重信息技能培养。在教学过程中，应该让学生通过实际操作，掌握信息技术的使用方法。例如，可以让学生使用搜索引擎进行信息检索，使用办公软件进行文档编辑，使用数据库进行数据管理等。通过这些实际操作，让学生熟练掌握信息技能。

第四，注重信息技术应用。在教学过程中，应该让学生通过实际项目，体验信息技术在解决问题、创新和工作中的应用。例如，可以让学生利用信息技术进行数据分析、解决问题，或者利用信息技术进行创新设计等。通过这些实际应用，让学生掌握信息技术应用的方法。

第五，注重信息科学理论。在教学过程中，应该向学生介绍信息科学的理论知识，让他们了解信息科学的内涵。例如，可以讲解信息的定义、信息的传递方式、信息处理的方法等。通过这些理论知识的学习，培养学生的信息科学素养。

4. 教学流程设计

（1）加涅九段教学法

加涅九段教学法是由美国教育心理学家加涅提出的，该方法旨在帮助教师设计有效的教学课程和活动，以促进学生的学习。九段教学法按照课堂讲授的顺序分为三个阶段，涵盖九个事件，分别是引起注意、告知学习目标、刺激产生回忆、呈现知识、提供指导、引发表现、提供反馈、评价表现、促进记忆与迁移，如表 5-5 所示。

表 5–5　加涅九段教学法

引起注意	在这个阶段，教师需要激发学生的学习兴趣和动机。这可以通过引发学生的好奇心、提出问题或展示实际应用等方式实现。教师需要让学生明白学习新知识和技能的重要性，以及它们如何与他们的生活、兴趣和未来的目标相关联

续表

告知学习目标	在这个阶段，学生需要了解学习的目标和将要学习的内容。教师应该清晰地阐述学习目标，并让学生知道他们将要达到什么样的水平。此外，教师还可以通过提供例子、图表或简单的练习来帮助学生初步理解概念
刺激产生回忆	在这个阶段，教师需要帮助学生巩固已学到的知识和技能。这可以通过重复练习、复习和记忆技巧来实现。教师应该鼓励学生使用各种策略来加深对信息的记忆，如制作思维导图、使用闪卡或进行小组讨论
呈现知识	这个阶段涉及新知识的呈现和解释。教师可以使用多种教学方法，如讲授、演示、实验室工作或互动讨论，确保学生能够理解和吸收新知识。这个阶段的关键是确保学生能够建立起对新知识的理解和认识
提供指导	教师帮助学生更好地理解和吸收新知识，提高学习效果。同时，教师还需根据学生的反馈和评估结果，不断调整和优化教学指导，以确保教学目标的达成
引发表现	学生需要通过各种方式回忆和复习已学到的知识和技能。这可以帮助巩固记忆，并提高长期保持的可能性。教师可以设计各种活动，如填空题、选择题、小测验或模拟实验，以帮助学生回忆和应用所学内容
提供反馈	学生需要有机会应用所学到的知识和技能。这可以通过实践活动、实验、模拟或实际操作来实现。操作是学生将理论知识转化为实际技能的重要步骤，教师应该提供清晰的指导和反馈，以确保学生能够正确地应用所学内容
评价表现	在这个阶段，学生需要收到关于他们表现的信息，以便能够纠正错误和提高。评价可以是教师的直接评价，也可以是同伴的评价或自我评价。教师应该提供具体、及时和建设性的评价，以帮助学生了解他们的强项和需要改进的地方
促进记忆与迁移	学生需要通过进一步的学习和练习来加深对知识和技能的理解和掌握。这可能涉及更复杂的任务、更深入的研究或更高层次的思维活动。教师应该鼓励学生不断挑战自己，不断探索和深入学习，以达到更高水平的理解和掌握

（2）赫尔巴特学派的教学程序

赫尔巴特学派（Herbartianism）是基于赫尔巴特（Johann Friedrich Herbart）的教育理念发展起来的教育哲学流派。赫尔巴特是 19 世纪德国的哲学家、心理学家和教育学家，他的理论对后来的教育实践和教育哲学产生了深远的影响。赫尔巴特学派的教学程序强调教学应遵循一定的心理和逻辑顺序。赫尔巴特学派的教学程序通常如表 5-6 所示。

表 5-6　赫尔巴特学派的教学程序

预备（Preparedness）	在这一阶段，教师需要唤起学生对即将学习内容的兴趣和注意。这可能涉及通过相关的情境、问题或故事来吸引学生的注意力
明了（Clearance）	教师应该清晰地呈现新知识，确保学生对学习内容有一个准确的理解。这一阶段可能需要教师使用简洁明了的语言和示例

续表

联想（Association）	学生需要将新知识与已有的知识体系相联系，形成新的学习关联。教师可以通过提问、讨论等方式来帮助学生建立新旧知识之间的联系
系统（System）	在学生对新知识有了基本的了解和关联之后，教师应该帮助学生将这些知识组织成一个有逻辑体系的整体。这一阶段涉及对知识结构的分析和整合
方法（Method）	最后，学生需要通过实际操作和应用来巩固和深化他们的学习。这一阶段强调的是实践和应用，让学生在实际情境中运用所学知识

赫尔巴特学派的这一教学程序强调教师应该有意识地规划教学活动，确保学生能够在每个阶段都有清晰的学习目标和学习成果。此外，他还强调了观察、反思和调整教学方法的重要性，以适应不同学生的学习需求。赫尔巴特的教学理论对后来的教育学家和教师的教学实践产生了广泛的影响。

（3）杜威学派的教学程序

杜威学派（Deweyanism）是以美国哲学家、教育家约翰·杜威（John Dewey）的教育理念为基础的教育哲学流派。杜威是 20 世纪最著名的教育家之一，他的理论强调教育应紧密结合学生的实际生活经验，以及社会和环境的相互作用。杜威学派的教学程序倡导以学生为中心，注重学习的过程而不仅仅是结果，其主要阶段如表 5-7 所示。

表 5–7　杜威学派的教学程序的主要阶段

情境（Concern）	教学从学生面临的实际困难和问题开始。教师应该识别和引导学生关注那些引起他们兴趣和好奇心的主题或情境
探究（Inquiry）	学生通过提出问题、进行实验和探索活动来主动寻找解决问题的方法。这一阶段鼓励学生的好奇心和独立思考
假设（Hypothesis）	在教师的引导下，学生提出可能的解决方案或假设，并开始进行系统的调查和验证
解决问题（Problem Solving）	学生通过实验、观察和反思来测试他们的假设，并逐步解决问题。这一阶段强调实践和经验的重要性
反思（Reflection）	最后，学生和教师一起反思整个学习过程，包括成功的经验和遇到的挑战。这个阶段有助于学生理解学习过程，并将其转化为更广泛的生活经验

（4）信息技术课程的教学流程设计

信息技术课程的教学流程设计是一个系统的规划过程，旨在确保教学目标的实现和学生的有效学习。一个好的教学流程设计一般应该包括以下几个阶段。

第一，教学准备阶段。这一阶段的主要工作包括：分析教材和课程标准，了解本节课的教学内容、目标和知识点，明确学生的学习需求和已有知识基础；分析学生情况，了解学生的年龄、兴趣、认知水平、学习习惯等信息，以便制订适合他们的教学策略；根据教学内容和学生的需求，选择合适的教学媒体和资源；制订教学计划，确定教学目标、教学内容、教学方法、教学评价等，为后续教学活动提供指导。

第二，教学导入阶段。这一阶段的主要工作包括：激发学生兴趣，通过与生活实际相关的情景、故事、问题等，激发学生的学习兴趣和求知欲；引导学生回顾旧知，通过复习、提问等方式，引导学生回顾已学的相关知识，为新知识的学习打下基础；明确教学目标，向学生介绍本节课的教学目标和内容，让学生明确学习方向。

第三，教学展开阶段。这一阶段的主要工作包括：演示和讲解，教师通过演示、讲解等方式，向学生传授新知识，引导学生理解并正确掌握；实践操作，学生根据教师的指导，进行实际操作，巩固所学知识，提高实际应用能力；小组合作，学生分组进行讨论、探究、实践等活动，培养合作精神，提高解决问题的能力；课堂互动，教师与学生进行互动，解答学生的疑问，指导学生的学习方法，引导学生的思考和讨论。

第四，教学巩固阶段。这一阶段的主要工作包括：课堂练习，学生进行课堂练习，运用所学知识解决问题，巩固所学内容；学生展示，学生展示自己的学习成果，分享学习经验和收获；教师点评，教师对学生的学习情况进行点评，给予肯定和鼓励，指出不足和改进方向。

第五，教学拓展阶段。这一阶段的主要工作包括：延伸学习，教师提供相关的学习资源和建议，引导学生进行拓展学习，提高学生的知识面和综合能力；总结归纳，教师引导学生总结本节课的学习内容，强化重点知识；布置作业，教师布置适量的作业，巩固所学知识，培养学生的自主学习能力。

第六，教学反思阶段。这一阶段的主要工作包括：教师反思，教师对整个教学过程进行反思，分析教学效果，找出存在的问题，为下一次教学活动提供改进方向；学生反馈，学生对学习过程进行反馈，提出意见和建议，为教师改进教学提供参考。

5. 教学评价设计

教学评价设计一般包括三个方面的内容。

首先，评价目标设定。确定评价内容：根据教学目标和教学内容，明确需要评价的知识与技能、过程与方法、情感态度与价值观等方面的目标。制订评价标准：根据课程标准和学生实际情况，制订合理的评价标准，确保评价的全面性和准确性。

其次，评价方法选择。选择评价方法：根据评价目标和评价内容，选择合适的评价方法，如课堂表现评价、作品评价、问卷调查、同伴评价等。设计评价工具：根据所选评价方法，设计具体的评价工具，如评价量表、评价问卷、评价标准等。随后进行评价过程实施。制订评价计划：明确评价的时间、方式和频率，确保评价的公正性和客观性。实施评价：按照评价计划，进行课堂表现评价、作品评价、问卷调查等，收集评价数据。评价数据整理与分析：整理评价数据，进行统计和分析，得出评价结果。

最后，进行评价结果反馈。评价结果呈现：将评价结果以适当的方式呈现给学生，如成绩单、评价报告等。学生自我反馈：引导学生对自己的学习进行反思和评价，以提高自我认知和自我调整能力。教师反馈与指导：根据评价结果，对学生的学习进行反馈和指导，帮助学生解决问题，改善学习效果。

6. 教学资源设计

（1）教学资源的分类

教学资源是指在教学过程中可供教师和学生利用的各种物质和非物质资源。教学资源的分类多种多样，表 5-8 列举出了一些常见资源分类。

表 5–8　常见的教学资源分类

分类依据	类型
根据存在形态	传统教学资源：如教科书、参考书、教学辅导书、讲义等 数字化教学资源：如电子书籍、在线课程、多媒体课件、教学视频、网络资源等
根据内容性质	学科资源：如数学、语文、英语、物理、化学等学科的专业资源 通用资源：如教育理论、教学方法、教育技术、心理学等跨学科资源
根据使用目的	教学素材：如图片、图表、音频、视频、动画等 教学课件：教师制作的用于课堂展示的电子教学材料 教案：教师设计的详细教学计划和活动指导 试题与试卷：用于测验和评估学生学习情况的题目及其集合 论文与研究报告：关于教育、教学研究的学术论文和研究报告
根据组织方式	教学素材库：收集各类教学素材 课件库：收集教师制作的课件资源 教案库：收集各种教学活动的教案设计 试题库：收集各类测试题目 数字图书库：电子图书资源库
根据获取方式	内部资源：学校或教育机构自行制作的资源，如校本教材、自制课件等 外部资源：从互联网、出版社等外部获取的资源，如在线课程、商业教学软件等
根据互动性	静态资源：如印刷教材、电子书等，学生被动接受信息 动态资源：如在线讨论板、互动教学软件等，学生可以主动参与和互动
根据适应性	标准化资源：适用于广泛学生的通用资源 个性化资源：根据学生个体差异定制的资源

（2）教学资源的选择依据

选择教学资源的依据主要包括以下几个方面。

依据教育目标：教学资源应有助于实现国家或学校的教育目标，包括知识传授、技能培养、情感态度和价值观的塑造等。依据课程标准：教学资源应与课程标准（教学大纲）保持一致，确保所选资源能够支持课程目标的达成。依据学生需求：教学资源的选择应考虑学生的年龄特点、学习兴趣、知识水平、认知能力等，以满足不同学生的学习需求。依据教师能力：教学资源应考虑教师的教学水平、专业知识和使用新技术的能力，确保资源能够被有效利用。依据资源特性：教学资源应具有较高的教育价值、科学性、系统性和可操作性，以便于教学活动的开展。依据文化背景：教学资源应尊重和体现多元文化，促进学生对不同文化的理解和尊重。依据技术支持：教学资源的选择应考虑技术支持的可能性，包括资源的获取、整合和应用所需的技术条件。依据成本效益：在满足教学需求的前提下，教学资源的选择应考虑成本效益，尽量选择经济实用、性价比高的资源。依据评估与反馈：教学资源的选择应基于对现有资源的评估和反馈，以及教师和学生的使用体验，以便不断优化资源配置。依据更新与维护：教学资源应具有一定的更新速度，以保持资源的时效性和适应性，同时需要考虑资源的长期维护和可持续性。

（3）信息技术课程教学资源的设计

信息技术课程的教学资源设计是一个系统的过程，包括多个环节，每个环节都有其特定的功能和目标。以下是信息技术课程的教学资源设计思路。

第一步进行资源需求分析。分析教学内容：了解即将教授的信息技术知识，掌握教材的结构和内容，明确教学的重难点。确定教学目标：根据课程标准和学生实际情况，明确本节课需要达到的教学目标，包括知识与技能、过程与方法、情感态度与价值观等方面的目标。分析学生学情：了解学生的信息技术水平、学习兴趣、学习习惯等，以便制订合适的教学策略。

第二步进行资源选择与搜集。选择合适资源：根据教学内容和教学目标，选择适当的资源，包括教材、辅导书、网络资源、实物教具等。搜集资源：从教材、网络、图书馆等渠道搜集和整理与教学内容相关的资源，如案例、数据、图片等。整合资源：将所选择的资源和搜集到的资源进行整合，形成完整的教学资源体系。资源处理：对整合后的教学资源进行处理，如剪辑、编辑、改编等，使其更符合教学需求。

第三步进行资源制作与开发。制作教学课件：根据教学内容和教学目标，制作多媒体课件，帮助学生更好地理解信息技术知识。开发教学工具：利用编程语言、软件工具等，开发实用的教学工具。制作与开发完成后可以对资源进行组织与展示。组织教学资源：对教学资源进行分类和整理，以便于教师和学生使用。展示教学资源：通过课堂演示、学生实践等方式，展示教学资源，使其在教学过程中发挥最大作用。

第四步进行资源管理与应用。管理教学资源：建立和完善教学资源管理系统，以便于教师和学生随时查阅和使用教学资源。应用教学资源：在教学过程中，充分利用教学资源，提高教学质量和效果。评价教学资源：对教学资源进行评价，了解其有效性、适用性等方面的问题。反馈教学资源：根据评价结果，对教学资源进行调整和优化，使其更加符合教学需求。

第五步进行资源持续更新与完善。更新教学资源：随着信息技术的发展，不断更新教学资源，保持其时代性和前瞻性。完善教学资源：根据教学实践和反馈，不断完善教学资源，提高其质量和效果。

5.2.3 信息技术课程的教案编写

教学设计方案（教案）的编写是在教学设计的基础上，对教学过程和方法的整体把握。写教案不是教材搬家，或对把教材进行简单的概括。它是在熟悉、研究教材的基础上，进而对教材进行深入钻研、提炼加工而形成的。因此，教案要源于教材，高于教材，它是教学艺术的再创造过程。备课和写教案是一种艰苦的劳动，凝结着教师的心血，也是教师智慧的结晶。

1. 理解教案的内涵

在国内外，不同学者对教案的内涵进行了不同的界定，见表 5-9。

表 5-9　不同学者对教案的内涵界定

学者	主要观点
门罗（Monroe，W. S.）、温齐（Winzer，M.）、博辛（Bossing，N. L.）等	教案是教师把课上所用的方法、所选择的教学活动和学习效果陈述出来的教学方案
孙邦正	教案是以一个单元或一课为范围的具体教学实施计划
刘舒生	教案也称课时计划，是教师为实施教学活动精心设计的具体方案
顾明远	教案，又称“课时计划”，是教师在备课过程中以课时和课题为单位设计的教学方案
霍仲厚	教案是以课次为单位编写的具体教学实施方案，是授课思路、教学内容、教学技能的客观反映
刘旭	教案是教师教学设计成果的物化体现，是教学设计经过理性思维加工输出的过程
刘海雲	教案是以一个单元或一节课为前提开展教学活动的具体实施方案，其核心问题是安排教学程序
钟志贤	教案是在“课堂教学设计”形成的优化方案基础上，按规定格式经文字加工表达成的一个可执行的教学文本文件
泰勒	教案是以目标为中心，为一门课程制订的组织方案

可见，教案是教师根据课程标准、教学大纲，以课时为单位，围绕如何有效地整合教学内

容、技术与学生实际操作能力，以及如何在教学过程中充分发挥学生的主体性进行设计的实用性教学文本。

2. 教案的构成要素

规范、专业、结构良好的教案是教师进行课程教学的依据。了解教案的构成是编制结构良好的教案的前提条件。刘世清等人认为学生的基本特征、学习风格、学习方式、学习目标、学习内容、学习资源、学习策略、学习评价等是构成教案的基本要素。张菊荣认为内容来源、课时设计者、课程标准、教材解读、学情分析、学习目标、评价任务、教学板块、教学过程、板书设计是教—学—评一致性方案的构成要素。崔允漷在《学历案：学生立场的教学变革》一书中给出了更为具体的教案的构成要素，见表 5-10。

表 5-10　教案的构成要素

要素与关键问题	问答提示
主题与课时	内容：课文或主题、单元 时间：2 ~ 6 课时，依据目标、教材、学情确定
学习目标设计	依据：课程标准、教材、学情、资源等 目标：3 ~ 5 个
评价任务设计	要求：包括情境、知识点、任务；学生完成任务的表现与任务或指标一致 评价：与目标无须一一对应
学习活动设计	资源与建议：达成目标的资源、路径、前备知识提示 课前预习：定时间，有任务 课中学习：学习的进阶（递进或拓展）；评价任务的嵌入；体现学生自主建构或社会建构的真实过程
板书与作业	要求：板书精简，作业包括课前、课中与课后作业，整体设计作业；论述或综合题要包括情境或知识点与任务
反思	要求：思考梳理教学思路、梳理学习策略 策略：诊断自身问题、报告求助信息

从这几位学者的描述中可以发现，学习目标、学习内容、学习方法、学习策略均是构成教案的重要因素。在编制教案时，把目标设计、任务设计、活动设计、评价设计、作业设计视为课程教学的主要活动，在编写时应当用心设计。

3. 教案的编写技巧

按照教案中内容的详略，可以将教案分为详细的教案（俗称详案）和简略的教案两种类型。详细的教案要对教案的各个项目和教学内容做详尽的描述。其中教学内容一项，除重点、难点之外，思考题、测验题、答案、训练的内容和方法、学生自学指导提纲、板书计划等都要写入。简略的教案是针对详案而言的，可以省略某些项目并对教学内容进行略写。例如，可以只有教学目的、教学过程及内容两项，还可以只有教学目的、教学方法、课时安排这三项。

按照教案的格式，通常可将教案分为叙述式教案和表格式教案两种。其中，叙述式教案是采用记叙的方式设计教案。表格式教案则是以工作表的形式编写教学设计方案，通常教案内容被放置在一个包含教学设计各要素的表格之中。

4. 教案的呈现方式

（1）叙述式教案

叙述式教案通常包括以下内容，根据教学设计实际情况，可以对这些内容进行详述或略写。

- 授课班级、授课日期、执教者姓名。
- 课题名称。
- 教学内容：本课时的教学内容要点。
- 教学目的：包括知识与技能、过程与方法、情感态度等方面的目标。
- 教学要求：本课时教学为实现课程教学目标所应达到的要求。
- 重点、难点和关键点：本课时教学内容的重点、难点和关键点。
- 课的类型：新授课、复习课、概念课、习题课、测验课等。
- 学习者分析：智力因素包括知识基础、认知结构变量、认知能力，非智力因素包括动机水平、归因类型、焦虑水平、学习风格等。
- 教学方法：讲授法、讨论法、演示法、实验法、任务驱动法、范例教学法等。
- 课时分配：本课时教学过程中各个教学步骤（环节）所需的教学时间。
- 教学环境：本课时所需的演示器材及教学媒体资源等。
- 教学过程：包括教学程序、教学内容和教学方式等。
- 教学流程：画出教学过程流程图。同时，流程图中需要清楚标注每一个阶段的教学目标、媒体和相应的评价方式。具体的流程图中的图形表示如图 5-4 所示。

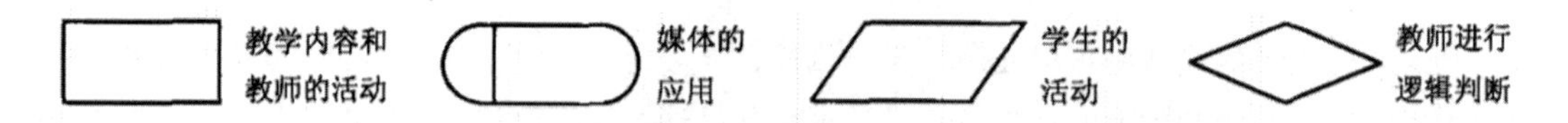

图5-4　流程图中的图形表示

- 教学评价：创建量规，向学生展示他们将如何被评价（来自教师和小组其他成员的评价）。另外，可以创建一个自我评价表，这样学生可以用它对自己的学习进行评价。
- 帮助和总结：说明教师以何种方式向学生提供帮助和指导。可以针对不同的学习阶段设计相应的不同帮助和指导，针对不同的学生提出不同水平的要求，给予不同的帮助。在学习结束后，对学生的学习做出简要总结。可以布置一些思考题或练习题以强化学习效果，也可以提出一些问题或补充的链接鼓励学生超越这门课，把思路拓展到其他内容领域。

教案的步骤要明确，眉目要清晰。一堂课怎样开头，如何结束，中间经过哪些主要过程，如什么时候复习巩固，什么时候讲新课，什么时候提问，什么时候板书，什么时候使用教具，什么时候布置作业等，都必须井井有条、清清楚楚。教师可以根据自己的习惯，用不同的字体和标记来区分不同的项目，如提问、板书、重点等。教案主要是给自己看的，因此应因人而异，在形式上不必过于拘泥，只要是一打开教案，所有项目都能历历在目，不至于混乱不清就可以了。另外，教案不是把所有要说的语言从头至尾写出来，上课时照念不误，而是一堂课的脉络和思路，应该是纲举目张，其中包含教学过程的控制、板书的内容、教学要点、教学媒体运用、配合教学的实例和分析（包括教材中的实例）等内容。

（2）表格式教案

表格式教案与叙述式教案虽然在形式上有所不同，但在内容上并无太大区别。在教育技术领域大家比较熟悉的表格式教案如表 5-11 所示。

表 5-11　表格式教案

<table>
<tr><td>章节名称</td><td colspan="5"></td></tr>
<tr><td>学科</td><td></td><td>授课班级</td><td></td><td>授课时数</td><td></td></tr>
<tr><td>设计者</td><td></td><td>所属学校</td><td colspan="3"></td></tr>
<tr><td colspan="6">本节（课）教学内容分析</td></tr>
<tr><td colspan="6">依据标准</td></tr>
<tr><td colspan="6">学习者特征分析</td></tr>
<tr><td colspan="6">一般特征：
初始能力：</td></tr>
<tr><td colspan="6">知识点及学习目标描述</td></tr>
<tr><td colspan="2">知识点
编号</td><td colspan="2">学习
目标</td><td colspan="2">具体描述语句</td></tr>
<tr><td colspan="2"></td><td colspan="2"></td><td colspan="2"></td></tr>
<tr><td colspan="6">教学重点和难点</td></tr>
</table>

续表

项目	内容	具体描述语句

教学环境设计

教学媒体（资源）选择

知识点编号	媒体类型	媒体内容要点	教学作用	使用方式	所得结论	占用时间	媒体来源

①媒体在教学中的作用分为：A.提供事实，建立经验；B.创设情境，引发动机；C.举例验证，建立概念；D.提供示范，正确操作；E.呈现过程，形成表象；F.演绎原理，启发思维；G.设难置疑，引起思辨；H.展示事例，开阔视野；I.欣赏审美，陶冶情操；J.归纳总结，复习巩固；K.自定义

②媒体的使用方式包括：A.设疑—播放—讲解；B.设疑—播放—讨论；C.讲解—播放—概括；D.讲解—播放—举例；E.播放—提问—讲解；F.播放—讨论—总结；G.边播放、边讲解；H.边播放、边议论；I.学习者自己操作媒体进行学习；J.自定义

板书设计（在黑板上呈现）

关于教学策略选择的阐述

课堂教学过程结构设计（本栏为课堂教学设计的重点，应详细阐述并绘出流程图）

教学环节	教师的活动	学生的活动	教学媒体（资源）	设计意图、依据

教学流程图

个性化教学

为学有余力的学生所做的调整：
为需要帮助的学生所做的调整：

形成性检测

各知识点对应习题

续表

评价量表
教学反思、总结

5.2.4　信息技术课程的说课设计

1. 说课是什么

关于“什么是说课”，学术界目前没有统一的概念。一些学者对说课内涵的界定如表 5-12 所示。

表 5–12　一些学者对说课内涵的界定

学者	观点
许佳	说课以主说人口头表述为主，亦可辅以其他手段（如电教媒体、实验等）。说课带有很强的目的性，或为研究某节课的教学策略，谈教学设计；或为探讨某种课型的教学模式，谈教学思路；或围绕一定的教改课题，谈教学设想；等等。说课是在备课基础上进行的，是备课的延伸。可以说，说课本身就是一种名副其实的教学研究活动。它是优化教学策略、提高教师教学能力的有效途径和操作方式
鲁献蓉	一般来说就是让教师以语言为主要表述工具，在备课的基础上，面对同行、专家，系统而概括地解说自己对具体课程的理解，阐述自己的教学观点， 表述自己具体执教某课的教学设想、方法、策略以及组织教学的理论依据等，然后由大家进行评说
罗晓杰	所谓说课，是指教师在钻研教材、大纲，充分备课的基础上，在没有学生参与的情况下，面向同行、教研人员等，以口头形式系统阐述某课的教学设计及其理论依据的行为。广义的说课还包括评议和研讨交流，是从备“说”到述“说”再到评“说”的全过程
高卫哲	阐释说课概念时提出说课是一种“备课研究活动”，属于教研活动的范畴
郑金洲	说课是课程与教学改革中涌现出来的一种新型教学教研形式，其目的是要“分析教学行为背后的支持系统，将教学行为背后的思路、理念等认知性的东西反映出来”
余宏亮、石耀华	以教师课程理解的视角来审视说课，认为说课从本质上讲就是一种对课程的理解与表达

续表

学者	观点
孙明婉	将说课的内涵总结为以下三种： 第一种认为说课是面对同行、专家或教育行政领导系统谈自己的教学设计，然后由听者评说，强化同行之间的双向交流，共同提高。第二种认为说课是教师在备课基础上，面对同行、专家说出自己教什么、怎样教和为什么这样教，接着进行实际操作和教学反思，与同行、专家或领导进行交流评论和转化总结。第三种认为说课是教师以教育教学理论为指导，面对同行、专家或教育行政领导，用口头语言和有关的辅助手段表述自己所教内容的教学设计并对整个课堂教学设计进行预测或反思，共同研讨进一步改进和优化教学设计的过程
张卓鸿	说课是关于教学有效性的科学化论证 说课是面向教师知识的整合、生成与形态转换的反思行动 说课是教学经验重构、创新与一般化的过程

在信息技术学科中，说课作为一种教学准备活动，是指教师在教学前，以口头表达的形式，对即将进行的一节课的教学内容、教学目标、教学方法、教学过程和教学评价等进行系统阐述和演示的一种教学活动。这种活动可以让教师对自己的教学设计进行深入思考和全面准备，有助于提升教学质量。

2. 说课说什么

说课的内容主要包括教材分析、学情分析、教学目标、教学方法、教学过程和教学反思等。

（1）教材分析

教材分析是说课的重要前提，教师需要对教材的编写思想、结构体系、知识点、难易程度等进行详细的解读和分析。在说课中，教师应阐述自己对教材的理解和运用方式，以及如何引导学生理解和掌握教材内容。教材分析主要包括以下几个方面。教材的地位和作用：阐述本节课教材在整本教材中的位置，以及它在学科体系中的地位和作用。教材的内容和结构：详细介绍本节课教材的内容，包括主要知识点、难易程度、逻辑结构和横向联系等。教材的特点：分析教材的编写风格、教学理念、教学方法、实践性、创新性等方面的特点。教材的处理策略：说明教师在教学过程中如何处理教材，如调整教材内容、补充教材资源、整合教材资源等。

（2）学情分析

学情分析是指教师对学生的学习状况进行分析，以便更好地制订教学目标和教学方法。在说课中，教师需要了解学生的学习背景、学习习惯、学习兴趣和认知水平等方面的情况，并结合教材内容对学生可能遇到的问题进行预测和分析。学情分析主要包括以下几个方面。学生的学习背景：分析学生已有的知识基础、技能水平和学习经验，了解学生在本节课相关领域的认知程度。学生的学习习惯：了解学生的学习方式、学习习惯和学习动机，分析学生在学习过程中可能遇到的困难和问题。学生的学习兴趣：了解学生对本节课课题的兴趣程度，以及如何激发和保持学生的学习兴趣。学生的认知水平：分析学生的认知特点、思维方式和发展水平，以便制订适合学生的教学目标和教学方法。

（3）教学目标

教学目标是教学活动的出发点和归宿，是教师进行教学设计和教学评估的重要依据。在说课中，教师需要根据教材内容和学情分析，明确本节课的教学目标，包括知识与技能、过程与方法、情感态度与价值观等方面的目标。制订教学目标时，应注意以下几点。教学目标的全面性：教学目标应涵盖知识与技能、过程与方法、情感态度与价值观等多个方面，注重学生的全面发展。教学目标的具体性：教学目标应具有可操作性和可测量性，明确学生在本节课中需要达到的具体要求。教学目标的前瞻性：教学目标应符合学生的发展需求，注重培养学生的创新精神和实践能力。

（4）教学方法

教学方法是教师为实现教学目标而采取的教学手段和方式。在说课中，教师需要根据自己的教学理念和学生的实际情况，选择合适的教学方法，如讲授法、问答法、讨论法、案例分析法等。选择教学方法时，应注意以下几点：一是教学方法的科学性——教学方法应符合教学规律和学生的认知特点；二是教学方法的灵活性——教师应根据教学过程中的实际情况，灵活调整教学方法，以适应学生的需求；三是教学方法的创新性——教师应注重探索新的教学方法，提高教学的趣味性和实效性。

（5）教学过程

教学过程是教师在课堂上实施教学活动的过程，是实现教学目标的关键。在说课中，教师需要对自己的教学过程进行详细阐述，包括课堂导入、新课讲解、课堂练习、学生展示、课堂小结等环节。同时，教师还应说明自己在教学过程中如何关注学生的学习状况，以及如何调整教学策略，以优化教学效果。

（6）教学反思

教学反思是教师在教学活动结束后，对教学过程进行总结和反思的过程。在说课中，教师需要对自己的教学效果进行评价，分析教学过程中的优点和不足，并提出改进措施。这有助于教师不断提高自己的教学水平和教学质量。

综上所述，说课是教师展示自己教学设计和教学能力的重要环节。教师需要在说课中充分展示自己对教材的分析和理解，关注学生的学习状况，明确教学目标，选择合适的教学方法，设计有效的教学过程，并进行教学反思。通过说课，教师可以提高自己的教学水平，为学生提供更好的教学服务。

3. 说课怎么说

（1）说课的原则

第一，目标性原则。说课应明确教学目标，包括知识与技能、过程与方法、情感态度与价值观等方面的目标。在说课中，教师需要详细阐述教学目标，明确希望学生在本节课结束后能够掌握的知识点和技能，以及培养的情感态度和价值观。此外，教师还需说明如何通过教学评价来检验教学目标是否达成。

第二，内容与方法相结合原则。说课应注重教学内容与教学方法的有机结合，展示如何通过特定的教学方法达到教学目标。教师在说课过程中，需要展示自己选择的教学方法是如何与教学内容相匹配的，以及如何帮助学生更好地理解和掌握知识。同时，教师还需说明如何根据学生的实际情况和学习需求，调整教学方法和策略。

第三，创新性原则。说课应注重教学创新，展示新颖的教学设计、教学手段和教学评价方法。教师在说课中需要展示自己在教学过程中的创新点，如独特的教学设计、新的教学手段或评价方法。此外，教师还需说明如何激发学生的学习兴趣和积极性，以促进他们的自主学习。

第四，实践性原则。说课应注重教学的实践性，展示如何将理论知识与实际应用相结合，提高学生的实践能力。教师在说课过程中需要强调实践性，展示如何通过实践活动或案例分析等方式，帮助学生将理论知识应用到实际情境中。同时，教师还需说明如何培养学生的动手操作能力和解决问题的能力。

第五，启发性原则。说课应注重教学的启发性，展示如何通过问题引导、讨论等形式激发学生的思考，培养学生的创新精神。教师在说课中需要展示自己如何通过提问、讨论等方式，引导学生主动思考问题，培养他们的创新思维能力。此外，教师还需说明如何引导学生进行自主学习、合作学习和探究学习，提升他们的学习效果。

第六，逻辑性原则。说课应注重教学过程的逻辑性，展示教学内容的合理安排和教学步骤的清晰性。教师在说课过程中需要展示自己如何合理安排教学内容和步骤，确保教学过程的逻辑性和连贯性。此外，教师还需说明如何通过教学评价来检验教学目标是否达成。

第七，互动性原则。说课应注重教师与学生、同行之间的互动，创造活跃的讨论氛围，促进教学经验的交流和共享。教师在说课中需要展示自己如何与学生互动，以及如何与同行进行教学经验的交流和共享。此外，教师还需说明如何引导学生参与课堂讨论，提高他们的沟通能力和团队合作能力。

第八，反思性原则。说课应注重教学反思，教师在说课过程中要对自己的教学设计、教学方法和教学效果进行反思，以便不断改进教学。教师还需说明如何通过教学反思发现教学中存在的问题和不足，以及如何制订相应的改进措施。此外，教师还需鼓励学生参与教学评价，了解他们的学习需求和意见，进一步提高教学质量。

（2）说课的策略

说课分为三个层次。

第一层次是教学背景分析。在此层次中，教师需要对学生的学习需求进行陈述，对教学内容和学生情况进行分析，对教学环境进行描述。教学背景分析的目的是让教师深入理解教学内容和学生需求，为后续的教学策略制订提供有力支持。教师需要考虑学生的年龄、认知水平、学习动机等因素，以便更好地满足他们的学习需求。同时，教师还应分析教学内容的特点，明确教学目标，确保教学活动的针对性和有效性。此外，教师还需描述教学环境，包括课堂氛围、教学资源、教学设施等，以便为教学活动的实施创造良好的条件。

第二层次是教学展开分析。在此层次中，教师需要解说教学策略，呈现教学实施过程，说明教学媒体的选择和运用。教学策略是教师为实现教学目标而采取的一系列教学方法和手段。教师需要根据教学内容和学生需求，选择适当的教学策略，如讲授法、探究法、合作学习法等。同时，教师还需明确教学实施过程，包括教学步骤、时间分配、教学活动等。此外，教师还需根据教学目标和教学内容，选择合适的教学媒体，如 PPT、视频、实物等。

第三层次是教学设计和教学结果（预测）评价。在此层次中，教师需要进行教学设计，包括确定教学目标、制订教学计划、评价学生学习成果的方法等。教学设计是教学活动的蓝图，教师需要根据教学目标和教学内容，合理安排教学活动和资源，以确保教学目标的实现。同时，教师还需考虑教学评价的方法和手段，以便全面了解学生的学习情况，为教学改进提供依据。此外，教师还需进行他人评价和自我评价，以评估教学效果和改进教学策略。他人评价可以邀请同行、领导或家长参与，以获得多元化的评价意见。自我评价则让教师反思教学过程中的优点和不足，以便不断优化教学策略，提高教学质量。

信息技术课程的说课设计是一个涉及多个方面的复杂过程，需要教师充分了解教材内容、学生学情，运用合适的教学方法和策略，准备充分的资源和媒体，设计合理的评价方法，以确保教学目标的实现。同时，教师还需在教学过程中不断调整和优化教学设计。通过对教学流程的精心设计和实施，教师可以有效地促进学生的信息技术学习，培养学生的信息素养和创新能力。

5.3　信息技术课程的教学环节

5.3.1　导入环节

首先，教师需要了解学生的兴趣和需求。这可以通过之前的课程反馈、问卷调查或小组讨论来实现。了解学生对信息技术的兴趣点，比如游戏、动画、编程等，可以帮助教师设计更吸引人的导入。在设计导入之前，教师需要明确即将教授的信息技术知识和技能，以及希望通过导入达到的教学目标。比如，如果接下来的课程是关于网络安全的，那么导入可能需要引起学生对网络安全重要性的关注。根据学生的兴趣和教学目标，教师可以选择合适的导入方法。导入方法包括但不限于情境导入、问题导入、游戏导入、故事导入。

为支持导入环节，教师应制作或选择多媒体资源，如视频、动画、图表或互动工具。这些资源应与导入方法相匹配，并能够清晰地传达课程的关键信息。在课堂上，教师应按照之前设计的导入方案进行实施。在导入过程中，教师应确保学生积极参与，并根据学生的反应进行适当的调整。导入结束后，教师应收集学生的反馈，评估导入的效果。这可以通过即时的口头反馈、问卷调查或后续课程中的学生表现来实现。根据反馈调整未来的导入设计，以改善导入的效果。教师应不断总结和反思导入环节的实施经验，根据学生的反馈和教学效果，持续改进导入设计和实施策略。本书收集了信息技术一线教师进行信息技术公开课的一些优秀案例，并对这些优秀案例进行了整理分析。

案例一（表 5-13）利用语文学科本学期学习诗歌鉴赏并选出最美诗歌的综合实践活动开展学科融合活动，将学生带入美的世界，从而引出课题，提升学生的信息意识与计算思维。

表 5-13　案例一

教学案例："最美诗歌，美美与共——二维码设计应用"跨学科主题教学设计 （案例来源：厦门市演武小学　林陈沐）			
环节	教师活动	学生活动	设计意图
美读导课	听翁老师说，咱们班最近正在学习诗歌鉴赏，今天林老师把大家选出的最美诗歌也带到了课堂上，先请大家一起读一下得票最高的一首：《白桦》 读得真美（听了大家的朗读，老师的眼前仿佛浮现了一棵美丽高洁的白桦树），把掌声送给自己；今天就让我们一起来学习最美诗歌（写出标题：美美与共）。美美与共的意思？（板书）刚才大家通过"读"进行了分享；其实我们还可以把大家的诵读录下来，通过班级圈、朋友圈分享，这样的分享范围就更广了；除了读，也可以用"写"的方式跟大家分享；写后还可以生成二维码分享，既省空间，又自由灵动。（出示副标题：二维码设计应用）	学生朗读，齐读 齐读主题：最美诗歌，美美与共 学生回答：将最美诗歌跟大家分享	利用语文学科本学期学习诗歌鉴赏并选出最美诗歌的综合实践活动开展学科融合活动，读一读更能体现语文学科特色，将学生带入美的世界，从而引出课题，提升学生的信息意识与计算思维

案例二（表 5-14）以即将到来的五一假期为切入点，借助常见的游乐园门票打折活动和人工窗口排队拥挤现象创设情境，自然引出"自动售票"的必要性，一方面让学生结合自身生活经验产生共鸣，另一方面通过解决实际问题引起学生的好奇心。回顾二分支结构，为学习多分支结构做铺垫，同时引导学生发现利用已有知识不能满足解决问题的需求，让其产生认知冲突，

引出本节课的学习内容。

表 5-14　案例二

教学案例：五一出游巧“支”招 （案例来源：广东省东北师范大学深圳坪山实验学校 莫怡琳）		
教学环节及时间	教师活动	学生活动
情境导入 明确任务 （3 分钟）	1. 提问学生五一的旅游计划，介绍“欢乐王国”游乐园售票规则：门票 120 元一张，购票数小于 5 张，不打折；购票数大于或等于 5 张，每张票打 9 折；购票数大于或等于 10 张，每张票打 8 折。展示人工窗口排队拥挤的现状，从而抛出本节课总任务：设计一个“自动售票”程序 2. 提问：双分支结构能实现对价格的判断吗？带领学生复习二分支结构的语法和流程图，强调需要注意的三个地方，即英文冒号、缩进四个空格、含多条语句时需同等缩进。引出本节课需要学习的新结构：多分支结构	分享五一安排，明确学习任务，产生认知冲突 思考并回答问题，回顾二分支结构相关知识点

案例三（表 5-15）通过游戏导入，让学生快速融入课堂。通过游戏环节让学生体验过程，为后续内容做铺垫。通过提问引出下一环节的内容。

表 5-15　案例三

教学案例：语音识别 （案例来源：内蒙古赤峰国际实验学校 莫其叶乐）	
教师活动	学生活动
环节一：我说你做	
教师活动 1. 导入 引导学生参与游戏“我说你做”。给学生讲解游戏规则：听裁判口令，当裁判说“举左手”时，以最快的速度举起左手；当裁判说“反语：举左手”时，举起右手 2. 游戏结束进行提问 （1）哪一场需要的反应时间最多？为什么？ （2）“听到就做”，想一想人听懂这些声音的过程是什么？ 3. 播放视频 声音的传导方式	学生活动 1. 听游戏规则，参与游戏 2. 回答老师问题 3. 观看视频

在信息技术课程中实施导入环节，教师需要设计有效问题，选择合适的导入方法，关注导入环节的实施过程，并评估导入效果。通过导入环节，教师可以激发学生的学习兴趣，提高他们的参与度。

5.3.2　提问环节

在课堂上，教师应按照之前设计的提问方案进行实施。在提问过程中，教师应注意以下几点：教师应选择合适的时机进行提问，以确保学生能够积极参与并思考。教师应关注全体学生，给予每个学生回答问题的机会。教师应鼓励学生积极参与提问环节，对学生的回答给予积极的反馈。教师应引导学生通过讨论、思考和探索来解决问题，而不仅仅是给出答案。教师应关注学生解决问题的过程，而不仅仅是最终答案。

提问环节结束后，教师应收集学生的反馈，评估提问环节的效果。这可以通过即时的口头反馈、问卷调查或后续课程中的学生表现来实现。根据反馈调整未来的提问设计，以改善提问环节的效果。教师应不断总结和反思提问环节的实施经验，根据学生的反馈和教学效果，持续改进提问设计和实施策略。

通过一个环环相扣、步步深入的问题链，案例一（表 5-16）旨在引导学生了解新知、探索试错、应用新知、解决问题和反思回顾。这种问题链的教学方法有助于激发学生的学习兴趣和主动性，培养他们的创新能力和解决问题的能力。同时，与实际生活场景相结合的问题设置，可以让学生更好地理解所学知识的实际应用价值。

表 5–16　案例一

教学案例：面向问题解决的人工智能课堂教学——以“人脸搜索系统”为例

（案例来源：广东省深圳市坪山区坪山实验学校 史慧姗）

教师下发“人脸搜索系统”程序，学生尝试利用程序找出疑犯 B。学生运行程序，发现问题：程序运行结果显示“未找到此人”，并提示“人脸搜索失败，下载错误信息”。以下为不同学生应对问题的做法：

学生	下载查看错误信息	查看提示	结合新知	解决问题结果
学生 1	否	否	否	无法得到搜索结果
学生 2	是	否	否	无法得到搜索结果
学生 3	是	是	否	无法得到搜索结果
学生 4	是	是	是	得到搜索结果

学生 1：遇到问题手足无措，忽略了“下载错误信息”的提示，也忘记查看任务单的提示，无法得到搜索结果；

续表

学生 2：下载并查看了错误信息“指定分组中没有人脸”，但是没有查看任务单提示，不能理解“指定分组”是什么，不会修改程序，无法得到搜索结果； 学生 3：下载并查看了错误信息“指定分组中没有人脸”，也查看了任务单提示“指定分组是指人脸库”，但是未能结合刚才所学新知，不知道哪个程序积木是对应的“人脸库”模块，不会修改程序，无法得到搜索结果； 学生 4：下载并查看了错误信息“指定分组中没有人脸”，查看了任务单提示“指定分组是指人脸库”，能够结合刚才所学新知，清楚哪个程序积木是对应的“人脸库”模块，成功修改程序，选择适当的人脸库，运行得到结果。 针对约一半学生没有看任务单提示的问题，教师进行提示，最后全班绝大部分学生能够修改并运行程序，成功解决问题，获得搜索结果。 本课提出的教学问题主要有：a. 程序语句与搜索步骤如何对应？b. 如何修改程序获得结果？c. 遮挡脸部的情况下会影响什么搜索步骤？d. 如何修改这一步骤（相似度计算）对应的程序？e. 相似度标准的高和低在不同生活场景中各有什么好处？问题 a 让学生理解程序，这样才能解决问题 b——修改程序找到疑犯 B；问题 c 在问题 b 基础上进行难度拔高，同时要应用问题 a 中所学的新知；问题 d 是问题 c 的延伸，并引出问题 e——相似度标准的影响

案例二（表 5-17）引导学生探究二维码。通过微课视频，让学生深入了解二维码编码、解码的过程，理解“现象”背后的“本质”，引导学生学以致用，把二维码与诗歌的学习、分享进行结合，深化学习理解与实践。

表 5–17　案例二

教学案例：“最美诗歌，美美与共——二维码设计应用”跨学科主题教学设计 （案例来源：厦门市演武小学　林陈沐）			
环节	教师活动	学生活动	设计意图
原理之美 原理探究	观看二维码视频，理解其工作原理，回答问题： （1）二维码的位置探测图形在哪里？有什么用？ （2）二维码如何存储数据（编码）？如何传输数据（解码）？ （3）二维码的作用是什么？ （4）可以随意扫二维码吗？	1. 观看视频，思考二维码工作原理 2. 回答问题	首先通过视频了解二维码原理，然后通过简单流程图理解二维码编码、解码原理，提升信息意识与思维能力

续表

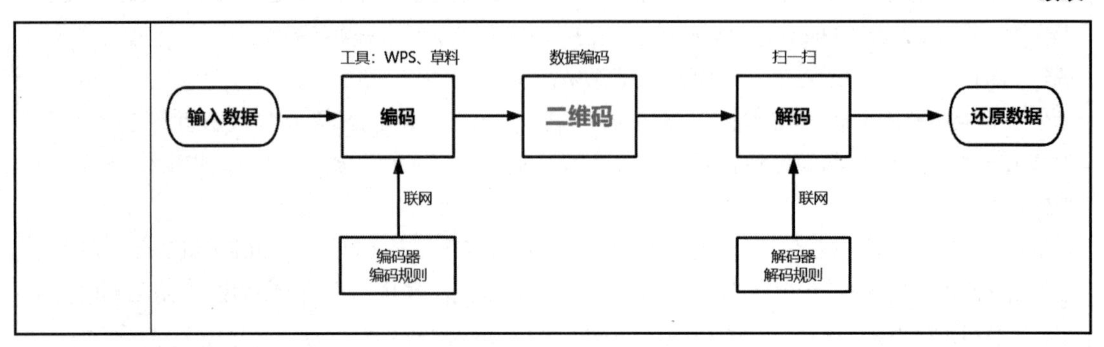

案例三（表 5-18）通过下发任务让学生结合指导分析总结变化公式，让学生体会从数学思维到程序思维的过渡过程，使学生逐步理解循环概念，将任务分解，层层递进。

表 5–18　案例三

教学案例：天天节能计算器——for循环的运用 （案例来源：重庆市黔江新华中学校 余莉）	
活动内容	**设计意图**
回顾利用 Python 解决问题的四步骤，通过四步骤法设计天天节能计算器 任务分解说明： [一周节能模式]假设你每天坚持节约能源，节约的能源值（简称为节能值）比前一天提高 1%（基础量值为 1.0），累计 7 天后跟现在相比，节能值是（　　）?(反之亦然，假设不能坚持，节能值比前一天降低 1%(提高–1%)) 此处以节能值提高 1%为例	1. 培养学生建立计算机解决问题的思维模型，逐步攻克编程 2. 降低问题难度，为问题升级做准备
分析问题	
活动一：填一填、找一找 （1）通过分析天天节能模式下的任务，学生结合学习指导分析每天节能值是如何变化的，寻找规律： 第 1 天节能值=基础量值 ×（_______） 第 2 天节能值=______ ×（1+____） …… 第 6 天节能值=_____________ 第 7 天节能值=_____________ （2）分析前 7 天的节能值变化公式，发现每天节能值的变化跟前一天的节能值和提高值有关系，总结归纳出：第 n 天节能值=前 n–1 天总节能值 ×（1+第 n 天提高值） （3）通过分析问题，发现每天提高值都是 1%，设计“天天节能计算器”的关键问题是累加节能值，最后总结出解决问题的关键是：依次实现 1 ~ 7 天内的每天节能值累加	1. 分解任务、层层递进，引导学生从数学思维过渡到程序思维 2. 让学生自主发现规律，逐步向循环概念引导 3. 让学生体会变量的具体应用以及在运算过程中变量存储值的变化

续表

问题框架	
核心问题	问题链
如何用 for 循环语句实现天天节能计算器?	1. 计算每天坚持节能或放弃节能 1%,一年会有哪些变化? 2. 通过推导活动，同学们发现了什么规律? 3. 如何用 Python 的 for 循环语句实现天天节能计算器? 4. 什么是循环条件判断? 什么是循环体? 5. 什么可以控制循环的次数? 6. 如何在 for 循环语句中加入条件判断实现计算第 7 天节能值的程序代码? 7. range 函数中的结束参数在生成范围之列吗? 8. 如何用 range 函数实现计算一年后节能值的程序代码的编写?

在信息技术课程中实施提问环节，教师需要设计有效问题，选择合适的提问方式，关注提问环节的实施过程，并评估提问效果。通过提问环节，教师可以促进学生思考、理解和运用知识，提高他们的问题解决能力。

5.3.3 组织环节

教学组织形式的发展是与社会政治经济和科学文化的发展紧密相关的。在不同的历史时期，教学组织形式也有所不同。例如，在古代社会，由于生产力和科学技术水平的限制，教学组织形式主要是个别教学，即老师对学生一个个地进行教学，这种形式难以系统化、程序化、制度化，效率不高，但能够适应学生人数少、教学内容简单的需求。随着社会的发展，特别是资本主义商业的发展和科学技术的进步，对培养人才的要求不断提高，教学组织形式也经历了改进。班级授课制是一种重要的教学组织形式，它把一定数量的学生按年龄和知识程度编成固定的班级，教师根据课程计划和时间表进行集体教学。这种形式效率较高，能适应大规模的教育需求。除班级授课制，还有其他一些教学组织形式，如个别教学制、分组教学制、设计教学法和道尔顿制等。个别教学制是根据学生的特点进行因材施教，使教学内容、进度适合学生的接受能力。分组教学制是根据学生的能力或成绩把他们分为水平不同的组进行教学。设计教学法和道尔顿制则是更加注重学生自主学习和实践的教学组织形式。

在信息技术课程中，组织环节是确保课程顺利进行的关键环节。一个有效的组织环节可以帮助学生集中注意力，减少混乱，提高学习效率。课堂氛围对于学生的学习态度和行为具有重要影响。为确保教学活动的顺利进行，教师需要准备相应的教学资源，包括：合适的教材和参考资料，确保学生能够获取必要的信息；与课程内容相关的多媒体资源，如视频、动画、图表等，以增强学生的学习兴趣；学生进行实践的工具和设备，如计算机、网络设备等。为保障教学效果，教师需要设计有趣、富有挑战性的教学活动：设计一些需要学生参与和互动的学习活动，如小组讨论、角色扮演等；提供一些实践操作的机会，让学生通过实际操作来加深对知识的理解；设计一些项目式学习活动，让学生通过完成项目来应用和巩固所学知识。

案例一（表5-19）通过IPO模式，利用旧知引导学生剖析问题，将具象情境转化为抽象问题，找到输入与输出关键信息点，简要分析两者之间如何进行转化，从而明确完成任务的关键点与难点。由于学生的逻辑思维有限，流程图可以较好地帮助其梳理思路，强调多分支结构的判断作用，为后续编写程序提供有意义的参考，有效锻炼学生的计算思维。

表5–19　案例一

<table>
<tr><th colspan="3">教学案例：五一出游巧“支”招
（案例来源：广东省东北师范大学深圳坪山实验学校　莫怡琳）</th></tr>
<tr><th>教学环节及时间</th><th>教师活动</th><th>学生活动</th></tr>
<tr><td>思路梳理
合作学习
（7分钟）</td><td>1. 问题分析
简述自动售票程序的功能，带领学生分析IPO模式，指出最为关键的部分为判断过程 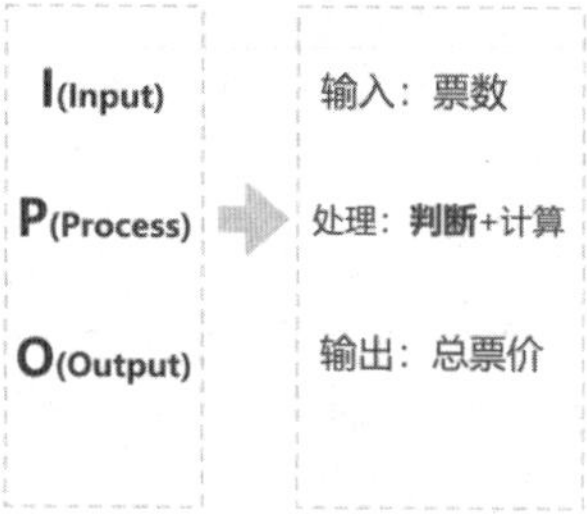
I(Input)　输入：票数
P(Process)　处理：判断+计算
O(Output)　输出：总票价
2. 算法描述
①阐述任务要求：请根据情境要求，小组讨论，从列表中选取合适的选项，将流程图内分支结构补充完整 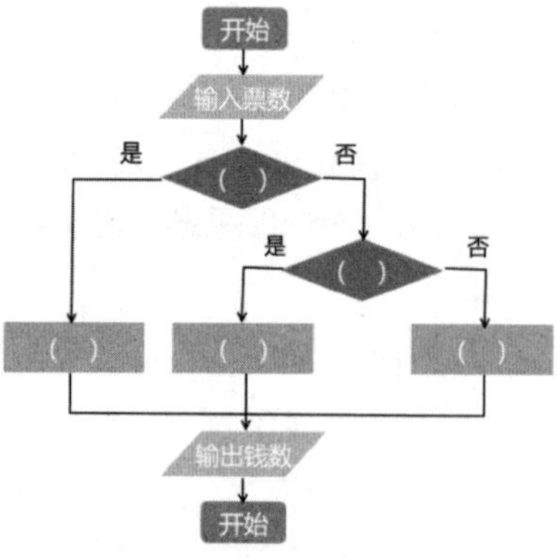
开始
输入票数
是　（　）　否
是　（　）　否
（　）　（　）　（　）
输出钱数
开始
<table><tr><th>选项</th><th>填入信息</th></tr><tr><td>a</td><td>钱数=120×0.9×票数</td></tr><tr><td>b</td><td>票数<10</td></tr><tr><td>c</td><td>钱数=120×票数</td></tr><tr><td>d</td><td>钱数=120×0.8×票数</td></tr><tr><td>e</td><td>票数<5</td></tr></table>②请学生代表分享，带领大家进一步理解自动售票程序的工作原理</td><td>根据程序功能回答相应的输入与输出，思考中间经历的处理过程

小组讨论：选择对应选项填入报告单中流程图的相应位置

展示汇报讨论结果，了解程序的执行过程</td></tr>
</table>

案例二（表 5-20）中专题活动类型丰富多样，趣味性强，能够满足不同程度学生的需求。同时，每个活动考查的能力指向不同，难易程度也不同，考虑到了不同程度学生的需求。

表 5–20　案例二

教学案例：多媒体作品创作与展示交流

（案例来源：郑州市惠济区香山小学 王伟娜 郑州市惠济区教育信息中心 王磊指导）

学习过程

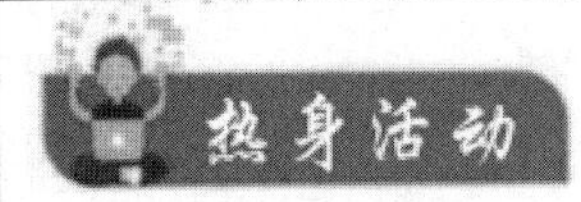

1. 多媒体影音作品欣赏

   视频链接及二维码：《祝你生日快乐》

2. 跟唱歌曲：《祝你生日快乐》

认识 GoldWave 的操作界面，调试音响设备和麦克风

1. 阅读课本 29 页，通过自学和小组讨论，思考怎么调试设备
2. 各自录制一句话，确定设备状况，组内汇报
3. 组内成员互评，各组推选 1 名代表交流探究成果

尝试录制一段音频并保存、播放

小组合作学习评价表

个人评价				小组加分		
姓名	发言内容	自评	互评	次数	加分	总 分
教师评价						

续表

1. 以喜欢的一首歌为素材，进行录制、保存和播放
2. 各组推选代表在班级内汇报交流，分享作品。小组交流音频录制过程中的注意事项

第　小组学习情况记录			
姓名	自评得分	互评得分	亮点
对其他小组合作学习情况的评价			
组号	得分	优点	不足
教师评语			

将录制的音频转成指定的格式

1. 通过阅读课本32页提供的资料，总结WAV格式和MP3格式的特点：WAV格式能记录各种单声道或立体声的声音信息，并能保证声音不失真；MP3格式是一种有损压缩格式，相同长度的音频文件用MP3格式存储，其占用空间只有WAV格式文件的十分之一，但音质次于WAV格式
2. 会根据实际需求将音频文件转换成指定的格式（尝试将刚才自己录制的音频文件转换为MP3格式，并试听音频效果）

1. 学生4人一组，在一起交流本节课的学习收获
2. 尊师重教是中华民族的光荣传统，为表示对老师的尊敬，请利用本节课所学知识录一段话，表达对老师的感激之情。录音可以发至班级群

案例三（表5-21）通过感知生活中的大数据引导学生认识数据，归纳出数据的概念与特征，并结合生活实际理解数据的重要作用。通过实例分析，让学生领会数据与信息的关系，并通过小组合作、游戏互动深刻理解信息的概念及特征。通过具体实例，引导学生理解数据、信息、知识三者之间的关系，引导学生使用数字化学习工具来管理知识。

表 5-21　案例三

教学案例：数据、信息与知识 （案例来源：内蒙古自治区第二地质中学 张凯旋）		
教学环节	**教学内容**	**学生活动**
感知数据	1. 自主学习：大数据使我们的生活发生了翻天覆地的变化，深刻影响着我们的生活，下面请阅读课本 4 ~ 6 页，思考以下问题： • 什么是数据？ • 数据有什么特征？ 2. 小组讨论：数据被广泛地应用于社会的方方面面，请谈谈数据对你的学习、生活产生了哪些影响	思考 回答
认识数据与信息的关系	147175270170360172 → 数据 按照规则进行分析处理 表1：经过处理的数据 序号 体重/kg 身高/cm 1 47 175 2 70 170 3 60 172 → 信息 1. 自主思考：通过具体实例引导学生分析出数据到信息的形成过程 2. 小组讨论：通过做游戏（“传话小游戏”）深刻感知信息的基本特征 3. 合作讨论：作为信息爆炸时代的一员，我们应该如何合理应用信息？	思考 交流 总结
认识数据、信息与知识的关系	1. 小组研讨：阅读课本 12 页，解释知识的含义，并思考数据、信息、知识三者之间的关系。结合具体实例描述自己小组的观点 （日期，云，雾）➡（明日大雾）➡（谨慎驾驶） 数据　信息　知识 2. 教师点拨，学生交流。加深学生对三者关系的理解 数据、信息和知识还依赖于它们使用的环境及应用者的知识结构。在某些情况下，经过处理后输出的信息，也可以作为再次处理加工的数据。因此，在分析数据、信息与知识的关系时，结合特定的环境与应用者的知识结构才有意义 3. 提出问题：如今社会已经进入知识经济时代，我们不仅要有获取信息的能力，更要有探究提炼知识的能力，增长智慧，更有效地创造未来。例如，同学们每天学习大量知识，怎样对知识加以管理呢？ 引出：人们创造了许多知识管理工具，用来认识事物、表达思想，使学习和工作更有效率	思考 回答

5.3.4 讲授环节

在讲授环节开始时，教师需要吸引学生的注意力，让他们投入到课堂学习中。教师可以通过讲述一个与课程内容相关的故事、案例或问题，激发学生的兴趣。教师应明确告知学生本次讲授的目标和重点，让他们了解将要学习的内容。教师可以与学生进行简短的互动，如提问、讨论等，以吸引他们的注意力。在讲授环节中，教师应清晰、准确地传达知识点，帮助学生理解并掌握。教师应使用多媒体资源，如图片、图表、视频等，以直观地展示概念和原理。教师应使用简洁、明了的语言，避免使用过于复杂或模糊的表达。在讲授环节结束时，教师应进行总结和复习，帮助学生巩固所学知识。教师应概括讲授的重点内容，让学生明确自己需要掌握的关键点，提供复习资料，如讲义、习题等，帮助学生巩固知识；布置适当的课后作业，让学生在课后巩固和应用所学知识。为提升讲授环节的效果，教师应不断总结和反思教学过程中的经验和教训，并根据学生的反馈，持续改进教学方法和策略。

案例一（表5-22）首先通过学习生僻字，类比机器学习的过程，让学生掌握机器学习的原理；然后，让学生通过任务驱动和小组合作制作识别情绪小程序；最后，通过视频和阅读材料延伸出机器学习的分类和利弊，实现教学目标。

表5-22 案例一

教学案例：初探机器学习 （案例来源：郑州市惠济区第一初级中学 刘赛玉 郑州市惠济区教育信息中心 王磊指导）					
教学环节	教师活动	学生活动	评价要点	设计意图	时间分配
任务驱动合作探究	任务一：掌握机器学习的原理 1. 学习生僻字 2. 展示识字程序 3. 猜一猜机器是怎么学习的？由人类学习类比机器学习，理解机器学习的过程，掌握机器学习的原理 机器学习过程：收集数据、提取特征、建立模型、应用模型	学习生僻字，理解机器学习的过程。掌握机器学习的原理，理解数据的重要性	能准确写出机器学习原理	通过学习生僻字，总结人类学习的过程，类比出机器学习的过程	30分钟

续表

教学环节	教师活动	学生活动	评价要点	设计意图	时间分配
任务驱动合作探究	任务二：制作识别情绪小程序 教师和学生一起利用“慧编程”完成识别情绪小程序的演示 打开“慧编程”，添加“机器学习扩展”模块，并观察添加后代码区增加了哪些代码 操作提示：（观看微视频 1 或参考下方的操作步骤） 1）在“角色”下，点击积木区最下方的“添加扩展”按钮 2）在弹出的“扩展中心”页面，选择“机器学习”功能，点击“添加”按钮 3）返回编辑页 小组合作制作情绪识别小程序，完成学案表格并尝试互换表情所识别的结果 操作提示：（观看教师演示或微视频 2） 操作顺口溜：新建模型，定数量，先起名称，再采样 参考代码： 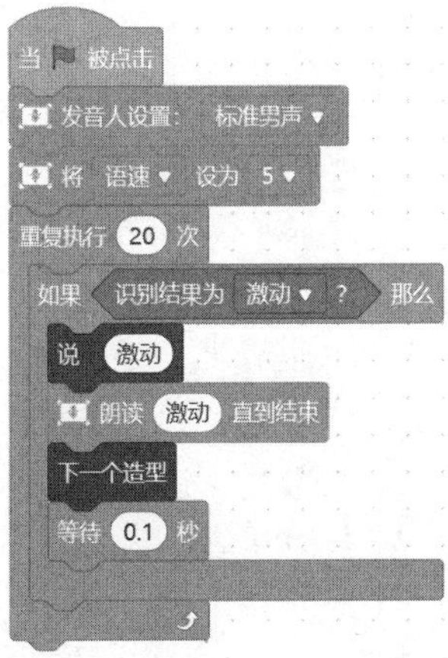 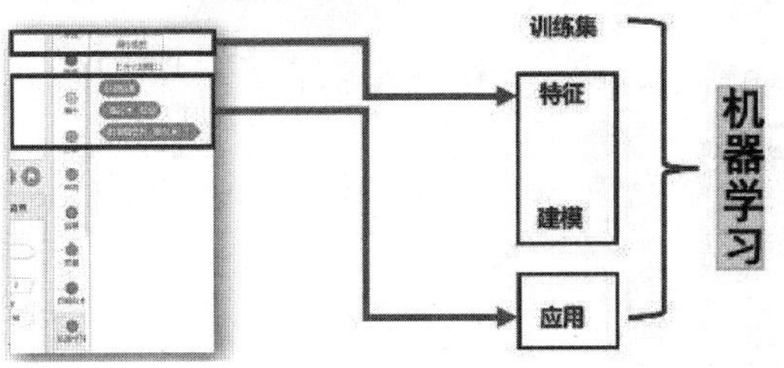 当 被点击 发音人设置：标准男声 将 语速 设为 5 重复执行 20 次 如果 识别结果为 激动 ? 那么 说 激动 朗读 激动 直到结束 下一个造型 等待 0.1 秒 训练集 特征 建模 应用 机器学习	1. 观察不同情绪下眼部和嘴巴的特征，体会机器识别情绪的过程 2. 小组合作制作识别情绪小程序 3. 完成表格，得出结论	能利用“慧编程”做出情绪识别程序，理解识别率高的要素	在任务驱动和小组合作中完成小程序，理解算法、数据和算力在机器学习中的重要性	30分钟

续表

教学环节	教师活动	学生活动	评价要点	设计意图	时间分配
任务驱动合作探究	得出结论：数据多，数据类型丰富，关键点多，设备性能好，识别率高 实验操作 新建一个模型，让小熊猫学会表情。并填写表格数据。 高兴 采集数量 准确率 悲伤 采集数量 准确率 惊讶 采集数量 准确率 新建模型 确定数量 定义名称 采集样本 任务三：制作生活中的小程序 师生讨论：机器学习在生活中的应用 出示课堂案例： 小组合作完成口罩监测、垃圾分类、校园门禁之一的程序设计 1. 通过程序设计解决的生活问题是什么？ 2. 结合思维导图或流程图介绍程序执行过程：用到了哪些积木语句？不同角色之间如何关联？ 3. 你对作品哪些方面最满意？ 完成解说演示与评价 实验探究 口罩监测 垃圾分类 校园门禁 动手实践：以小组为单位，抽取其中一个主题，讨论并做出相关程序。 程序设计：通过程序设计，解决生活中的什么问题？ 学以致用：结合思维导图，说明用到了哪些积木，不同积木之间有什么关联。 作品评价：你对作品哪些方面最满意。 小组编程设计评价标准 作品设计 ★★★★★ 创新思维 ★★★★★ 解说展示 ★★★★★ 程序运行 ★★★★★ 总体得分	1. 抽取卡牌题目 2. 想一想解决了生活中的什么问题。利用思维导图设计相应程序，合作完成程序 3. 上台讲解演示小程序 4. 评价程序并给予星级评价	从作品设计、创新思维、解说展示、程序运行四方面进行整体评价	强化练习，掌握技能，用所学知识解决生活中的问题	30分钟

案例二（表 5-23）为新授部分，目的是让学生知道语音识别技术是什么，了解语音识别的过程和原理，从而找到生活中使用语音识别技术的案例。

表 5-23 案例二

<table>
<tr><th colspan="2">教学案例：语音识别
（案例来源：内蒙古赤峰国际实验学校 莫其叶乐）</th></tr>
<tr><td>教师活动 3
1. 有新消息提醒
PPT 播放微信新消息提醒
2. 语音识别
1）语音识别的概念
语音识别技术是指让计算机通过识别和理解过程，把语音信号转换为相应的文本信息或命令信息的技术
2）播放视频
视频播放讲解语音识别的过程：声音→特征提取→机器语言→匹配→显示识别结果
3）PPT 按步骤显示语音识别过程：播放声音（西瓜）→转化机器语言→机器语言→匹配→机器语言→xi gua→语言规律→西瓜（识别结果显示）
4）特征提取
每个人说话的声音都不同，都有自己的特点。机器也能分辨出声音的特点，这些声音通过机器转换成数据，然后再进行处理
5）机器语言
通过训练形成模型
6）结构图显示语音识别技术
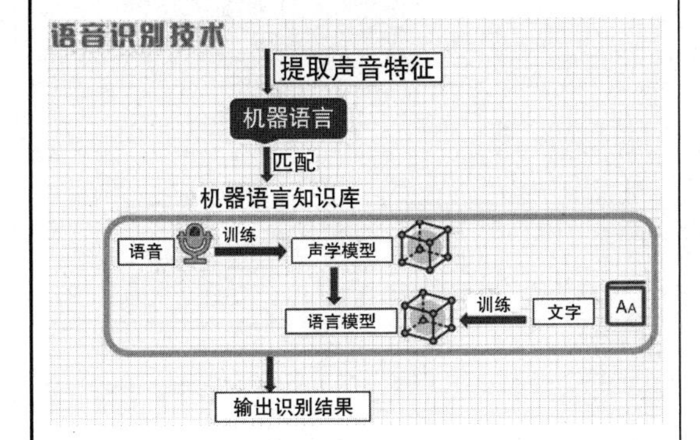
</td><td>学生活动 3
1. 感受微信语音输入的过程
2. 了解语音识别的概念</td></tr>
</table>

案例三（表5-24）通过三种教学方法进行新知识的讲授，分别是直观演示法、自主探究法和讨论法。直观演示法：教师在课堂上通过直观演示“皇帝独步中原”的程序效果，让学生直观体验“皇帝独步中原”的程序效果，获得感性认识。自主探究法：为培养学生的学习习惯和自主学习能力，锻炼学生的综合素质，让学生通过自主思考、类比、小组合作等，提出解决问题的措施。讨论法：课堂教学中多处让学生进行讨论，体现以学生为主体的教学理念。学生通过讨论，进行合作学习，让学生在小组或团队中相互交流、展开学习，让所有的人都能参与到任务中，从而达到共同的目标。通过开展课堂讨论，培养学生的思维表达能力，激发学生的学习兴趣，促进学生主动学习。

表5-24 案例三

教学案例：独步中原 （案例来源：郑州市惠济区实验小学 崔显元 郑州市惠济区教育信息中心 王磊指导）
（一）任务一：观察“皇帝独步中原”的程序效果，通过小组讨论，画出流程图 教师出示任务一，并挑学生首先来体验一下“皇帝独步中原”的程序效果。程序演示成功！ 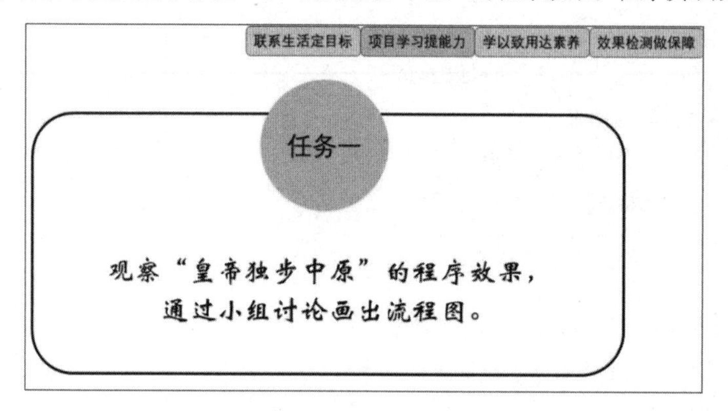 接下来，请各小队讨论画出流程图。然后，挑一个小队来进行分享：按下键盘向左键，面向左，向左走；按下键盘向右键，面向右，向右走 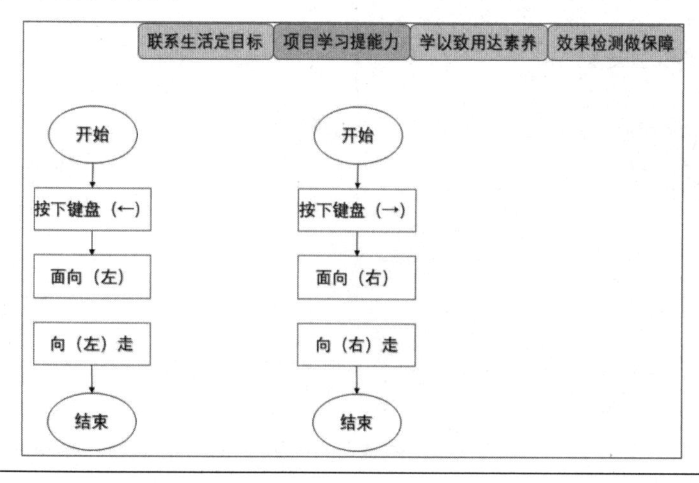

续表

【设计意图】首先，让学生体验“皇帝独步中原”的程序效果，让学生充满学习和探索的欲望。其次，在编写程序之前，先画一个流程图，不仅能理清程序思路，也便于更好地发现问题。在画流程图的过程中，学生在教师的引领下一步步画出流程图，后半部分通过小组讨论画出流程图，让学生从被动学习向主动学习进行转变。另外，在画流程图的过程中，也要引导学生明确硬件与脚本配合起来才能实现需要的效果，发展学生的计算思维

（二）任务二：根据流程图，结合课本内容，添加积木 当 按下 a 到脚本区，并尝试实现皇帝行走的动画效果

1. 做好编程准备

教师引导学生打开图形化编辑器，在舞台区添加合适的人物角色和背景

【设计意图】根据流程图准备编写程序时，教师示范如何做好编程准备，有助于学生养成一个良好的编程习惯

2. 寻找相关积木

教师提出两个问题：第一个问题， 当 按下 a 这个积木在哪里？同时，教师将这块积木张贴在板书中，学生探索并回答在事件积木盒子中。第二个问题，皇帝行走的动画效果是如何实现的？挑一个举手的学生给大家演示一下。学生边演示边讲解：单击“皇帝行走”角色，在脚本区右上角打开“皇帝行走”的造型，依次单击皇帝行走的三个造型，可以看到皇帝行走角色走路的动画效果，在“外观”积木盒子中，找到积木“下一个造型”，放到脚本区即可

随后，教师询问其他学生在自学的过程中遇到什么困难，发现有的学生的程序效果是皇帝面向右向左走，还有的是倒立着走。然后，请大家在小组内合作探究解决这个问题，探究积木“移动 0 步”的使用方法和修改旋转模式的方法

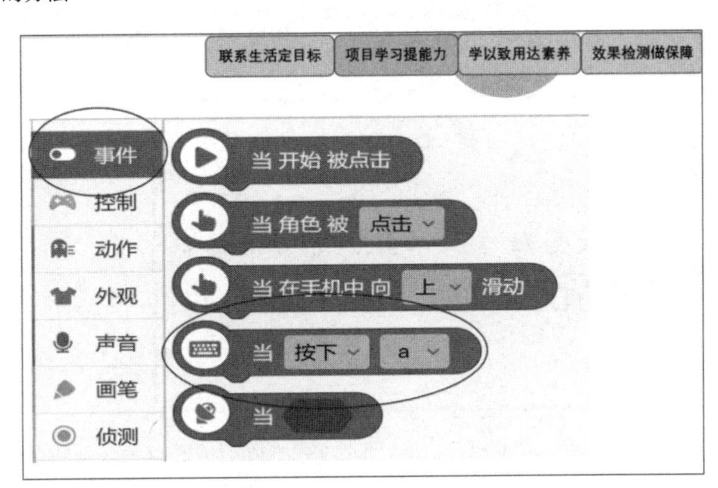

【设计意图】让学生在认识新积木前探讨新积木的位置和作用，培养学生的计算思维。 当 按下 a 积木的使用是本节课的重难点，所以设置了提问、演示、板书辅助三项内容，这样可以逐步提升学生的编程能力，也能让学生在提问、答疑的过程中掌握新积木的使用

续表

3. 调试程序，优化脚本
（1）调试程序
教师提问：程序是如何调试成功的？学生举手，教师挑一个小组成员给大家边演示边讲解：首先将移动 10 步修改为–10 步，然后修改旋转模式为“左右翻转”，并请大家看一下程序效果。接着，教师引导学生设计好向左走的程序后，可以通过复制粘贴的功能编写出向右走的程序，并给大家两分钟的时间完善自己的作品
【设计意图】通过讨论，有的学生已发现了自己程序中的问题，所以，学生需要进一步修改调试自己的程序，进而掌握新积木的使用
（2）优化脚本
教师引导“动作积木盒子中还有其他可以让角色移动的积木吗？我们一起来找一找吧。”发现动作积木盒子中有一个积木也和角色的位置有关
那么这个积木如何使用呢？首先，认识一下坐标。教师讲解并演示：“单击此处可以打开或关闭坐标轴，坐标轴由两条垂直相交的直线组成，分别称为 X 轴和 Y 轴，我们可以通过 X 轴和 Y 轴来表示角色的精确位置，其中 X 轴表示水平方向的位置，Y 轴表示垂直方向的位置，原点为(0,0)。向右移动时，X 轴的坐标值增加；向左移动时，X 轴的坐标值减少；向上移动时，Y 轴的坐标值增加；向下移动时，Y 轴的坐标值减少。在属性区可以调整 X 和 Y 的数值。”
【设计意图】通过教师引导和演示讲解，让学生学习坐标
（三）任务三：使用动作积木盒子中的坐标积木来移动角色
各小组通过小组合作学习，使用动作积木盒子中的坐标积木来移动角色。教师进行巡视，并随时指导

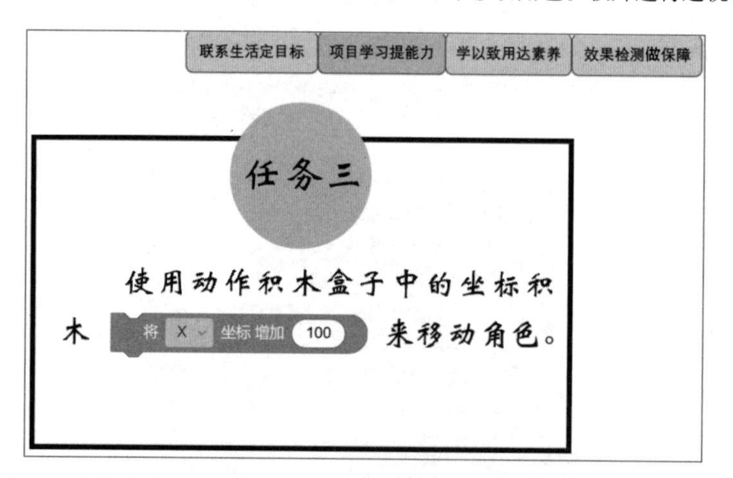

【设计意图】小组合作共同完成程序的编写，可以提高学生的集体合作能力。教师在巡视指导中引导学生同伴互助，让学生形成乐于帮助他人开展信息活动的意识，增强信息社会责任。展示环节，让学生分享经验，并完善程序，既能培养学生的语言表达能力，也能让学生对程序的完善有所思考，并在此过程中发展计算思维，提升设计与分析算法的能力

续表

（四）创编作品并展示分享
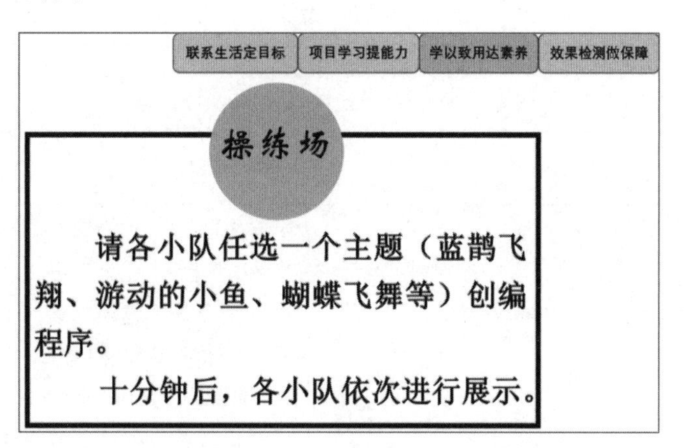
首先，对学生进行整体评价："各小队的展示分享都非常棒！程序设计很成功！"然后，引导学生进行互相评价，并让学生投票，评选出所展示作品中最喜欢的一个。最后，给获得票数最多的小组颁发奖状
【设计意图】学生展示过程中，通过分工合作并讲解程序编写过程，可以帮助学生合理利用信息进行表达，开展信息交流与分享，尝试协同创新，提升合作能力。展示后，教师引导学生进行互相评价，营造了开放、宽松的评价氛围，有利于帮助学生树立信心并进行积极的反思，能较好地发挥评价的促学作用，培养学生正确的价值观。另外，利用投票的方式进行评价也增强了评价的趣味性，学生参与的积极性很高

5.3.5　演示环节

在设计演示环节时，教师首先需要明确演示的目标，确定希望通过演示向学生传授的知识点和技能、帮助学生加深理解的概念和原理、让学生掌握的操作步骤和技术。根据演示目标，教师应选择合适的演示方法。为确保演示环节的成功，教师需要制作清晰的演示文稿，展示演示的主要内容和步骤；收集与演示相关的图片、视频、音频等多媒体资源；准备必要的实践工具和设备。为提升演示环节的效果，教师应采取措施促进学生的参与。鼓励学生在演示过程中提出问题，帮助他们在理解遇到困难时得到及时解答。在演示结束后，组织学生进行分组讨论，分享彼此的学习心得。安排学生在课后进行实践操作，巩固演示环节所学的知识和技能。演示环节结束后，教师应收集学生的反馈，评估演示环节的效果；观察学生在后续课程中的表现，以评估演示环节对学生学习效果的影响；根据反馈和评估结果，对演示环节进行持续改进。

案例一（表 5-25）首先从选择题出发，让学生掌握"外观"积木盒子中的"询问并选择"积木的使用，实现问答选择的功能；通过新积木"函数"的运用，简化重复积木的使用，让学生在程序制作过程中积累更多的编程知识。整个教学过程从展示程序运行效果、设计分析思路、创作程序到创新作品，从易到难，在课堂上辅助利用科技手段——手机投屏、电脑投屏、小组创新展示等，多形式地为学生的学习创造条件，有助于学生学习能力的提升，为其今后的学习和发展提供更好的帮助。课程的基本内容得到了完整呈现，学科的核心素养要求得到了较好落实。

表5–25　案例一

教学案例：丝绸之路大闯关 （案例来源：郑州市惠济区弓寨小学 张芬 郑州市惠济区教育信息中心 王磊指导）					
教学环节	教师活动	学生活动	技术创新应用	评价要点	设计意图
一 出示选择题，导入揭示课题	1. 出示选择题 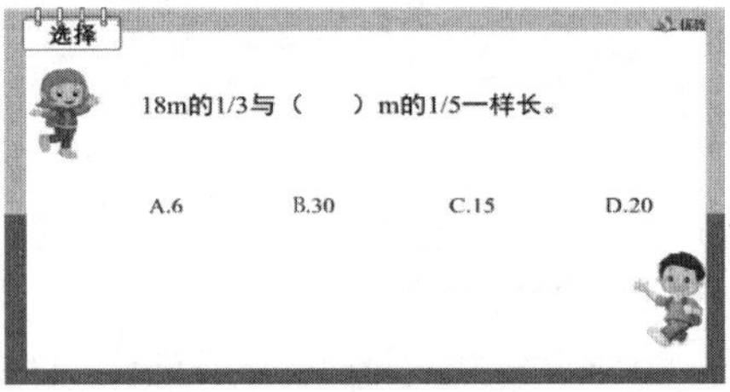 2. 展示本节课“丝绸之路大闯关”程序作品，让学生思考并用自然语言叙述该程序的运行流程 3. 板书课题，出示学习目标，明确本节课任务	1. 学生思考，并做出选择 2. 学生观看程序作品的运行效果 3. 学生默看学习目标	利用课件创设学习情境，具体化目标，引导学生明确本节课学习任务	初步了解学习内容	用选择题导入，让学生明确本节课的目标，直入重点
二 任务驱动合作探究	任务一： 1. 出示程序设计思路，思考：角色小短每到一个城市回答一个问题，并前往下一个城市，该如何实现？ 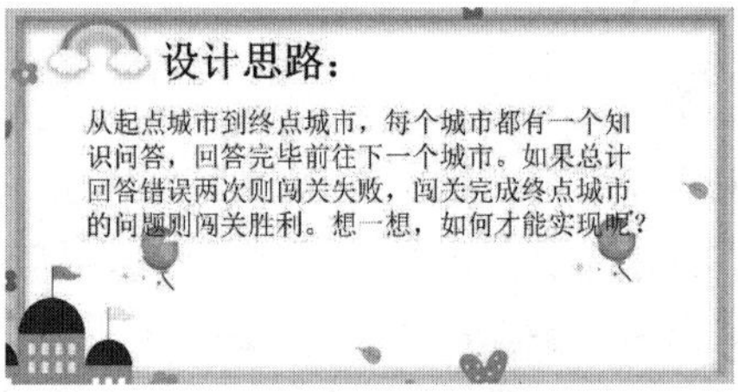 2. 求疑：本节课的“问答选择”积木在哪个积木盒子中？ 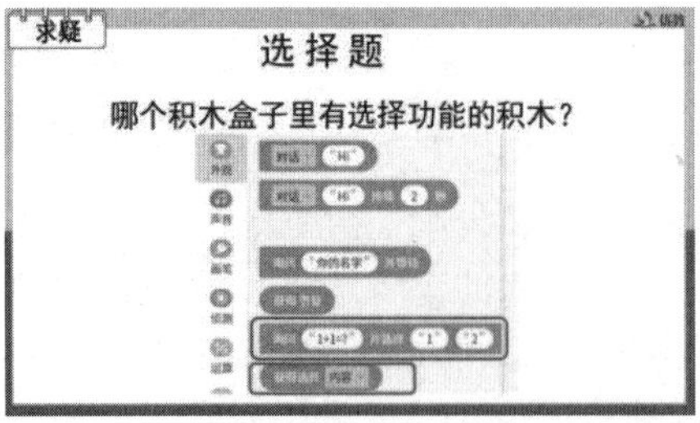	1. 学生根据出示的设计思路方案，对问题进行分析 2. 学生根据课件中出示的疑问在自己的作品中找出来，并试着自主探究完成闯关题目	通过分析程序的设计思路，让学生尝试使用“外观”积木盒子中的“选择”积木实现问答的效果，激发学生的学习兴趣	1. 理解程序的设计思路 2. 自主解决闯关问题的第一道选择题	通过出示程序的设计思路，让学生先明白整个程序的运行效果，并根据任务要求完成程序的设计

续表

教学环节	教师活动	学生活动	技术创新应用	评价要点	设计意图
二 任务驱动合作探究	3. 尝试：完成闯关题目 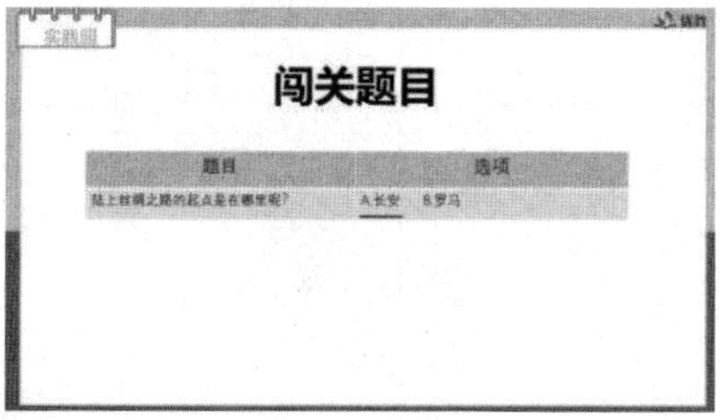 任务二： 1. 解读程序：根据任务一中闯关题目的积木搭建，和学生一起解读程序，解读每一块积木的运用并思考：其他城市的选择问答脚本设计是否也和它一样呢？ 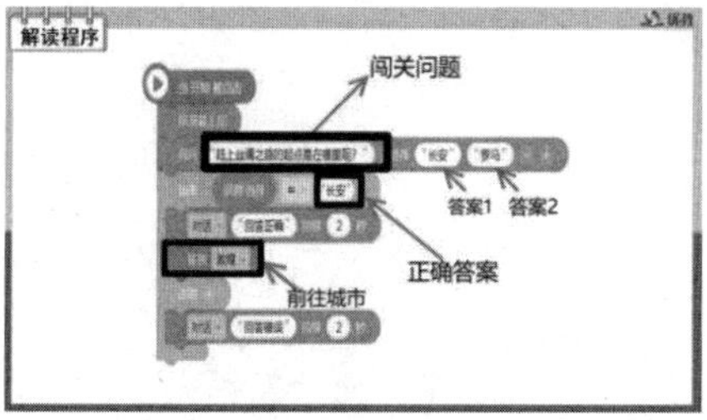 2. 知识讲解：如何运用“函数”简化重复的积木呢？通过课件的展示及讲解让学生明白在利用“函数”积木时各部分之间的逻辑关系 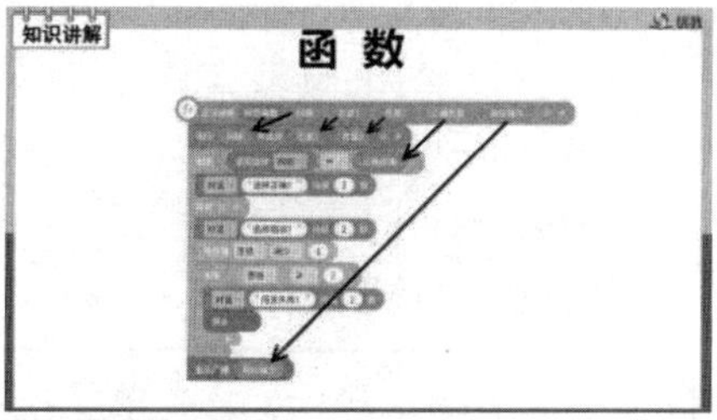 	1. 学生对闯关题目的整个积木设计进行解读，并熟悉角色“小短”前往下一个城市的流程 2. 学生通过教师对于新知识的讲解，尝试用函数将重复积木简化掉 3. 学生自主完成探究任务	通过课件的展示及在编程猫软件程序中对“函数”知识的讲解，让学生明白如何使用“函数”积木，并尝试编写程序	在学习任务的引导下，提高学生的计算思维能力	通过任务驱动，完成角色“小短”从起点长安出发到达终点罗马的整个过程

续表

教学环节	教师活动	学生活动	技术创新应用	评价要点	设计意图
二 任务驱动合作探究	3. 探究：使用“函数”积木完成角色“小短”到其他城市的程序 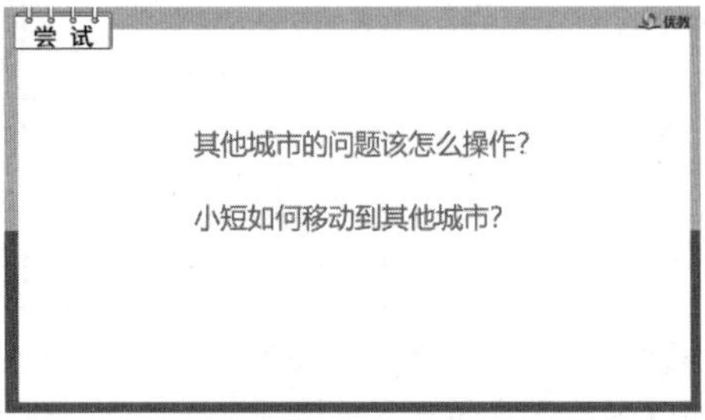  尝 试 其他城市的问题该怎么操作？ 小短如何移动到其他城市？ 实践园 闯关题目 城市 / 题目 / 选项 敦煌 / 以壁画的形式记录了曾经的辉煌，它位于敦煌的？ / A.兵马俑 B.莫高窟 乌鲁木齐 / 乌鲁木齐属于哪个城市 / A.新疆 B.内蒙古 德黑兰 / 德黑兰属于哪个国家的首都？ / A.伊朗 B.伊拉克 莫斯科 / 下面哪个建筑位于莫斯科？ / A.克里姆林宫 B.卢浮宫 鹿特丹 / 鹿特丹是哪个国家的第二个城市？ / A.英国 B.荷兰				
	任务三：能力提升 1. 能力提升：在原有程序的基础上，进行小组合作、探究学习，创新程序 2. 小组上台演示，生生互评 3. 总结：教师总结学生的创新作品，核对各小组的完成情况	展示小组作品，相互评价是否正确使用“函数”积木创新游戏，增加丝绸之路大闯关的趣味性和难度	充分发挥学生主体作用，实施互动学习。使用电脑投屏的方法分享展示学生作品	作品展示，分享交流	让学生分享自己的收获，反思得失，不断进步

案例二（表 5-26）利用生活中常见的游乐园门票打折活动和人工窗口排队拥挤现象创设情境，一镜到底；明确核心任务“设计自动售票程序”，并将其拆解为问题分析、算法描述、源码百科、编程学堂等若干小任务；学生通过对学习资源的积极主动应用，进行自主探索和合作探究学习，形成解决方案；最后发挥创意，改编程序，汇报学习成果，开展小组互评与教师评价。

表 5-26　案例二

教学案例：五一出游巧“支”招

（案例来源：广东省东北师范大学深圳坪山实验学校　莫怡琳）

“自动售票”程序实践报告单

第_____组　　　　　　姓名：__________

五一假期，“欢乐王国”游乐园门票促销活动如下表所示，为解决购票人工窗口排队拥挤的现象，请同学们思考如何利用 Python 语言设计一个“自动售票”程序

“欢乐王国”游乐园门票价目表	
原价：120 元	
票数	票价
小于 5 张	不打折
大于等于 5 张	每张票打 9 折
大于等于 10 张	每张票打 8 折

一、问题分析

请同学们思考“自动售票”程序的 IPO 分别是什么

I（Input）
P（Process）
O（Output）

输入：
处理：
输出：

二、算法描述

请根据情境要求，小组讨论，从列表中选取合适的选项，将流程图内的分支结构补充完整

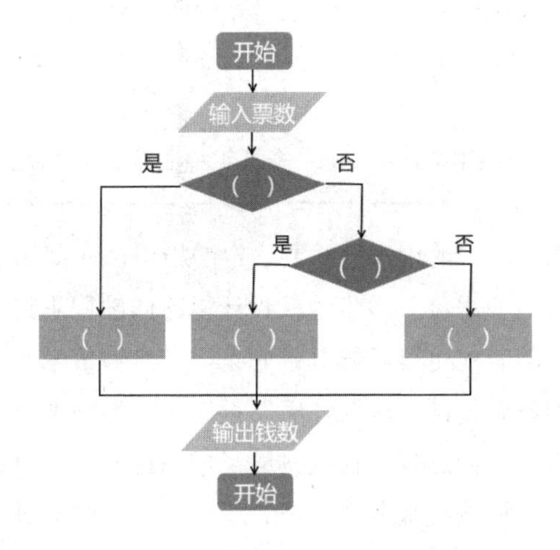

选项	填入信息
a	钱数=120*0.9*票数
b	票数<10
c	钱数=120*票数
d	钱数=120*0.8*票数
e	票数<5

三、源码百科

多分支结构语法格式（请填写横线上的内容，并标出易错点）：

续表

```
___  <条件表达式>:
     <语句块 1>
___  <条件表达式>:
     <语句块 2>
___  <条件表达式>:
     <语句块 3>
……
___
     <语句块 n>
```

四、编程学堂

自主探究：请在海龟编辑器中补充完成老师提供的半成品程序，部分代码有小错误、等待你的发现！

```
1   #请在程序中的“_____”处填写代码，填写时请先删除“_____”线。
2
3   number=int(ipput("您准备购买几张票："))
4   if __________:
5   money = __________
6   elif __________
7       money = __________
8   else:
9       money = __________
10  print("您的票价总共为："，money)
```

五、知识拓展

小组合作，充分发挥你的想象力，在下面两种情况中任选一种编写程序：

①补充扩展：结合实际，“自动售票”程序还有哪些地方需要完善？（如：不同时间段、不同年龄票价不一样）

②自由编写：想想游乐园中还有哪些地方需要应用选择？（如：根据年龄推荐不同的旅游路线……）

对学生来说，将分析出的原理转化为具体的程序还需要一定的指引。在案例三（表5-27）中，教师通过介绍多分支结构，引导学生的思维一步步地从设计思路向编程思路转化，这有利于学生知识体系的建构。通过希沃白板的游戏可以巩固基础知识，实时评价学生接受程度，为之后程序的编写打好基础。由于学生的基础不同，因此在编写程序时有意识地开展分层教学，设置三种不同难度等级的程序，以便学生自由选择。在提供的半成品程序中，将课前诊断性评价中发现的学生学习易错点融入其中，纠错围绕输入、语法、逻辑展开，强调分支结构语法格式细节，加深学生的记忆。

表 5-27　案例三

<table>
<tr><th colspan="3">教学案例：五一出游巧“支”招
（案例来源：广东省东北师范大学深圳坪山实验学校　莫怡琳）</th></tr>
<tr><th>教学环节及时间</th><th>教师活动</th><th>学生活动</th></tr>
<tr><td rowspan="2">程序编写
自主探究
（15 分钟）</td><td>1. 源码百科
①介绍多分支结构的基本格式和流程图，对比分析它与二分支结构的不同
②利用希沃白板设计双人对战小游戏，学会辨别多分支结构的关键字，尤其注意区分单分支结构和双分支结构，对基础进行过关 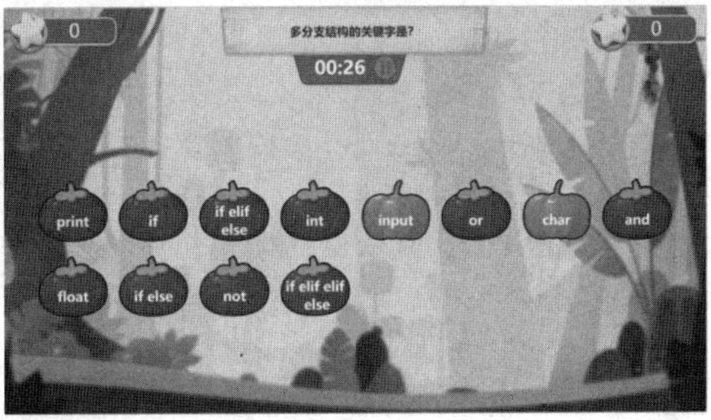</td><td>玩游戏，选择包含正确答案的果实</td></tr>
<tr><td>2. 编程学堂
①提供三种不同难度等级的编程任务供学生选择
❖　困难模式：自行编写代码
❖　中等难度：补充完成老师提供的半成品程序
❖　简单模式：选择填写被打乱的代码
提醒：部分代码存在错误
②请学生代表分享，带领大家梳理程序的逻辑，解决代码中出现的关键字输错、缩进细节、冒号细节、中英文切换错误等问题 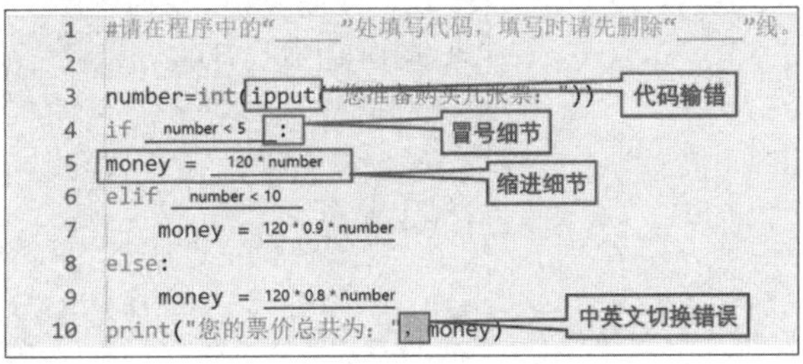</td><td>自主探究：根据自己的基础选择合适难度的编程任务，打开海龟编辑器进行编程展示汇报</td></tr>
</table>

在信息技术课程中实施演示环节，教师需要关注明确演示目标、选择合适的演示方法、准备演示资源、实施演示、促进学生参与、收集反馈和评估等方面。通过有效地实施演示环节，教师可以提高学生的学习兴趣和参与度。

5.3.6 结课环节

结课环节的首要任务是帮助学生总结回顾所学知识。教师应引导学生回顾课程中的关键概念、原理和方法；通过提问、讨论等方式，让学生回答问题，巩固记忆；引导学生将所学知识与实际应用场景联系起来，提高他们的实践能力。结课环节，教师应安排一定的实践操作时间，让学生将所学知识应用到实际操作中；设计一些与课程内容相关的练习题，让学生在课堂上完成；组织学生进行项目式学习，完成实际的信息技术项目；组织学生进行小组讨论，分享彼此的学习成果和感悟；鼓励学生展示他们在课程中所完成的项目、实验等成果。教师应给予学生及时的反馈，肯定他们的努力和成果，并提出改进建议。布置适当的课后作业，让学生在课后巩固所学知识。布置一些研究性学习任务，让学生深入探究课程相关话题。鼓励学生将在课程中学到的信息技术应用到实际生活和工作中。

案例一（表 5-28）设计了三个评价任务，分别是：（1）运用流程图梳理思路，理解顺序结构的含义，并能用顺序结构解决生活中的问题。（2）运用 AR 编程和 VR 全景图等新技术，协助解决问题，体验数字化学习的优势，感受数字时代信息科技的力量。（3）积极参与小组讨论，协作完成本节课任务。本案例分别运用了评价方法中的学生自评、学生互评和教师评价，并让学生汇报解决生活中问题的方案，使学生能够把学到的知识与真实的生活情境结合起来。

表 5-28　案例一

教学案例：虚实相融 （案例来源：郑州市惠济区实验小学　马灵敏　郑州市惠济区教育信息中心　王磊指导）					
教学环节	教师活动	学生活动	评价要点	设计意图	时间分配
验证效果总结评价	验证效果： 验证的时候一定要保证每张卡牌都被扫描到。每张卡牌都有绿点提示就代表扫描上了。其他小组认真观察。 AR 软件扫描卡牌，运行程序，验证程序是否正确	1. 观察 AR 程序运行是否正确 2. 思考并分析任务失败的原因，明白程序设计的严谨性 3. 进行客观的自我评价	1. 感受 AR 编程新技术，体验数字化学习的优势 2. 明白程序设计的严谨性	1. 让学生体验 AR 编程的应用，看到自己的程序以直观的效果展示出来，让学生富有学习的成就感 2. 在试错的过程中培养学生严谨的科学精神	7 分钟

续表

教学环节	教师活动	学生活动	评价要点	设计意图	时间分配
拓展迁移	活动：一起参观校园 带领数字人“小天”参观校园，制订参观校园的方案，如何让小天在 15 分钟之内参观至少 3 个地方呢？ 小组两人合作，通过分析问题，制订出可执行的方案，结合学校 VR 全景图，实践操作，验证方案的可实施性，并进行汇报	1. 小组合作，完成参观校园的流程图设计 2. 使用平板扫描二维码，打开学校 VR 全景图，操作实践，验证方案是否可行 3. 做好总结汇报	1. 能用顺序结构解决生活中的问题 2. 小组互相帮助，制订方案，并共同汇报	利用学生身边的情境，设计参观校园的方案，做到知识的迁移应用，用顺序结构解决生活中的问题	13 分钟
总结延伸布置作业	说一说本节课的收获，并布置作业 基础作业： 想一想，生活中哪些场景适用于顺序结构？并和家人说一说 拓展作业： 找一找生活中应用虚实相融技术的场景，并体验感受，比如 AR 相机、AR 导航、VR 看房 App 等，下节课与同学们分享收获				2 分钟

案例二（表 5-29）让学生进一步改编程序，给学生充分的练习空间，培养学生的创新思维。学生可结合自身生活经验，参考教师提供的两种思路加以创作，改编之后的程序能适用于更多场景。展示分享的过程也是学习的过程，通过对比自身与他人的作品，帮助学生找到亮点和不足点，以便后期改进。思维导图的方式能够让学生对整体知识结构把握更为准确，对学生的寄语可以帮助其明确努力的方向和自己的责任担当，促使初中生正确价值观的形成，最终实现技术与爱国情怀的双重共鸣。

表 5-29　案例二

教学案例：五一出游巧“支”招 （案例来源：广东省东北师范大学深圳坪山实验学校 莫怡琳）		
教学环节及时间	教师活动	学生活动
知识延伸 展示评价 （12 分钟）	1. 开放扩展 阐述任务要求：充分发挥想象力，在下面两种情况中任选一种，编写程序 ✧补充扩展： 结合实际，“自动售票”程序还有哪些地方需要完善？ （如：不同时间段、不同年龄票价不一样）	学有余力的同学可以发挥个人创意，改编程序。 其余同学可继续完善自动售票程序

续表

教学环节及时间	教师活动	学生活动
知识延伸 展示评价 （12分钟）	✧自由编写： 想想游乐园中还有哪些地方需要应用选择？ （如：根据年龄推荐不同的旅游路线……） 2. 分享互评 引导小组内部商讨推选出一名学生展示分享，对其程序和创意进行点评	欣赏作品，进行互评
总结归纳 升华主题 （3分钟）	1. 以思维导图的形式总结本节课的知识体系，抛出思考题“有的项目需要单独收费，如果制订个性化游玩路线，怎样修改自助售票程序？”引出下节课要学习的“列表+循环” 2. 指出本节课逐步利用Python不断地将程序进行优化，其实也是科技革新的手段，引用习近平总书记说的“科技立则民族立，科技强则国家强”，希望学生能利用科技知识让国家变得更强大	总结收获，反思不足

案例三（表5-30）通过提出升级问题的方式让学生将学到的知识融会贯通，迁移掌握。让学生总结本节课学到的知识，巩固提升，并让学生体会所学，通过自己的能力改编程序。在此过程中还融合了情感态度与价值观的教育，最后通过形成性评价和总结性评价相结合的方式对学生和老师的上课表现进行评价。

表5–30　案例三

教学案例：天天节能计算器——for循环的运用 （案例来源：重庆市黔江新华中学校　余莉）		
教学环节	活动内容	设计意图
学会迁移 融会贯通	[一年节能模式]假设你每天坚持节约能源，节约的能源值相比前一天会增长1%（基础量为1.0），累计一年后跟现在相比，节约的能源值是（ ）？ 从计算第7天节能值的程序编写迁移到一年后节能值的程序编写，并引出range函数的新知学习，利用range函数生成1到365天的自然数，实现365次循环。完成学习指导中“升级问题”的程序代码补充	让学生学会改编程序，并在改编的过程思考问题，进而引出range函数知识的学习
回顾所学 知识复盘	1. for循环的格式以及执行过程 2. range函数的功能以及各参数规则	让学生自己总结本节课的知识要点，巩固本节课的知识

续表

<table>
<tr><th>教学环节</th><th>活动内容</th><th>设计意图</th></tr>
<tr><td>改编程序
体会思考</td><td>规则变更：基础量不变（1.0），当每天的增长量发生变化或者持续节能天数发生变化时，更改原始程序，运算其结果，对结果进行整理分析，并谈谈体会
<table><tr><td rowspan="2">持续节能的天数</td><td colspan="2">每天增长的值</td></tr><tr><td>-1%运行结果</td><td>1%运行结果</td></tr><tr><td>7</td><td></td><td></td></tr><tr><td>100</td><td></td><td></td></tr><tr><td>200</td><td></td><td></td></tr><tr><td>365</td><td></td><td></td></tr><tr><td>体会</td><td colspan="2"></td></tr></table>让学生观看《珍惜地球》宣传片，并回应地球的期待</td><td>1. 本节课的情感升华：让学生改编程序，算出具体数值，收获成就感。
2. 让学生通过表格中数据的横向、纵向比较体会“持之以恒”“量变、质变”“滴水穿石”“日积月累”等词的含义，从而让学生明白做事的道理以及持之以恒的可贵</td></tr>
<tr><td>评价</td><td colspan="2">通过形成性评价与总结性评价相结合的方式制订两份评价量表：
1. 通过 UMU 平台，制作知识掌握情况问卷，便于学习结束后，学生对知识点掌握情况进行自查，及时巩固所学知识
2. 自评和他评量表。从学生的上课态度、参与度、课堂表现、资源利用和任务创新性完成度等维度制订评价量表，学生和老师分别进行评价，最终依据总分进行结果评价</td></tr>
</table>

5.4　信息技术课程的教学方法

教学方法是为达到一定的教学目标，教师组织和引导学生进行专门内容的学习活动所采用的方式、手段和程序的总和，包括了教师的教法、学生的学法、教与学的方法。

信息技术作为一门新兴的课程，教学方法主要沿用了其他学科已有的较为成熟的方法。近年来，广大信息技术一线教师和信息技术教育研究人员共同努力，根据信息技术课程的特点开创了一些独特的信息技术教学方法。本节我们主要向大家介绍讲授法、讨论法、范例教学法、混合式教学法、项目学习法、游戏化教学法、任务驱动教学法、单元教学法等主要的教学方法。

5.4.1　讲授法

1. 讲授法简介

讲授法，讲授教学法的简称，是教师通过语言向学生描绘情境、叙述事实、解释概念、论证原理和阐明规律的一种教学方法。从教师教的角度来说，它是一种传授的方法。从学生学的角度来看，它是一种接受性的学习方法。成功地运用讲授法，教师可以通过生动形象的叙述、描绘，合乎逻辑的分析、论证，富有启发的引导、设疑、解惑，把知识教学、思想教育和智力开发三者有效地融为一体，相互促进。讲授法能够较好地保证知识教学的完整性、连续性和系统性，能够最大限度地利用教学时间和空间，提高教学效率。

在教学活动的实际运用中，讲授法又可以表现为讲述、讲解、讲读、讲演等不同的形式。讲述，是以叙述或描述的方式向学生传授知识的方法。讲解，是对概念、公式、原理进行说明、解释或论证的方法。讲读，是把讲析和阅读结合起来交叉运用的方法，一般用于语文和外语课程的教学。讲演，是对一个完整的课题或论题进行深入系统的分析、论证，从而得出科学结论的方法。

下列情况一般可采用讲授法：

（1）学习新知识时必需的、学生又缺乏了解的背景知识；

（2）学生自己解决不了的知识难点；

（3）尽管难度不大，但却易被学生忽视的基本概念、原理、定律；

（4）易被学生混淆的相关词语、概念；

（5）知识单元、教学环节之间的过渡、衔接；

（6）时间不容许让学生进行充分的讨论、探索时；

（7）学生自学未形成系统而全面的知识体系，教师需要在此基础上加以适当的点拨、归纳、总结、概括。

2. 讲授法的优缺点

讲授法是历史最为悠久的教学方法，虽然在其发展过程中常被人抨击，但由于其自身的一些优点，直到今天仍广为运用，并且在将来也不可能被完全替代。其优点主要表现在：

（1）操作简单、方便。只要教师对学科知识有较多的了解并事先准备充分的教学材料，就可以随时随地加以运用。从现有的学科教学来说，它也适用于大多数学科、大多数情况下的教学。

（2）经济、省时。面对的学生可多可少，在普通的四五十人的教室可以运用，在一两百人的教室也可进行。它能够在最短的时间内，为最多的人提供完整的知识体系，是最为经济的教学方法。

（3）适宜传递较为艰深的知识概念。一些较为抽象、艰深的知识体系和概念，学生很难通过自学或研讨掌握，需要教师为其开启智慧之门。教师可以从不同角度或通过具体例子对基本理论和概念进行阐释，使学生掌握其脉络。

（4）夯实学习基础。可以帮助学生掌握最基本的学科基础知识，以支持其学习更高阶的知识。

（5）可以与其他教学方法互为补充。例如，探究教学前的要点讲述、演示过程中的有关讲解、活动结束后的总结概括等，都需要教师通过讲授加以辅助。这些教学方法与讲授法的互相配合，可以收到相得益彰的效果。

讲授法的局限性表现在：

（1）学生容易形成被动的学习习惯。由于学生只是一味地聆听教师讲述的内容，缺乏变化，久而久之，学生就容易习惯聆听而非主动提问与思考。

（2）学习气氛单调乏味。由于教师在教学中一直处于主导地位，学生参与相对较少，再加上教师长时间的讲解缺乏必要的变化，势必会导致学生学习兴趣相对减弱，学习气氛也因此显得单调乏味。

（3）无法考虑学生差异。讲授教学往往面对三四十名甚至上百名学生，教师主要为学生提供基础知识与基本技能，对学生的学习程度和水平等无法进行差异分析，因此在教学中也难以照顾学生的个别差异。

（4）不太适用于年幼学生和学科背景较弱的学生。因为讲授教学常需要学生较长时间集中注意力，对年幼学生尤其是小学阶段的学生来说不太适宜，也不太适宜学科知识背景匮乏、缺乏相关知识铺垫的学生。

（5）对教师的学科知识素养要求较高。讲授教学法的长处在于能深入浅出、有层次有步骤地呈现学科内容，因此教师必须对学科知识有较为系统的了解，对要讲述的内容有较为精深的掌握，只有这样才能对知识进行适当讲解，否则就会错漏百出。

（6）不适用于引发学生的深层次思考和激发学生的创造性思维。讲授法的表现形式和特点是教师讲、学生听，重在让学生掌握知识，难以引发学生对知识进行较为深入的思考，难以真正激发学生的创造性思维。

3. 讲授法的教学过程

（1）组织教学

目的是初步带领学生进入学习情境、一般包括带领学生进入教室、检查人数、安定情绪、检查课前准备等活动等。

（2）导入新课

一般先复习旧课，特别是复习与新课有关的内容，使学生主动地形成新旧知识的内在联系；或设置悬念，提出一些学生感兴趣、有启迪作用、与学生的生活学习贴近的问题，激发学生学习的积极性；也可以阐明意义，直接开始讲授。

（3）讲授新课

这是该教学程序的中心环节，以系统讲授为主，要求教师突出重点、突破难点，理清思路，注意教学趣味性，注意与学生的双向沟通，做到少讲精讲，还要注意运用谈话、反诘、提问等方式，以及运用比较、分析、综合、归纳、演绎等方法，保持和加深学生学习的兴趣，引导学生把新旧知识联系起来，构成新的知识系统。

（4）巩固新课

强化所学知识，采用课堂总结、提问与练习等方式。

（5）布置作业

作业要能最大限度激发学生的学习兴趣和动力，促进他们积极活动、独立思考的能力，同时作业不宜太难。

4. 运用讲授法的要求

运用讲授法一定要注意以下几点：

（1）激发学生的主体意识，增强其学习的动力。要保障教学效果，就必须提高学生学习的积极性和自觉性。而要提高学生学习的积极性和自觉性，就必须激发学生的主体意识，增强其学习的动力，这也是课堂讲授的一个重要原则。

（2）设疑激趣相结合，增强讲授的吸引力。讲授的吸引力主要来源于教师讲授时的设疑激趣，因为只有设好疑，才能促使学生去解疑；唯有激准趣，才能吸引学生去听讲。设疑和激趣，是一个问题的两个方面，相互结合才能使课堂教学更具吸引力。

（3）科学透辟相顾，增强讲授的说服力。这里的科学，不仅指讲授内容的科学性，也指讲授方法的科学性；而透辟则指讲授的程度和效果。课堂教学中，要用科学力量来征服学生，使学生心悦诚服地接受。

（4）注重生动和形象，增强讲授的感染力。生动和形象，是课堂讲授的最基本要求之一。教师讲授时要尽量选取生动和形象的教学内容，并注重运用比喻、设问等修辞手法，使教学方法灵活多样，以此来感染学生。

（5）适当地配合和运用教学板书，以突出教学重点和加强教学内容的直观性和形象性，并注意指导学生认真做好听课笔记。

在教学应用中，要认清讲授法的优势和局限性，结合其他教学方法，尽可能地扬长避短。在信息技术课程教学中，在运用讲授法时要特别注意与上机练习的结合。因为如果在教学过程中教师只是讲授理论知识，而不给学生充分的练习时间，信息技术课程教学就失去了意义；反之，教师不讲，只让学生盲目地上机练习，那么学习效率也难以保证。因此，讲解要和操作练习结合起来、讲授要和学生尝试结合起来，学生才可能将教师讲授的知识应用于实践并得到巩固，最后达到熟练掌握，取得较好的教学效果。

5.4.2　讨论法

1. 讨论法简介

讨论法，讨论教学法的简称，是在教师的指导下，学生以全班或小组为单位，围绕学习内容的中心问题展开交流、讨论或辩论，从而获得和巩固知识、促进学生发展的教学方法。

讨论法的优点在于：较好地体现了现代教育理念，以学生为教学主体，能够发挥学生在教学活动中的主动性和自由度，体现民主教学，融洽师生关系，使学生积极参与到学习活动中；通过讨论，学生能够相互启发、集思广益、取长补短，深入地理解和消化所学的知识；能够活跃学生的思维，激发学生的学习兴趣，由于师生双方的共同参与，容易形成热烈、活跃的课堂教学氛围，使学生的认知和情感因素得到全面和谐的发展。

信息技术课程中的讨论主题可以有以下几个方面：

（1）根据教材的重点和难点，为便于学生掌握并加深理解而精心设置的题目。例如，互联网上的信息资源的主要特征是什么？各类信息资源分别有哪些局限性？网络信息检索的主要策略与技巧有哪些？在实际操作中，如何根据检索内容的需求运用这些策略与技巧？等等。

（2）探讨性的题目。例如，在教学中，学生之间对某个问题的认识发生分歧，或者学生对教材结论提出怀疑时，教师不做正面回答，将分歧点和疑点交给学生讨论。

（3）针对学生态度、行为、价值观而设置的题目，培养学生辩证看待与信息技术相关的问题，培养良好的行为习惯和正确的价值观等。

（4）“两难问题”。例如，一位远方的朋友在春节前通过电子邮件给你发了一张贺卡，可是这个贺卡文件感染了病毒，把你的一些数据破坏了，这时你会怎么做？你将怎样对待这个朋友？

2. 讨论法的教学过程

（1）提出讨论的主题

教师可以自己先设计一些问题，让学生针对这些问题提前阅读资料，再开展讨论；也可以让学生自己提出问题。

（2）列出讨论的提纲

为防止讨论跑题，或者没有焦点，教师可以预先准备一个讨论的提纲，以便学生在讨论时有次序、有焦点地进行。

（3）宣布讨论的原则，向学生介绍讨论的题目、目的以及评价等具体问题；根据讨论的形式做必要的准备。

（4）展开讨论

组织学生发言，可以有以下形式：自由发言、指定发言人、临时指定发言人或轮流发言等。

（5）总结

教师可以从以下几个方面进行总结：概述讨论情况，点评学生在讨论中的表现，分析讨论结果。也可以指导学生自己做总结，例如，讨论中最具有争论的话题是什么？针对这个话题讨论的主要观点有哪些？什么观点引起了更多人的争议或同意？所听到的看法和观点中，有哪些是比较含糊和不确定的？有什么需要进一步讨论的？有什么改进的建议？等等。

3. 讨论法的优缺点

一般说来，讨论法的优点主要表现为以下几点。

（1）牢固掌握知识

在讨论过程中，学生通过自身思考和与他人的交流、辩驳增进对知识的理解，这种经由自己探索得来的知识较教师一味讲授的知识掌握得更为牢固。

（2）调动学习积极性

讨论教学是在学生之间的合作或师生之间的合作中进行的，可以调动学生的学习兴趣，让学生在相互之间的智慧碰撞中掌握知识。

（3）掌握讨论技巧

学生能在讨论的过程中逐渐懂得如何聆听他人的观点，如何在分析他人观点的基础上做出回应，并懂得如何用恰当的言语和非言语行为（如眼神、手势、面部表情等）来表达相关信息，同时也能逐渐学会如何以理性的态度对待不同人的不同观点。

（4）形成开放的胸襟和民主的态度

学生可通过讨论，了解他人的看法，针对问题提出自己的质疑，清楚地表达自己的意见，并且从别人的回应中察觉自己所存在的偏见，在不断的分享、争论、合作中培养自己接纳和尊重别人的态度。

讨论法也有一些局限性，体现在以下方面。

（1）教学环境的局限

在我国中小学的特定教室环境里，通常是教师和学生在较为狭小的空间里实施教学活动，每个教室少则三四十人，多则六七十人，甚至更多，并且座位和摆设不利于学生自由走动，即使调整座位，也会对正常的教学造成一系列影响。在这样的场景中，讨论难以有效地进行。

（2）教学时间的局限

讨论花费的时间多，不利于在单位时间内完成预期的教学任务。因此，在教学课时有限的条件下，许多教师反复权衡后常会放弃运用讨论法。

（3）教学管理的局限

讨论法需要教师具有多方面的教学能力和管理技能，如讨论过程的调控、讨论实施中突发事件的处理、讨论后的提炼与汇总等，教师常由于这样或那样的顾虑，最终放弃讨论法在课堂上的应用。

（4）学生人数的限制

我国的中小学大多还没有实施小班化教学，每个教室学生人数相对较多，对讨论的组织来说是个难题，同时也不易达到讨论的预期效果。

（5）考试评价方法的限制

讨论组织得当，对激发学生学习积极性、调动学生课堂教学的参与热情无疑是有益的，但如何评估讨论的效果是许多教师面临的问题。

4. 运用讨论法的要求

教师需要谨慎地运用讨论法，切忌随便寻找一两个题目就提供给学生讨论，在教学过程中需要注意以下几点。

（1）考虑学生的能力水平

学生的认知能力、聆听能力、口语表达能力、人际沟通能力、与他人合作的意愿和能力等，都是讨论能够顺利进行并取得成功的基本要素。这些要素不是一朝一夕培养的，教师应循序渐进，在一开始讨论时多些主导和指引，讨论的人数可以较少，讨论的任务范围可以相对较窄，问题的取向可以较为接近生活事实。一段时间后，学生的讨论能力提高了，再增加讨论的难度。

（2）注重与其他教学活动配合

在实际教学中，教师时常会感到讨论花费时间过多，是较为“奢侈”的教学方法。事实上，如果教师单一地使用讨论法，把讨论作为教学中唯一的活动，的确会存在这一问题。但是，如果教师把讨论看作教学整体的一个组成部分，辅之以其他教学方法，将其视情况置于教学的不同阶段，取得的效果会较好。

（3）要做好充分准备

对于讨论的问题，教师要做精心准备，一方面是题目的设计，另一方面自身也要对与题目相关的材料进行细致的了解。此外，教师要在讨论的组织上有较为充分的设计，对分组的原则、分组的方式、教师引导的方式等做相应的准备。

（4）精心选择讨论问题

讨论法是师生双方围绕一定的教学问题来展开讨论，因此，教师在设计和筛选讨论问题时，要注意论题的新颖性，以引发学生的学习兴趣；要注意论题的思维价值，以促使学生进行分析、比较、推理和想象等思维活动。

（5）注意控制时间

讨论的时间通常会因学生的踊跃参与或参与不足而与原有设计有比较大的差异，教师在讨论过程中要注意把握现场情景，调控讨论的全过程。这样做不只是由于教学时间有限，而且也可以培养学生管理时间的能力，让他们明了在完成相关任务时，需要有时间概念和对时间的掌控。

（6）注意调控讨论进程

组织讨论时，教师要发挥主导作用，自始至终把握好教学活动的方向和进程，要随时注意和处理课堂中可能出现的突发、意外事件；学贵有疑，要鼓励和培养学生的质疑能力与创新精神，提倡勤于思考、乐于钻研、敢于争鸣的学习风气；要充分发扬教育民主，让学生畅所欲言并尊重他们的意见，切忌主观武断、态度粗暴地对待学生。

（7）注意归纳总结

一般来说，讨论的最后环节通常都是教师的归纳和总结，这样可以梳理出讨论中的基本知识点和主要观点，提炼讨论的精华，纠正学生讨论中出现的不当看法，对讨论中学生参与的情况进行评析。在实施讨论法时，这一环节非常重要。

5.4.3 范例教学法

德国范例教学论、美国布鲁纳的结构主义教学论、苏联赞科夫的发展性教学论并称为现代教学论的三大流派。范例教学法主张以精选的“范例”取代“百科全书式”的教学，通过范例的学习，引导学生掌握学科结构，从而获得系统的认识。

1. 范例教学法的基本思想

第二次世界大战后，联邦德国为医治战争创伤、恢复经济，对教育进行了改革。然而，“百科全书式”的学校课程体系加重了学生负担，导致教育质量严重下滑。为此，西德教育部门于 1951 年召开蒂宾根会议，对此进行了反思。会上，历史学家海姆佩尔提出了“范例教学”设想，受到各方重视。教育家瓦根舍因、克拉夫基等人也对此进行了深入系统的研究，最终使范例教学论成为一个比较完整的教学论流派。

范例教学主要是对系统教学理念的批判。传统教学强调“系统是教学过程中的原则”，认为一门学科应按其体系从头至尾，系统、全面地教授而不应有任何缺陷。这种教学理念符合逻辑，但只注重知识的系统性，将儿童视为成熟的人，而忽视了教学过程对于儿童发展的意义。传统教学貌似全面，实质上只讲授了教材的内容，使教学陷入匆忙与不彻底，结果只能导致学生被一大堆零乱的知识所充塞，失去学习兴趣。因此，教学应当关注学生在校期间有限的学习时间对其今后发展的意义，而不是去穷尽所有知识。教材要有“敢于缺漏的勇气”，把教学内容限制在“本质”方面。这种限制也不是简单地增加或删减，而是突出“范例性”的重点，引导学生从基本知识出发，主动探索整个学科的知识，并获得“教养”。

2. 范例教学法的本质内涵

范例教学与传统教学最大的不同在于：它试图以精心编选的“范例”来取代全面肤浅的内容。“范例”指的是具有代表性的重点和难点知识。范例教学就是要通过对典型案例、关键性问题的探索，带动学生理解一般性内容，从而培养学生的问题意识以及独立的、自发的、继续学习的能力。

与传统教学“一般→个别→一般”的演绎法不同，范例教学主张“个别→一般→个别”的归纳法。“范例”就是认识探索的“个”。范例之间不是孤立的，而是反映整体的镜子；范例不是将教材拆分为各个部分，也不是部分的个别、阶段的个别，而是有重点的个别，承担着整体的作用，谋求在个别中了解整体。这样精心编选的范例既能使教学内容少而精，又能反映学科和学生的整体，使学生的智力得到发展，能力得到培养，情操得到陶冶。范例教学法就是要通过范例，使学生从已有的知识出发，掌握学科基本结构，发现问题，自发地探索课堂上不教或潜在的学习内容。范例的选取必须满足三个原则：

（1）基本性原则。它强调教学应教给学生基本的知识结构与规律性，即教学要包含基本概念、基本原理、基本规则和基本规律等，使学生掌握学科知识的基本结构。

（2）基础性原则。与基本性原则相比，它更注重学生的智力发展与能力培养，强调从学生的基本经验出发，促进他们的智力发展。教学要关注学生的精神世界。

（3）范例性原则。范例教学论指出，教学不应当面面俱到地传授知识，而应传授基本性和基础性的知识。范例性原则就是要求设计一种教学结构，使教学内容与学生已有的知识结构、思维相适应，从而遵循基本性和基础性原则。

3. 范例教学过程的四个阶段

（1）范例性地阐明“个”的阶段

教师运用直观的方法，让学生通过精心选择的具有代表性的“个”例的学习认识某一事物的本质特征。范例教学的关键是精心筛选出具有典型性的范例。范例应是学科体系中存在且教学必需的。范例可以是教师根据课题教学要求预先准备的，也可以是在学习过程中由学生提出的。在第一阶段中，范例主要用于为知识迁移创设起点。

信息技术课程是以信息技术应用为主线，以培养学生的信息素养为核心、面向学生全面发展的一门课程，应选取介绍基本操作与技能、用计算机处理信息的基本方法等相对稳定的内容为范例，不必太强调学科的系统性，要把基础知识渗透到具体的实例或操作任务中，采取“适时渗透”“逐步积累”的方法，分散难点，妥善安排。

（2）范例性地阐明“类”的阶段

这一阶段，从对第一阶段“个”例的认识出发，探讨一类事物的共同特征，从而得到对同类事物的更本质的关系——规律性的认识。这一阶段的教学在“个”例基础上，对同类事物进行归类，对本质特征一致的许许多多现象加以分析、综合，从而实现对课题内容的第一次抽象：

由具体到抽象。对于信息技术的许多大众性的工具软件，完全没有必要为学生逐一展示每一个操作，通过“个”例的学习领进门，剩下的学习任务由学生自主选择学习路径完成。从这个角度来说，信息技术课程的教学任务可以在很大程度上简单化、极小化。

（3）范例性地掌握规律和范畴的相互关系的阶段

通过对“个”和“类”的分析、认识，使学生的认识上升为对普遍性规律的认识。信息技术课程不可能也没有必要面面俱到地让学生掌握各种（哪怕仅仅是主流的）信息技术软硬件，因为信息技术发展太快，而且是全方位的。最重要的是使学生通过该课程的学习，在满足当前应用的基础上，逐步领会信息技术内容的服务思想、结构方法、形成及发展规律等，让学生在今后的学习及生活中，有能力通过自主学习达到继续驾驭信息技术的能力。

（4）范例性地获得关于世界与生活的经验的阶段

在该阶段，让学生通过对信息技术工具的使用和对信息环境的接触，正确认识和理解与信息技术相关的文化、伦理和社会等问题，负责任地使用信息技术，达到文化内化的境界；把工具的使用潜移默化为学生自觉的行动，使多种渠道获得信息支持潜移默化为学生的内在需求，使有关计算机和网络的新理念、伦理法规等潜移默化为学生的内在意识。

5.4.4 混合式教学法

1. “混合”的内涵

混合式教学借助信息技术尤其是网络技术提供的便捷条件实现线上教学与线下教学的融合、课前课中课后的整合以及不同教学方法与策略的统合，近年来受到了越来越多教育研究者与实践者的关注。尤其是在“互联网+”背景下， 随着 MOOC、翻转课堂等教学模式的深化实践，混合式教学已然成为教育改革与发展的一个重要方向。

“混合”首先体现为对不同教学方式的融合。这一维度的“混合”与近几年广大教育研究者和实践者认同的“混合学习”或“混合式教学”中的“混合”具有基本相近的含义， 主要是指充分利用现代信息技术手段尤其是互联网的支持实现传统课堂教学与网络教学的混合。正是因为网络技术手段的介入，对教师而言，不同的教学环节（课前、课中、课后）、不同的教学策略（面向个体、面向学生小组、面向教学班级）得以无缝整合。对学生而言，课外学习与课内学习、正式学习与非正式学习、独立自主学习与小组协作学习得以有效融合。

“混合”还体现为对不同教学活动的整合。广义上讲，所有教学过程都是通过教学活动来完成的。学生正是在教学活动中生发学习兴趣、参与体验，并与教师、同伴进行有效互动。“混合”需要对不同类型、不同层次的教学活动进行有效整合。一方面， 需要对多种教学活动进行整合。课程教学中，教学活动多种多样。例如，人们在长期的教育教学实践中已经明确地提出了传授式教学活动、探究型教学活动、自主型教学活动、合作学习教学活动、反思性教学活动、体验式教学活动、参与式教学活动、任务型教学活动等。混合式教学应根据教学需求整合不同类型的教学活动，尤其是要重视各种教学活动之间的关联与相互支持。另一方面， 要注重对同一教学活动的不同环节进行整合。在设计每一项教学活动时，还需要回归到教学系统设计层面，从教学活动的目标、承载内容到活动流程等进行整合设计。不同的教学活动中往往蕴含了不同的教学指导思想与教学方法，不同的教学活动有不同的流程，同一个教学活动中不同的环节可能又嵌套了不同类型的子活动，如何融合发挥其作用需要精心设计。

2. 混合式教学促进深度学习

研究表明，混合式学习情境有利于促进学生深度学习，尤其是学习反思；学习支架能为深度学习提供必要的支持。混合式学习指在正规的教育场所和相对不受监督的线上虚拟环境中均可进行的学习。反思指学生利用元认知对自身进行批判性审视的过程。学习支架也称为脚手架，是教师为了促进学生深度学习、帮助学生达成学习目标，依托建构主义思想提供的一系列学习支持服务。

（1）教学设计向学习设计的转变

学习科学的观点和建构主义理念使有关课堂的设计工作发生了巨大转变，通过设计学习任务、活动、资源和工具帮助学生实现学习目标的学习设计概念应运而生。学习设计的重心从以教师为中心的如何教转向以学生为中心的如何学。以学生为中心的理念必然强调学生学习自主性。而线上学习资源及相应学习模式的出现，则为学生高度自主的学习搭建了适宜的学习环境。然而，有效的学习需要学生认知活动处于高水平，而非使其行为活动处于高水平。单纯在线的学习方式过度依赖学生的自主性，导致辍学率居高不下，严重影响学习效能。

混合式学习是为革除单纯在线学习的弊端而提出的解决方案。学生在混合式学习的面对面课堂学习阶段，通过与教师及其他同伴的深层社会交互，弥补线上自主学习过程产生的认知、情感、参与等方面的缺失。国内外许多研究工作围绕学生混合式学习的全过程构建了多种行之有效的学习设计。这些学习设计可以分为三类：第一类是将混合式学习的面授环节作为参考点，以各环节发生时间的先后顺序作为划分维度进行学习设计；第二类是依托学生混合式学习的要素，将学习环境、学习交互、学习体验、反思评价等作为划分维度进行学习设计；第三类是围绕学生混合式学习的目标开展学习设计，通过创设学习情境、组织学习活动、利用技术工具，培养学生的问题解决能力、高阶思维能力等。

（2）反思促进学生的深层次学习

反思早期被视为哲学概念，在不断的理论争鸣与实践探索中逐渐被赋予教育内涵。康德认为，反思是心灵的一种状态，在这种状态下，首先要发现能够达成反思的主观条件。唯有通过这种意识，各种知识来源的相互关系才能够得到正确的规定。杜威认为，反思旨在建立新旧经验的联结，获得有意义的经验。陈佑清从学习过程的视角出发，认为反思具有“反复思考”“反身思考”“返回去思考”三重内涵。

反思与决策能力、批判性思维均具有密切关联。决策是人们对行动目标和手段的探索、判断、评价直至最后选择的过程。研究表明，人们寻找决策依据的效果将影响决策行为，而反思能够帮助人们更有效率地找到决策依据。批判性思维与反思的内涵具有天然的关联，两个概念均由杜威提出的“反省思维”演化而来。近来有研究表明，批判性思维与反思均包含思维自我监控、元思辨等相同要素。

众多研究工作聚焦于论证反思是深度学习的主要特征，而且反思能够促进深度学习。因为学生进行反思的目标或过程都指向其自身对知识更深刻的理解，而深刻理解知识正是深度学习的内核。马顿和萨尔霍将深度学习和表层学习作为两种不同的学习策略与取向。相比于机械记忆、背诵阅读材料内容以应对测试的表层学习取向，深度学习更倾向于归纳总结阅读材料的观点并理解其内涵。实证研究进一步表明，反思行为有助于改善学生学业情绪、调节认知负荷、促进知识迁移。

（3）通用学习支架的类型与特征

当前对学习支架的研究主要聚焦于如何构建通用学习支架。通用学习支架并不针对具体内容和特殊学习环节，而是面向任意学科、任意单元的完整学习过程。通用学习支架的设计工作主要分为三类。其一，研究学习支架构建策略，认为学习支架的构建依赖于其构建意图与学习支架的形式。满足学生的元认知、认知、情感等需要的建构意图与反馈、提示、指导、解释等形式的不同组合构成了学习支架的不同功用，例如有关接受支架、转化支架、输入支架、输出支架的研究。其二，将学习支架视为一种教学策略。根据不同的学习环节建构对应的支架，例如情境性支架、目标性支架、任务性支架等。其三，将学习支架视为一种教学资源，为学生完成学习活动或任务提供判断或决策依据，例如资源性支架、交流性支架、评价性支架等。

现有研究工作比较关注探讨通用学习支架的特性，并在教学中充分利用通用学习支架的特性。能够根据学生学习需求动态变化调整的学习支架，比那些在学习环节中静态的学习支架更能促进学生的主动性。研究表明，在翻转课堂模式中，学习支架不但能够促进学生深度协作和知识构建，还对提升学生的问题解决能力具有良好的效果。而针对基于项目的在线协作学习模式，研究表明，学习支架不但有利于培养学生的自主学习能力，而且是降低认知负荷、促进学生认知发展的有效手段。有研究论证了学习支架可以作为在线环境中项目化学习的重要干预手段，有效帮助学生实现自动化的认知图示构建。有研究关注优化项目式编程学习过程，提出在编程领域促进学生深度学习的程序设计项目支架。

5.4.5 项目学习法

1. 方法简介

项目学习法（Project-Based Learning，PBL），也称为“基于项目的学习”“基于专题的学习”“课题式学习”等。人们经常听到的“项目（Project）”一词，指的是事物按性质分成的门类。项目中包含一系列更为具体的带有共性的“主题（Topic）”。

教育领域中的“项目”指的是学生围绕所选主题进行的一系列调查、观察、研究、表达新学知识、展示和分享等学习活动。这种活动一般分小组进行。

项目学习法是以学习研究学科的概念和原理为中心，以制作作品并将作品展示给他人为目的，并在一定时间内解决一系列相互关联着的问题的一种新型的探究性学习模式。它旨在把学生融入有意义的任务完成过程中，让学生积极地学习、自主地进行知识的建构，以现实中学生学到知识和提升能力为最高成就目标；对学习结果的评价则看重学习的过程，而非只看重学习的结果。

项目学习法具有多种优势与特征。

（1）学习情景真实而具体

项目学习法按学习的需求立项，一般取材于生活，学生面对的是真实而具体的问题，而不是被“挤干”了各种复杂因素的单纯而抽象的某个学习问题。

（2）学习内容综合而开放

项目学习法所涉及的问题不论大与小，都具有综合性和开放性。说它综合，是因为它融理论知识与实践操作于一个个项目之中，包容了多个方面的知识和技能；说它开放，是因为它不局限于书本，也不局限于某个角度来看问题，所涉及的问题是活生生的、不断变化发展的，可从多种角度来分析。

（3）学习途径多样而协同

项目学习法往往需要通过实践体验、学习书本知识、创造、想象等多种途径来完成。在学习过程中，学生会使用各种认知工具和信息资源来陈述他们的观点，支持他们的学习。

（4）学习手段数字化、网络化

在学习信息技术时，学生在数字化的学习环境中，利用数字化学习资源，以数字化方式进行学习，在利用资源、自主发现、协商合作、实践创造中完成学习任务。

（5）学习的收获多面而有个性

项目学习法需要学生既学习书本知识，又参与实践活动，既吸收前人的文化传承，又大胆探索创新。这就使得学生的收获不但是多方面的，而且是富有个性的，学生正是在一个个项目的学习中得到发展的。通过项目学习，可以培养学生的自学能力、动手能力、研究和分析问题的能力、协作和互助能力、交际和交流能力等。

（6）对学生的评价连续且方式多样

评价的连续性是指在完成项目过程中的不同阶段都能够对学生的表现和学习情况进行评估。它不但要求对结果进行评价，同时也强调对学习过程进行评价，真正做到了定量评价和定性评价、形成性评价和终结性评价、对个人的评价和对小组的评价、自我评价和他人评价的良好结合。

2. 实施步骤

在信息技术课程教学中实施项目学习法，通常分为设计项目、创设情境，选择主题、分组分工，分解问题、制订计划，探究协作、收集整理信息，讨论策略、制作作品，汇报演示、交流成果，自评互评、总结反思七个基本步骤。

（1）设计项目、创设情境

教师设计的项目应包含一系列非良构的，具有一定复杂性、真实性的问题，并尽量让学生参与议定。项目的内容构成一个专题，让学生能够明确自己将要在一个什么样的范围内进行探究、学习。

（2）选择主题、分组分工

每个学生从教师提供的项目中选择一个主题。由于学生的兴趣爱好各不相同，选择的主题也不尽相同，为充分调动学生的学习积极性，可以根据他们选择的主题对全班学生进行分组，每组 5～8 人，确定组长人选、小组成员的角色分配，明确分工，并填写表 5-31。

表 5-31　小组分工表

组长：

<table>
<tr><th>组员</th><th>分工</th><th>主要工作</th></tr>
<tr><td></td><td></td><td rowspan="3">1. 收集资料　2. 整理资料
3. 问题解决　4. 演示制作
5. 汇报讲演</td></tr>
<tr><td></td><td></td></tr>
<tr><td></td><td></td></tr>
</table>

（3）分解问题、制订计划

为更好地探讨研究主题，每个小组要列出所选主题所应研究或解决的若干问题并制订计划，填写于表 5-32 中。

表 5-32　研究问题及计划

项目主题：

编号	需要研究或解决的问题	需要使用的工具、软件、手段	所需时间	可能出现的困难
1				
2				
3				

（4）探究协作、收集整理信息

小组成员收集有助于回答或解决主要问题的信息。这时，学生需要学习收集信息的技巧，要保证小组中的每一个成员都参与其中并很好地合作。确定获取资料的来源（互联网、报刊书籍、广播电视、访问相关专家等），通过各种手段获取资料，并按一定规则或原则对资料分类，形成小组资料文件夹。各组选派一名代表，共同整理各组获取的资料，并对资料进行有效管理，供各小组共享。

（5）讨论策略、制作作品

小组讨论确定解决问题的策略与方法，并开始实施。每组选择一种或多种方式（电子文档、多媒体、动画、表格、网页、程序等）呈现所研究的结果。

（6）汇报演示、交流成果

完成主题研究后，各学习小组要相互交流，并在全班对其研究结果进行汇报演示。成果交流的形式可多种多样，如举行展览会、报告会等。各学习小组通过展示他们的研究成果来表达他们在项目学习中所获得的知识和所掌握的技能。

（7）自评互评、总结反思

各小组对汇报进行自评、互评，师生对所做主题研究进行总结。可以组织学生参与制订量规，或者在评价前向学生说明量规和评价标准（参考表 5-33），以引导和激励学生的学习。在制订评价标准时，教师应根据具体情况设计评价指标，为各指标设置相应的权重并制作合适的量规格式。评价指标要全面、精练。

表 5–33　评价参考表

评价内容	分值	标准	小组自评	小组互评	教师评价

3. 应注意的问题

（1）项目的设计

设计项目一般应遵循以下几个原则：

目的性原则。设计的项目和任务应紧紧围绕着教学目标，既含有学生已有的知识和技能，又涵盖将要学习的新知识和技能。

可行性原则。设计项目时要依据学生的实际情况，把握难度，保证学生在限定的时间内经过自主和协作学习能够完成任务。进行项目设计时，要充分考虑学生现有的文化知识、认知能力、年龄、兴趣等特点。

实践性原则。项目的内容可以以学科为依托，也可以跨学科设计。但是，更多的是从实际生活、社会实践中选择问题或项目作为学习和研究的内容，不能随意主观臆造脱离实际的项目。

启发性原则。兴趣是最好的教师，设计的项目如果能引起学生的兴趣，将会大大激起学生的求知欲望。同时，设计的项目应有一定的启发性，蕴含一定的问题，能启发人们思考。实践证明，学生在完成一个与他们的实际生活与学习密切相关且比较有趣的项目时，会非常专心致志，乐此不疲。

典型性原则。设计的项目和任务要给学生“留白”，即给学生充分发挥创造力和想象力的空间。同时，设计的项目要能反映同类事物的一般特性，使学生能举一反三、触类旁通。

（2）教学中教师的作用和师生关系

在传统课堂教学中，学生通过教师传授获得间接知识，而在项目学习法中，学生则通过直接体验探索获得知识。教师“知识的传授者”的角色已经不适应项目学习法。

项目学习法体现了专题性、综合性和开放性的研究性学习特点：以学生发展为本，课程的内容由师生共同构建，注重学生研究过程的体验等，由此决定了教师在教学中要充当“课程的组织者、情感的支持者、学习的参与者、信息的咨询者”等角色。教师在学生学习的过程中起设计和向导的作用。项目活动的实施要求教师灵活掌握时间，仔细观察每个学生的学习进展及兴趣发展，掌握每个学生的特点并相应提出或设计出既注重发展个性又全面平衡的教学方案。

教育信息化、信息民主化意味着知识传递方式、途径等方面的变革。教师角色中“知识来源”的作用将部分由网络替代，即技术也可承担部分的教师角色。信息资源获取机会的均等使得师生都可以同样获得优质知识资源，传统师生之间的知识传播关系转换为师生互助互学的伙伴关系，师生角色的转换频繁自然。虚实不同的活动空间，使教师的行为呈现多样性。教师既可在真实的学校中，也可在虚拟的网络中体现教师的角色行为。

（3）课堂教学中实施项目学习法的限制

在目前的课堂教学中，项目学习法的优势还不能真正发挥，很大的原因是集体的课堂学习环境不能满足这种以“综合学习”和“研究性学习”为特征的基于项目的协作学习的要求。因为项目学习法更加重视在实践中进行综合能力的培养，知识的获取不仅仅依赖课堂中教师的传授，同时这种学习模式对于学习资源的要求更是课堂教学中难以达到的，所以从这种学习模式的要求出发，要把课堂教学和课外活动相结合，把具有资源优势的互联网拉进课堂，从而形成一种网络环境下基于项目的学习新模式。

5.4.6 游戏化教学法

游戏化教学法是将游戏元素和机制融入教学过程中，以提高学生的学习兴趣、动机和参与度的一种教学方法。它结合了游戏的设计原理和教育理论，通过互动性、挑战性和趣味性的特点，激发学生的学习热情，促进他们的自主学习和合作学习。游戏化教学法在国内外教育领域得到了广泛的应用和推广，被认为是未来教育的发展趋势之一。

1. 游戏化教学法的优势与特征

（1）提高学习兴趣和动机

游戏化教学法通过游戏的设计和机制，使学习过程变得更加有趣和吸引人，从而提高学生的学习兴趣和动机。游戏中的奖励、挑战和竞争元素可以激发学生的学习热情，使他们更加主动地参与到学习中。

（2）增强参与度和自主性

游戏化教学法鼓励学生主动探索、发现和解决问题，使他们在学习过程中具有更高的参与度和自主性。游戏中的任务和挑战可以激发学生的思维能力和创造力，培养他们的自主学习能力和解决问题的能力。

（3）促进合作学习和社交互动

游戏化教学法常常采用合作和团队的形式进行，使学生在学习过程中能够与他人进行互动和合作。游戏中的团队协作和沟通可以培养学生的合作精神和团队意识，提高他们的社交能力。

（4）提升学习效果和记忆力

游戏化教学法通过互动和趣味性的特点，可以提升学生的学习效果和记忆力。游戏中的重复练习和记忆游戏可以帮助学生更好地掌握知识和技能，提升他们的学习效果和记忆力。

（5）量化反馈和评估

游戏化教学法常常采用游戏化的评价方式，如积分、等级和排行榜等，对学生的学习情况进行量化的反馈和评估。这种评价方式不仅能够激发学生的竞争意识，还能够帮助教师更好地了解学生的学习情况和进步情况。

2. 游戏化教学法的实施步骤

（1）确定教学目标和内容

在实施游戏化教学法之前，首先需要明确教学目标和内容。教师需要根据学生的需求和兴趣确定教学目标，并对教学内容进行游戏化设计。

（2）设计游戏化教学活动

根据教学目标和内容，教师需要设计相应的游戏化教学活动，包括游戏规则的设计、游戏任务的设计、游戏评价的设计等。教师需要考虑如何将教学内容融入游戏中，以及如何通过游戏机制激发学生的学习兴趣和动机。

（3）创建游戏化学习环境

教师需要创建一个适合游戏化教学的学习环境，包括物理环境和学习资源的准备。物理环境需要具备足够的空间和设备，以容纳游戏化教学活动的进行。学习资源包括教材、多媒体设备和网络等，教师需要确保学生能够方便地获取和使用这些资源。

（4）实施游戏化教学活动

在实施游戏化教学活动时，教师需要引导学生积极参与，并提供必要的帮助和指导。教师需要观察学生的学习情况和进展，并及时进行调整和反馈。

（5）进行游戏化教学评价

游戏化教学评价是对学生的学习情况和进展进行评价和反馈的过程。教师可以通过观察、测试和学生的自我评价等方式，了解学生的学习效果和进步情况，并根据评价结果进行教学调整和改进。

3. 实施游戏化教学法应注意的问题

（1）设计原则

游戏化教学法基于游戏设计和教育理论的结合，旨在通过游戏化的元素和机制，提高学生的学习兴趣、动机和参与度。以下是游戏化教学法的一些设计原则：

- 明确教学目标。在设计游戏化教学活动时，首先需要明确教学目标，确保游戏化设计能够有效地帮助学生达到学习目标。教学目标应该是具体、可衡量和可实现的。
- 保持游戏设计与教学目标的平衡。游戏设计不应该只追求趣味性和娱乐性，而忽略了教学目标的实现。教师需要确保游戏化教学活动能够有效地帮助学生达到学习目标，同时具有一定的趣味性和吸引力。
- 考虑学生的个体差异。不同学生有不同的学习兴趣、能力和学习风格，教师需要根据学生的个体差异，设计适合他们的游戏化教学活动。这包括提供不同难度级别的任务和挑战，以及考虑学生的文化背景和经验。
- 鼓励学生参与和互动。游戏化教学法应该鼓励学生的参与和互动。设计游戏化教学活动时，可以考虑使用角色扮演、合作任务、竞争机制等元素，激发学生的参与热情。
- 提供即时反馈和奖励。游戏化教学法应该提供即时反馈和奖励，以增强学生的学习动机。这包括通过积分、徽章、排行榜等方式，对学生的工作和成就进行奖励和认可。
- 设计有趣和挑战性的任务。游戏化教学法应该设计有趣和具有挑战性的任务，以激发学生的学习兴趣和动机。任务应该具有一定的难度，让学生感到既有挑战性，又能够通过努力克服。
- 促进合作和社交互动。游戏化教学法应该鼓励合作和社交互动。设计游戏化教学活动时，可以考虑通过团队合作、讨论和交流的环节培养学生的合作精神和团队意识。
- 提供适当的指导和资源。教师应该为学生提供适当的指导和资源，帮助他们理解和掌握游戏化教学活动中的知识和技能。这包括提供清晰的游戏说明、教学材料和辅助工具。
- 评价和反思教学效果。在实施游戏化教学法后，教师应该评价和反思教学效果，以改进未来的教学设计和实践。这包括收集学生的反馈、观察学生的学习进展，并进行教学调整和改进。

通过遵循游戏化教学法的这些设计原则，教师可以创造一个有趣、互动和有效的学习环境，提高学生的学习兴趣、动机和参与度。

（2）实施难点

在实施游戏化教学法过程中存在以下难点，应加以注意。

- 注意教学目标与游戏设计的平衡。在设计游戏化教学活动时，教师需要注意教学目标与游戏设计的平衡。游戏设计不应该只追求趣味性和娱乐性，而忽略了教学目标的实现。教师需要确保游戏化教学活动能够有效地帮助学生达到学习目标。
- 关注学生的个体差异。实施游戏化教学法需要考虑到学生的个体差异。不同学生有不同的学习兴趣、能力和学习风格，教师需要根据学生的个体差异，设计适合他们的游戏化教学活动。
- 培养教师的游戏化教学能力。实施游戏化教学法需要教师具备一定的游戏化教学能力。教师需要了解游戏化教学的理念和方法，掌握游戏化教学的设计和实施技巧。因此，教育机构需要提供相应的培训和支持，帮助教师提升游戏化教学能力。
- 注意游戏化教学的适用性。游戏化教学法并不适用于所有的教学内容和场景。对于一些抽象和理论性的知识，使用游戏化教学可能无法有效地达到教学目标。因此，教师需要根据教学内容和学生的特点，判断是否适合采用游戏化教学法。

总结起来，游戏化教学法是一种富有创新性和趣味性的教学方法，能够提高学生的学习兴趣、动机和参与度。然而，在实施游戏化教学法时，教师需要注意教学目标与游戏设计的平衡、关注学生的个体差异、培养自身的游戏化教学能力，并判断游戏化教学的适用性。只有这样，游戏化教学法才能真正发挥其优势，为学生的学习带来积极的影响。

5.4.7 任务驱动教学法

1. 任务驱动教学法简介

任务驱动教学法是建立在建构主义教学理论基础上的一种教学方法，这种教学方法主张教师将教学内容巧妙地隐含在任务中，以完成任务作为教学活动的中心，使学生在完成任务的过程中达到掌握所学知识与技能的目的。学生在任务的驱动下，积极主动地对任务进行分析、讨论，提出问题，并研究解决问题的方法、途径等。学生通过对工作任务和学习资源的主动分析与探索，熟悉信息技术应用的过程与方法，培养获取、加工、表达、交流信息的能力，以及开展协作分析问题与解决问题的能力，并最终提升信息素养。而且，在完成一个一个任务的过程中，学生会不断获得满足感，从而转变成学习的内在动机，进一步激发兴趣和求知欲望，最终形成一个认知、情感活动的良性循环。建构主义教学理论强调让学生在有意义的情境下主动地建构知识。因此，任务驱动教学法同样强调让学生在有意义的任务情境中，即在密切联系学生学习、生活经验和社会实际的情境中，通过完成任务来学习知识，获得技能，形成能力。

2. 任务驱动教学法的实施

（1）任务驱动教学法的实施过程

任务驱动教学法的实施过程一般包括六个阶段。

①分析任务。学生记录最初对任务进行仔细分析的结果，并且根据对任务的理解程度设想解决问题的策略。在这个阶段，学生常常会提出许多解决任务的想法，激发研究兴趣。

②分解任务。学生把任务分解，并且勾画出解决任务的提纲。

③创造性地解决问题。在这个阶段，学生会构思解决问题的方法，综合各种对完成任务有用的资源（知识），并确保它们有利于解决问题而又不互相排斥，最后利用所获得的资源（知识）完成任务。

④纠正错误和进一步优化。学生总结并回顾解决问题的过程，检查使用的知识是否有误，分析获取的资源是否可靠，探讨作品是否可以更加优化等。

⑤评价反馈。学生汇报自己完成任务的过程并呈现作品，包括解决问题的策略、获取的资源、对新知识的理解以及知识的应用等，教师进行评价反馈，使学生认识到任务背后所隐藏的关系和机制。

⑥反思完成任务的过程。考虑这个任务与以前所遇到的问题的共同点与不同点，概括和理解新知识的应用情境。

（2）完成任务过程中的自主学习

自主学习即学生自己设定学习目标，并展开实现目标的活动。在任务驱动教学中，学生的自主学习很重要，学生可以根据自己设定的学习目标来选择合适的任务。学习过程大致如下：

首先，学生针对所面临的问题评价自己的知识状态，不仅要看到自己已经知道了什么，而且要看到自己知识的缺陷是什么。

其次，基于上述评价信息形成学习需要，并确定可以满足这些需要的适当的资源（知识）。

再次，形成和执行学习计划，以满足学习需要。这需要学生对各种学习资源有所了解，知道如何找到各种资源、哪些资源最有用等，当然，学生也可以向同学和老师请教。

最后，学生要将新学到的知识运用到问题解决中，并评价自己是否实现了学习目标和解决问题的目标。

对于较大的任务，虽然同学之间可以合作，但学生的自主学习同样很重要，这主要表现在学生自主地获取新的知识、正确理解知识、合理应用知识、善于评价小组其他成员的建议等方面。

（3）完成任务过程中教师的作用

在第一个阶段，教师呈现具体的任务和要求，可以针对学生的知识状况和学习能力，对有困难的学生（或学习小组）做一些适当的分析，以引导为主。

在第二个阶段，以学生自主或合作学习为主，让学生大胆地去设想解决方法和过程。也许有些学生会遇到一些问题，其中的共性问题可由教师统一讲解或提示；对个别学生的个别问题，教师可单独辅导，此时教师是导师。

第三个阶段是学生获取资源、吸收知识、应用知识解决问题的阶段，学生充分发挥自己的积极性和主动性，教师是顾问。

在第四个阶段，教师是检查者，检查学生完成任务中的不足，提出改进建议。

在第五个阶段，教师是发布者、欣赏者和揭示主题者，使学生了解任务的背景、知识的内涵。

在第六个阶段，教师是启发者，给学生以启发，同时开拓其思路。

3. 实施任务驱动教学法的注意事项

（1）任务的设计

任务是任务驱动教学法的灵魂，在建构主义的教学设计中，任务通常是指学习者面临的基于问题解决的学习任务。任务可以是问题、案例、项目或观点分歧，通常具有如下特点：

- 真实性。任务通常是学生所熟悉的接近或类似现实生活中的具有实际意义的各种活动。因为真实的任务具有一定的复杂性，能够激发学生学习、探究的欲望，能够驱动学生自主、积极主动地学习。
- 多向性。所谓任务具有多向性，是指任务能够满足学生从不同侧面、不同层面来完成的需求。在教学过程中可以创设不同层次的开放型任务，充分发挥学生的想象力和创造力，促进学生知识、技能的掌握和升华，让学生体验创造和成功的喜悦。
- 可操作性。可操作性是指任务是具体的、明确的，学生在已有的认知结构的基础上能够按要求完成。
- 适宜性。适宜性是指任务的难易程度要适宜、大小要适当，完成任务要能够有效促进学生的发展，培养学生自主协作学习、分析解决问题的能力，全面提升学生的信息素养。

根据不同的分类标准，可以把任务分为不同的类型。

①根据任务的复杂程度，可以分为简单的任务和复杂的任务。

简单的任务通常比较单一，要完成的任务比较简单、具体，能在较短的时间内完成。复杂的任务通常需要小组分工协作完成，需要获取多方面信息，需要对信息进行整理、分析、评价，最终得到完成任务的方法，通常需要较长的时间完成。简单的任务和复杂的任务两者是相对而言的。例如，在高中信息技术课程教学过程中，特定信息的搜索、收发 E-mail 这样的任务相对比较简单具体，要求每个学生都能独立完成，属于简单任务；而类似于“配置计算机方案的设计”的综合任务，涵盖了信息的搜索、管理、分析与处理、表达和发布等方面的知识与技能，需要学生相互合作、交流，在老师的指导帮助下共同完成，属于复杂任务。

②按照任务规定的学习目标的开放性程度，可以分为封闭型任务和开放型任务。

封闭型任务通常规定有明确的学习目标、任务主题、任务要求和相关的资源，要求每个学生自主完成，完成任务多采用个体学习的组织形式，难度相对较小，例如上网注册一个 126 电子邮箱，并给老师发一封问候信。开放型任务通常仅指明任务框架，允许学生根据个人特点和能力水平自主选择和设计任务主题，有很大的发挥空间，有利于发挥学生的创造力，例如利用 4 课时的时间，设计开发一个个性化的个人网站。

在信息技术课程堂教学中，“任务”特指通过信息技术的应用来完成的任务，实质是教学内容的任务化。任务设计要恰当。首先，任务应当紧密联系实际生活。针对现实生活中的某一现象或问题提出任务能够引发学生的学习兴趣，使学生产生进一步探究知识的欲望，从而使学生在密切联系自身学习、生活经验和社会实际的情境中完成有意义的任务。其次，任务设计应该灵活、有层次感，符合学生的实际学习能力，并且尽可能地照顾每个学生的个性差异，使他们都能在原有的基础上不断进步。再次，任务设计时一定要考虑任务的可行性，也就是说要考虑任务的大小、知识点的多少、难易程度等多个方面，使得所提出的任务适合学生现有的知识水平，任务太难或者太简单都会导致学生积极性的消退。

（2）任务的分析与讨论

由教师指导和组织进行的任务分析、讨论也是非常重要的一个环节。对所要完成的任务的详细分析与讨论有助于学生形成正确的思维方式，使学生注意到任务中的重点和难点，高效率地完成任务，从而避免走不必要的弯路。另外，通过对任务的分析，可以将任务分解为多个子任务。随着一个个子任务的完成、一个个知识点的掌握，学生会逐渐获得成就感，学习信息技术的兴趣、自信也会日益增强。在分析、讨论任务的过程中，教师充当指导者的角色，应给学生留下思考和尝试的空间。有些教师充满热情，在学生需要帮助时，总是愿意为学生解答完成任务过程中遇到的任何问题，而且讲深讲透，不留下一点疑惑和思考的空间，甚至恨不得手把手地教。殊不知，这样做会扼杀学生思考问题的积极性，不利于学生解决问题能力和创新能力的培养。

（3）成果交流与展示

在课程结束时，教师应让尽可能多的学生交流与展示自己的作品。教师应以鼓励为主，以发展为方向，与学习前的能力进行比较，对学生的作品做出点评，增强学生学习信息技术的自信心，保持学生学习信息技术的持久兴趣。除教师点评外，也可开展学生互评，甚至把作品放到网上让更多的人进行评价。

5.4.8　单元教学法

单元教学既可被视作一种教学理念，也可被视作一种教学方法，近年来受到了诸多教育研究者与实践者的关注。单元教学法将相关的知识、技能或内容组织成一个有机的整体，即“单元”，通过一系列的教学活动，帮助学生系统地学习和掌握这些知识、技能或内容。表 5-34 对国内单元教学的相关研究进行了简要梳理。

表 5–34　国内单元教学的相关研究

学者	观点
王策三	单元教学强调将学习内容划分为较大的单元，以这种较大的单元作为教学单位，而不以一课时的内容为教学单位
马兰	单元教学是连接宏观课程与微观课时的桥梁，要求教师钻研课程标准、分析教材和学情、整合重组教学内容、规划设计课时教学
崔允漷	大单元是一种学习单元，一个大单元就是一个学习事件、一个完整的学习故事、一个独立的微型课程
张兴海	单元教学是课程思政目标实现的重要支撑。单元作为课程的缩小化教育的基本单位，是课程思政完美的情境载体和价值实现平台，在其他学科课程思政教学中展现出了强大的育人功能
栾红艳	单元整体教学中的单元，是指在课程学习中反映学科特定内容和功能、相对独立的、自成体系的微课程，包含情境、问题、探究、建构、应用等要素，是相对独立的学习项目或学习故事
董友军	大单元教学是以大单元为学习单位，依据课程方案，聚焦学科核心素养，围绕某一主题或某一活动，对课堂教学内容进行整体思考、设计、实施的教学，从而实现“整体大于部分之和”，提升教学效益，落实课程育人目标，培养学生核心素养

案例一展示一个由厦门市演武小学林陈沐提供的“数据与编码”单元教学设计案例。由于篇幅所限，此处只展示整体设计与第一课时的具体设计，如表 5-35 所示。

表 5-35　案例一

案例：数据与编码 （案例来源：厦门市演武小学 林陈沐）			
单元教学设计			
学科	小学信息科技	年级	四年级
单位	厦门市演武小学		
教材版本及章节	第二学段		
单元（或主题）名称	数据与编码		
单元（或主题）教学设计说明	1. 通过核酸检测流程（条形码与二维码），感受身边无所不在的数据，可以使用数字、字母或文字编码表示信息（信息意识） 2. 结合生活实际应用（座号、身份证号、图书编码、邮政编码、车牌号、电话号码、支付码、快递码、用户信息、银行信息），探寻编码在生活中的应用，认识数据编码的目的，知道数据编码的作用与意义，理解数据编码是保持信息社会组织与秩序的科学基础（信息意识、计算思维、信息社会责任） 3. 通过学习二维码原理，了解生活中的二维码（购物、点餐、坐车、上网、学习等），体验二维码表示信息的优势；通过名片二维码编码解码，让学生学会使用编码建立数据间的内在联系，以便计算机识别和管理，同时了解编码长度与所包含信息量之间的关系（信息意识、计算思维、数字化学习与创新、信息社会责任） 4. 通过班级名片墙的编码排版，让学生加深理解使用编码建立数据间的内在联系，进一步明白数字化表示信息的优势（信息意识、计算思维、数字化学习与创新） 5. 通过班级名片墙成果展示评价，完成单元教学成果展示，让学生学会通过展示评价来客观反思自己的学习过程，进一步体验信息存储和传输过程中所必需的编码和解码步骤，初步理解数据校验的目的和意义（信息意识、计算思维） 6. 通过对数据安全的了解学习，认识数据安全风险问题，从案例场景中分析、查找产生数据安全威胁的主要因素，强化数据安全意识，自觉做好数据防护 7. 通过浏览较多案例视频、小组交流，思考数据安全的防范措施，理解自主可控技术是保障数据安全的关键，认识科技兴国与原始创新的重要意义		
单元教材分析	通过本模块数据与编码内容的学习，让学生掌握数据与编码核心大概念，理解数据，认识数据编码对学习、生活的价值与意义；让学生认识到数据编码能提高生产效率，改善生活质量；让学生认识到数据在信息社会中的重要作用，针对简单问题分析数据来源，应用数据解决简单的信息问题；掌握数据编码的基础知识，根据需要运用不同的编码对信息进行表达，关注数据安全，在社会公认的信息伦理道德规范下开展活动。在本模块中，编码的目的是作为唯一标识，之后的模块中还会介绍用于其他目的的编码		

续表

<table>
<tr><td>单元学情分析</td><td>四年级学生处于形象思维向抽象逻辑思维过渡的转折期；抽象逻辑思维能力逐步增强，能利用数据解决问题。学生在数学课上已经学习过统计相关的内容，具备一定的数据整理分析处理能力，同时具备电脑打字、上网搜索下载和电子板报制作技能，能根据需要利用网络查找有用的信息，具备开展本单元课堂活动的基础与条件</td></tr>
<tr><td>单元情境任务设计（或单元核心问题设计）</td><td>名片数据设计录入（数据核心概念）
制作名片二维码（编码核心概念）
通过平板扫码完成解码（解码核心概念）
名片二维码收集整理
名片墙排版及再编码
名片墙作品展示交流评价</td></tr>
<tr><td>单元目标创设</td><td>信息意识目标：1. 理解数据编码大概念；通过生活中的编码理解数据编码对社会发展和人们生活的影响。2. 了解数据的作用与价值，知道数据编码的作用与意义，理解数据编码是保持信息社会组织与秩序的科学基础
计算思维目标：1. 能根据需要选用合适的数字化工具及设备解决问题，并简单地说明理由；体验信息存储和传输过程中所必需的编码及解码步骤。2. 在问题的解决过程中，有意识地把问题划分为多个可解决的小问题，通过解决各个小问题，实现整体问题解决
数字化学习与创新目标：借助 WPS 进行简单名片墙作品创作、展示、交流、评价，尝试开展数字化创新活动，感受应用信息科技创作作品、合作创新、分享传播的优势
信息社会责任目标：能意识到数据（身份证、用户信息、银行信息等）的重要性及私密性，在学习、生活中采用常见的防护措施保护数据；用公认的行为规范进行网络交流，遵守相关的法律法规</td></tr>
<tr><td>单元过程性评价设计</td><td>
<table>
<tr><td>水平层次</td><td>等级</td><td>本课核心素养</td><td>要素</td><td>课堂表现</td><td>核心素养表现特征自评</td><td>核心素养及课堂表现组评</td></tr>
<tr><td>前点结构水平 p</td><td>完全不会</td><td>停留在原有水平状态，没有发展</td><td rowspan="5">根据不同课型教学内容细分要素，转为分级任务单；依托平台收集每节课自评、互评、师评、课堂评价等作为学习质量评价要素</td><td rowspan="5">加分项：
举手答问
作品创新
任务完成
问题解决
帮助他人
每项加1分
减分项：
不文明行为
追跑打闹
上课走神
每项减1分
最高5分
最低1分</td><td>核心素养表现特征均未达成1分</td><td>课堂表现不好
目标任务都没完成1分</td></tr>
<tr><td>单点结构水平 u</td><td>掌握一点</td><td>解决问题或完成任务很吃力</td><td>核心素养表现特征达成一点2分</td><td>课堂表现稍差
目标任务达成一点2分</td></tr>
<tr><td>多点结构水平 m</td><td>基本掌握</td><td>能够用已有知识解决部分问题或完成部分任务</td><td>核心素养表现特征基本达成3分</td><td>课堂表现一般
目标任务基本达成3分</td></tr>
<tr><td>关联结构水平 r</td><td>完全掌握</td><td>能够用已有知识轻松解决所有问题或完成所有任务</td><td>核心素养表现特征全部达成4分</td><td>课堂表现很好
目标任务全部达成4分</td></tr>
<tr><td>抽象扩展结构水平 e</td><td>创新应用</td><td>能够用已有知识解决所有问题或完成所有任务，并迁移应用深化问题（任务）解决</td><td>核心素养表现特征创新应用5分</td><td>课堂表现非常好
目标任务全部达成
且创新5分</td></tr>
</table>
</td></tr>
</table>

续表

	课时	课题	内容	教学目标
课时目标分解	1	第一课数据编码初体验（项目启动）	1. 数据与数据编码是什么？ 2. 数据编码的作用有哪些？ 3. 生活中的数据编码有哪些？ 4. 数据编码为生活带来了什么便利？ 5. 数据编码是否可以重复？ 完成任务：录入个人名片内容	1. 通过核酸检测流程，感受身边无所不在的数据及编码（信息意识） 2. 通过数据编码核心大概念，让学生了解计算机如何存储数据；通过数据编码在生活中的应用案例，让学生明白数据编码的目的与意义（信息意识、计算思维） 3. 项目规划，问题分解，小组学习，课堂评价（计算思维、数字化学习与创新）
	2	第二课我的名片我做主（探究教学）	1. 如何为名片数据编码？ 2. 如何制作名片二维码？ 3. 如何完成数据解码？ 完成任务： 任务一：制作名片二维码 任务二：保存名片二维码图片 任务三：通过平板扫码完成解码 上传平台，自评组评	1. 有意识地把问题划分为多个可解决的小问题，完成第一个目标任务：制作名片二维码（计算思维） 2. 知道数据编码的作用与意义（信息意识） 3. 实现数据编码与解码（计算思维、数字化学习与创新） 4. WPS 二维码制作、浏览器扫码（数字化学习与创新）
	3	第三课名片墙编码排版（探究教学）	1. 如何为所有名片二维码进行编码？ 2. 如何展示所有名片二维码？ 完成任务： 任务一：收集小组内所有名片二维码至同一文档 任务二：完成名片二维码及数据编码的排版（WPS 排版） 任务三：上传平台，自评，组评	1. 问题分解，完成第二个目标任务：名片墙所有二维码编码以及墙面排版（计算思维） 2. 加深理解数据编码的作用与意义（信息意识） 3. 用 WPS 实现名片墙编码及排版（数字化学习与创新）

续表

	课时	课题	内容	教学目标
课时目标分解	4	第四课名片墙展示评价（展示总结）	1. 除了解同学外，名片墙还有什么功能、作用？ 2. 如何将成果上墙？ 完成任务： 任务一：成果展示 任务二：成果评价 任务三：拓展功能 任务四：作品上墙	借助信息科技进行成果展示、交流、评价，尝试开展数字化创新活动，感受应用信息科技创解决问题、合作创新、分享传播的魅力（数字化学习与创新、信息社会责任感）
	5	第五课数据泄露与威胁（探究教学）	1. 生活中有哪些数据泄露现象与案例？ 2. 如何树立个人数据安全意识？ 任务一：思考危害 任务二：导图梳理	1. 通过对数据安全的了解、学习，认识数据安全风险问题 2. 结合生活体验和真实案例，主动思考、交流数据安全问题。了解常见的威胁数据安全的场景，认识数据安全威胁给个人和国家带来的严重危害 3. 从案例场景中分析、查找产生数据安全威胁的主要因素，强化数据安全意识，自觉做好数据防护
	6	第六课数据安全与防护（探究教学）	1. 如何避免隐私信息泄露？ 2. 为什么只有实现自主可控，才能真正保障国家安全？ 任务一：思考防护 任务二：思维导图梳理	1. 通过对大数据安全问题的思考，提高个人信息安全意识 2. 通过浏览较多案例视频、小组交流，思考数据安全的防范措施 3. 在学习和生活中有意识地保护数据，掌握简单的数据防护方法，了解国家层面保障数据安全的法律法规 4. 理解自主可控技术是保障数据安全的关键，认识科技兴国与原始创新的重要意义

续表

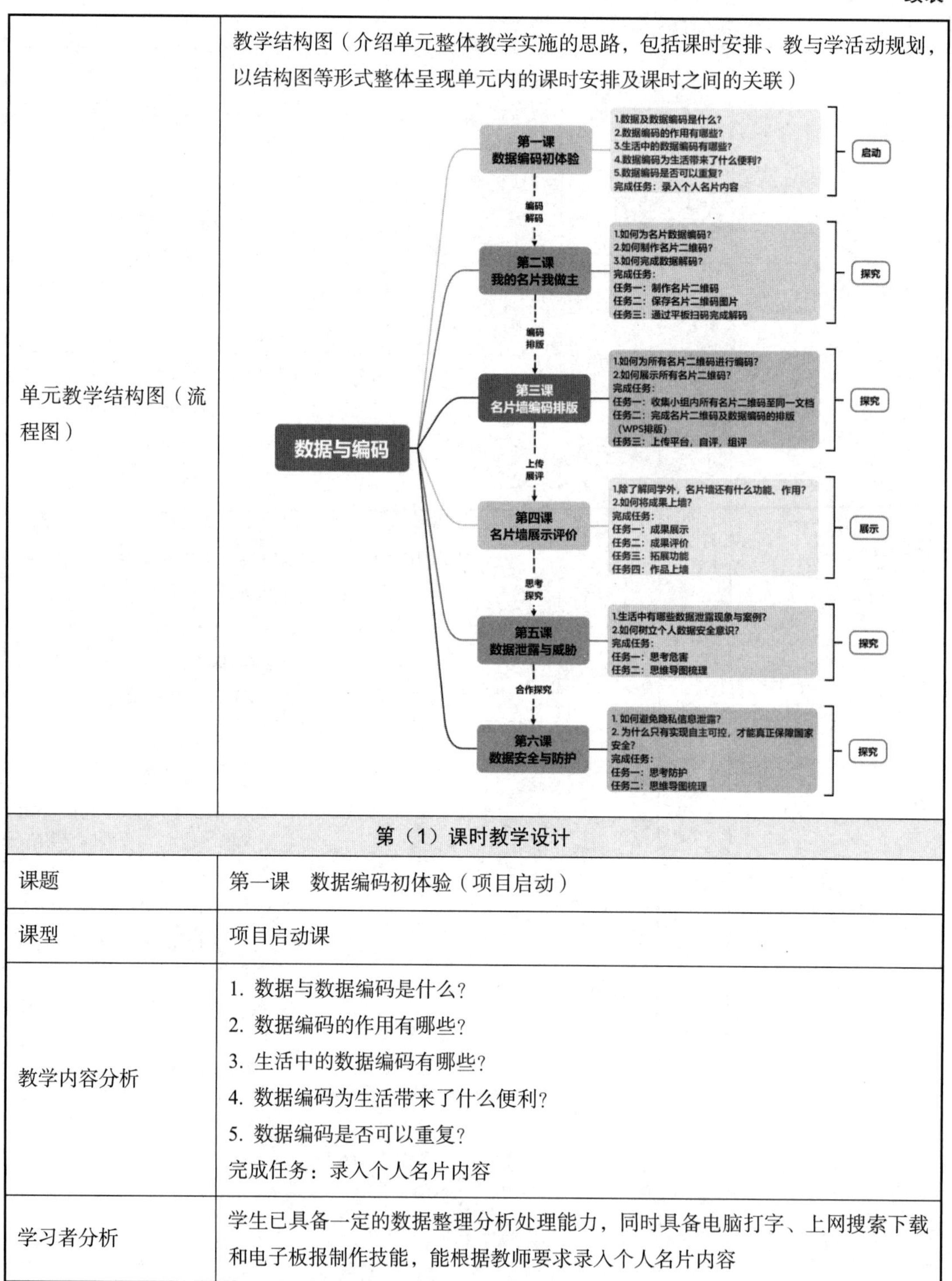

单元教学结构图（流程图）	教学结构图（介绍单元整体教学实施的思路，包括课时安排、教与学活动规划，以结构图等形式整体呈现单元内的课时安排及课时之间的关联）
第（1）课时教学设计	
课题	第一课　数据编码初体验（项目启动）
课型	项目启动课
教学内容分析	1. 数据与数据编码是什么? 2. 数据编码的作用有哪些? 3. 生活中的数据编码有哪些? 4. 数据编码为生活带来了什么便利? 5. 数据编码是否可以重复? 完成任务：录入个人名片内容
学习者分析	学生已具备一定的数据整理分析处理能力，同时具备电脑打字、上网搜索下载和电子板报制作技能，能根据教师要求录入个人名片内容

续表

<table>
<tr><td>学习目标</td><td colspan="3">1. 通过核酸检测流程，感受身边无所不在的数据及编码
2. 通过数据编码核心大概念，让学生了解计算机如何存储数据；通过数据编码在生活中的应用案例，让学生明白数据编码的目的与意义（信息意识、计算思维）
3. 项目规划，问题分解，小组学习，课堂评价</td></tr>
<tr><td>学习重难点</td><td colspan="3">重点：
1. 数据及数据编码大概念
2. 生活中有哪些数据编码，其编码规则是什么？
3. 编码的作用及意义
4. 编码是否可以重复？
难点：
1. 理解数据及编码
2. 编码的作用及意义
3. 编码规则</td></tr>
<tr><td colspan="4">学习活动设计</td></tr>
<tr><td>环节</td><td>教师活动</td><td>学生活动</td><td>设计意图</td></tr>
<tr><td>生活导课</td><td>1. 回顾核酸检测流程，回答问题
2. 引出数据及数据编码核心大概念</td><td>1. 思考回答：核酸检测涉及哪些数据、编码
2. 数据：采样管条形码、身份证或个人信息二维码</td><td>倡导真实性学习，从历经三年的抗疫引入，贴近学生实际生活，易于学生理解数据与数据编码核心大概念</td></tr>
<tr><td>新知学习</td><td>1. 数据编码是指采用数字和有关特殊字符来表示数据和指令的编码
2. 数据编码的作用
3. 生活中的数据编码及编码规则
4. 数据编码是否可以重复</td><td>1. 感悟理解：文字信息→数据编码，个人信息快速被获取并汇总；核酸检测队伍越来越短，等候时间越来越少，检测效率越来越高，检测结果越来越精准
2. 思考回答生活中哪些数据编码案例
3. 看视频，理解身份证与图书编码规则
4. 认识数据编码的作用及唯一性</td><td>基于数字素养与技能培育要求，从数据编码在生活中的实践应用出发，注重帮助学生理解数据编码的基本概念及编码规则，引导学生认识数据编码对人类社会的重要作用与意义</td></tr>
</table>

续表

<table>
<tr><td>新知总结</td><td>身份证、车牌号、电话号码、手机号、生活中其他编码</td><td>思考复习：数据编码及编码规则</td><td>基于数字素养与技能培育要求，帮助学生加深理解生活中的数据编码规则</td></tr>
<tr><td>趣味游戏</td><td>1. 请你帮忙连一连
2. 帮助物品找家</td><td>学生上台完成游戏</td><td>基于学生认知特点，设置巩固游戏作业，让学生进一步理解数据与编码知识内容，学以致用</td></tr>
<tr><td>项目启动</td><td>1. 项目规划，明确成果
2. 分组安排
3. 评价实施</td><td>1. 表达方案
2. 学生分组
3. 平台评价体验</td><td>根据国家课程项目式要求，启动课要提出项目、需要学生解决的问题以及评价办法</td></tr>
</table>

<table>
<tr><th colspan="11">评价设计</th></tr>
<tr><th rowspan="2">课题</th><th rowspan="2">核心素养</th><th rowspan="2">核心素养表现特征</th><th colspan="5">评价等级</th><th colspan="3">评价主体</th></tr>
<tr><th>5</th><th>4</th><th>3</th><th>2</th><th>1</th><th>自评</th><th>互评</th><th>师评</th></tr>
<tr><td rowspan="3">第一课数据编码初体验</td><td>信息意识</td><td>1. 通过核酸检测案例，感受身边无所不在的数据
2. 理解单元大概念：数据及数据编码
3. 体会编码在生活中的应用
4. 认识编码规则、编码的目的意义
5. 学会编码</td><td colspan="5"></td><td colspan="3"></td></tr>
<tr><td>计算思维</td><td>1. 理解计算机中用0和1存储数据
2. 通过身边的真实案例，知道如何使用编码建立数据间的内在联系
3. 了解编码长度与所包含信息量之间的关系
4. 理解数据编码是保持信息社会组织与秩序的科学基础
5. 初步了解运用数字、字母或文字编码，制订编码规则</td><td colspan="5"></td><td colspan="3"></td></tr>
<tr><td>数字化学习与创新</td><td>能够运用学生学习平台进行客观公正的自评互评组评</td><td colspan="5"></td><td colspan="3"></td></tr>
</table>

习题

1. 结合高中信息技术课程标准或义务教育阶段的信息科技课程标准谈谈信息技术课程的教学原则。
2. 信息技术课程的教学设计包括哪些基本要素？
3. 信息技术课程教学有哪些常用方法？每种方法有什么特点？
4. 选择信息技术学科的一项具体教学内容，设计一份完整的信息技术教学方案。

第 6 章

信息技术课程的学业评价

学习目标

学习本章之后，您需要达到以下目标：

- 知道新课程教学改革中提出的教学评价新理念，以及教学评价新理念对信息技术教学评价提出的要求；
- 领会基于信息技术课程与教学特点的信息技术学业评价的原则；
- 分析信息技术教学的过程性评价和总结性评价的思想方法；
- 在实际教学实践中，综合应用不同的评价方法。

学业评价是教育评价的重要内容。教育评价涉及对学与教效果的评价、对教师专业化水平的评价、对学校育人环境与整体质量的评价乃至对整个教育支持系统的评价。新时代的课程教学改革越来越强调以学生为中心的育人理念，教育教学效果是否达到预期，首先需要判定学生的学习成效如何。通过对学生个体与群体学业水平的判断，可以评价教师的教学效果与学校的育人效果。本章讨论的学业评价具体是指对学生学习情况的评价，并不讨论对教师与学校的评价。本章从理解学业评价的内涵与分类出发，探讨新时代教育评价综合改革与新课程标准背景下学业评价的新要求，探析信息技术课程学业评价的内容与设计，并结合案例分析信息技术课程教学中的过程性评价与终结性评价的设计与实施。

6.1 理解学业评价

6.1.1 学业评价的内涵与分类

1. 学业评价的内涵

学业评价是对学生学习过程、表现与成果的评价，不但对学生掌握课程知识与技能的情况进行评价，而且对学生基于课程学习的成长发展情况进行评价。因此，学业评价既包括对学生个体与群体课程学习水平的评定，也包括对学生态度、情感和相关能力发展状况的评价。学业评价的根本目的在于了解学生的真实学习状态、效果与其中存在的问题，为优化教育教学环境、提供适宜的学习资源与有效的学习支持提供依据，以便最终促进学生更好地成长与发展。有效的学业评价不但可以评测出学生的学习水平，也可以用于反映教师的教学效果，促进学习与教学质量的持续改进。具体来说，有效的学业评价具备以下几个方面的主要功能。

（1）评定学生的学习水平

通过评价对学生学业水平进行区分与鉴定，以评定学生学习水平的优良程度，便于衡量学生的学习是否达到了应有的标准。

（2）诊断学生的学习效果

诊断学生的学习情况，发现学生学习中存在的问题，以便为学生的后续学习以及教师对学生的后续指导提供依据，这也是学业评价的主要作用。

（3）激励学生的长效学习

客观、公正的学业评价不但可以帮助学生了解自己在学习中存在的问题，还可以帮助他们分析问题产生的原因，因此往往能够激发学生的内在学习动机，促使其更为积极地投入到后续的学习中去。

（4）引导教师的教学优化

学业评价虽然评价的对象是学生，但是可以为教师提供有效的反馈信息。教师依据学业评价结果，可以反思学生学业发展存在哪些问题；反思问题的存在是由于教学内容设计不合理或教学支持不当引起的，还是学生自身的原因造成的；反思还需要为学生提供何种支持才能提高学生的学习成效。

2. 学业评价的分类

按照不同的分类依据，学业评价可以分为不同的类型。下面介绍三种主要的分类方法及相应的学业评价类型。

（1）按照评价的功能区分

按照评价的功能，可以将学业评价分为诊断性评价、形成性评价与终结性评价。

①诊断性评价

由教师在开展教学活动前对学生前期的基础知识和技能进行评估，以帮助教师了解学生的起点和需要在哪些领域提供支持。诊断性评价是指在教学活动开始前，通过问卷、测试、提问、面谈等方式对学生的起始学习能力及相关的学习准备程度进行评价，目的在于设计出更为合理的教学目标、安排更为适当的教学内容、选择更为恰当的教学策略，为教学的有效实施提供更为有效的支持。

②形成性评价

又称为过程性评价，是在教学过程中通过测试、提问、布置作业等多种方式对学生的学习过程与阶段性学习成果进行的评价，目的在于对教学过程进行及时而适当的调整，以改进、完善教学过程，从而保证教学目标最终得以实现。形成性评价一般以阶段性学习目标为基准，贯穿于整个课程教学实施过程。

③终结性评价

指在学习活动或课程结束时进行的评价，用以评估学生达到预期学习目标的程度。终结性评价是指在完成整个教学过程后，以预先设定的教学总目标为基准，对学生达成目标的程度所做出的评价，一般是在课程结束时通过期末测试、课程综合学习成果展示等方式考查学生对整门课程内容的掌握程度。

可以看出，所有的形成性评价都可以成为下一个教学环节的诊断性评价，换言之，形成性评价本身可以发挥诊断的功能。因此，我们在后续讨论中将不再刻意区分诊断性评价与形成性评价，仅聚焦于对形成性评价与终结性评价进行分析。

值得注意的是，无论是形成性评价，还是终结性评价，都可以采用“表现性评价”。表现性评价并不是基于习题、试卷的测试，而是通过观察学生在实践过程中展示出的技能、综合表现等对其进行综合评价。学生常常需要完成一个综合性强的实践任务或项目，生成作品并对其进行说明、展示。

（2）按照评价的主体区分

根据评价主体的不同，可以将学业评价分为教师评价、同伴评价与自我评价三种类型。

①教师评价

由教师作为评价的主体对学生的学习成效进行评价，这也是一般教学过程中都会采用的评价方法。

②同伴评价

学生之间相互评价对方的学习表现或成果，这种评价有助于培养学生的批判性思维，同时也可以增强学生对评价标准的理解与反思能力。

③自我评价

学生评价自己的学习过程和成果，这种方法有助于培养学生的自我反思能力和自我监控能力。

以上评价是日常教学过程中的评价，在实际的教育活动中，还会有“第三方评价”——由参与教学活动的师生之外的其他人来评价，比如学业水平测试、升学考试。

（3）按照评价的参照区分

评价的结果要经分析后方可用于教与学的改进，在分析时要建立相应的参照标准。按照评价的参照，可将学业评价分为标准参照评价和常模参照评价。

①标准参照评价

预定一个标准（如 100 分制中的及格分为 60 分），将学生的表现与预定的标准进行比较。该种评价方法常用于标准化测试。

②常模参照评价

将学生的表现与同龄或同组别的其他学生的表现进行比较，常用于评价学生在一个群体中的相对位置。

在实际的教学过程中，具体选择什么学业评价方法，需要结合学习目标、学习内容、学生特点等多种因素进行具体分析。同时值得注意的是，无论采用何种评价方法，都应该是目标导向的，应该以标准作为指引。

6.1.2　新时代学业评价新要求

评价在课程实施中起着激励、导向和质量监控的作用。学业评价的改革是教育教学改革的重要内容。早在 2001 年我国教育部发布的《基础教育课程改革纲要（试行）》中就对学业评价提出了明确要求："建立促进学生全面发展的评价体系。评价不仅要关注学生的学业成绩，而且要发现和发展学生多方面的潜能，了解学生发展中的需求，帮助学生认识自我，建立自信。发挥评价的教育功能，促进学生在原有水平上的发展。"

党的十八大以来，我国教育教学改革与发展取得了一系列重要进展。2020 年，中共中央、国务院印发《深化新时代教育评价改革总体方案》，提出："改进中小学校评价。义务教育学校重点评价促进学生全面发展、保障学生平等权益、引领教师专业发展、提升教育教学水平、营造和谐育人环境、建设现代学校制度以及学业负担、社会满意度等情况。国家制定义务教育学校办学质量评价标准，完善义务教育质量监测制度，加强监测结果运用，促进义务教育优质均衡发展。普通高中主要评价学生全面发展的培养情况。国家制定普通高中办学质量评价标准，突出实施学生综合素质评价、开展学生发展指导、优化教学资源配置、有序推进选课走班、规范招生办学行为等内容。"

2021 年 3 月，教育部等六部门印发《义务教育质量评价指南》，指出义务教育质量评价要"注重结果评价与增值评价相结合""注重综合评价与特色评价相结合""注重自我评价与外部评价相结合""注重线上评价与线下评价相结合"。

2021 年 4 月，教育部办公厅发布《关于加强义务教育学校作业管理的通知》，提出："在课堂教学提质增效基础上，切实发挥好作业育人功能，布置科学合理有效作业，帮助学生巩固知识、形成能力、培养习惯，帮助教师检测教学效果、精准分析学情、改进教学方法，促进学校完善教学管理、开展科学评价、提高教育质量。"

2023 年 5 月，教育部办公厅印发《基础教育课程教学改革深化行动方案》，提出："注重核心素养立意的教学评价，发挥评价的导向、诊断、反馈作用，丰富创新评价手段，注重过程性评价，实现以评促教、以评促学，促进学生全面发展。”

综上可以看出，新时代我国的学业评价有以下新变化。

1. 评价价值的变化：由注重甄选转向促进发展

传统的学业评价主要利用标准化考试对学生进行考核，并利用考核结果的分数进行人才选拔。评价的价值在于划分成绩等级，让学生在分数段的划分过程中被分级或分流。

当学业评价的价值转向促进学生发展时，评价就不再仅仅是学习成效的考查手段，而是为学生提供及时反馈与学习改进建议的有效工具，可以帮助每一个学生认识到自己的学习进步和不足，从而指导学生改进学习策略和方法。现代学业评价重视让每一个学生都得到充分的发展，而不是只关注少数考试成绩优良的学生的成长，其本质是尊重学生的个性，允许并激励每一个学生根据自己的兴趣、需求和进度进行学习，而不是单纯地对学生进行排名与区分。强调评价的发展性功能有助于促进教育资源的公平分配，为所有学生提供支持和平台，让每个学生都有机会发挥潜力，而不仅仅是选拔一部分人才。学业评价的转变是为了更好地服务于学生的个人发展，帮助他们适应未来社会的需求，并充分发挥他们的潜能。这种转变有利于创建一个更能包容和支持学生的学习环境，鼓励终身学习和个人的持续成长。

2. 评价功能的变化：从注重结果走向关注过程

如前所述，传统的学业评价注重甄别与选拔，关注评价的结果并依据结果对学生进行水平划分。随着时代的发展，现代学业评价越来越重视对学生学习过程的评价。现代教育越来越关注学生的个性化特质，关注学生的个性化发展，尊重学生的个性化差异，指向促进每一个学生的全面发展、为每一个学生提供适宜的发展空间，因此甄别并不是目的，而是关注分析每一个学生的学习基础、学习偏好等，关注每一个学生在学习过程中知识、技能、思维、情感、态度、价值观的变化。

关注过程的评价更重视对学生学习过程的及时评价、反馈与指导，这样的评价有利于学生学习过程的改进，能指导学生及时调整学习策略、提高学习效率并最终提升学习效果。关注过程的评价在本质上重视的是学生在学习过程中的深入参与情况、重视学生对学习过程的自主控制，研究学生的学习是怎样发生的，并依据学生的学习进展予以适宜的学习支持。在关注过程的评价中，学生不再是被动的知识接受者，而是能够自主反思、深度参与的学习反思者与改进者。

值得一提的是，技术的进步为关注过程的评价提供了新的可能性。例如，教师可以利用数字化、智能化工具对学生的学习过程数据进行伴随式采集并进行智能化分析与反馈，让记录学习过程、分析学习过程、反馈学习过程的评价信息更为便捷。

3. 评价主体的变化：从单一主体走向多元主体

传统的学业评价主要是由教师对学生的学习进行评价，教师常常是最主要的甚至唯一的评价主体。这可能影响评价结果的精准性与可用性。比如，教师不能全程跟踪学生的学习过程，因此不能给予学生全面而充分的评价；教师自身的评价能力甚至主观上的偏见会直接影响评价结果的有效性；教师因为精力有限并不能及时地、细致地反馈评价结果，从而影响评价结果的有效应用等。新时代的学业评价越来越关注如何由多评价主体为学生的学习提供多角度反馈与学习支持。比如，同伴、家长、学生自己都可以参与评价，可以从同一角度（不同评价主体参考同一评价标准评价相同的内容）或不同角度（不同评价主体的评价内容与相应的评价标准并不相同）评价学生的学习过程与结果。

同一角度的评价结果如果具有一致性，则可更好地证明评价结果的可靠性，即使参照同一评价标准不同评价主体给出的评价结果有所差别，也有助于对学习与教学进行反思。不同的评价主体如果从不同角度进行评价（如同伴可以评价学生的协作意识与能力、家长可以评价学生的自主学习意识、学生可以反思评价自己的思维过程与能力等），则可以更好地兼顾对学生不同方面发展状态的评价。与此同时，多主体评价还有以下潜在的优势：一是有助于培养学生的沟通协作意识——学生可以学习接纳不同的意见与建议；二是有助于协同育人，让同伴、家长等更多的人真正参与到学生的发展过程中来；三是有助于提升学生的自我评价和反思意识与能力，促进学生的终身学习；四是有助于提升评价的公平性与客观性，推进学业评价体系的持续完善。

4. 评价内容的变化：从知识评价转向综合评价

在真实的工作和日常生活情境下，人们往往需要综合运用多种技能，协调智力与非智力因素，以达到解决复杂问题的目标。传统学业评价注重对知识的评价，已经不能满足实际需要。新时代的学业评价关注对学生核心素养的评价，是综合的、关注学生全面发展的评价。《普通高中课程方案（2017 年版 2020 年修订）》的四大主要变化之一是“研制了学业质量标准”，要求“各学科明确学生完成本学科学习任务后，学科核心素养应该达到的水平，各水平的关键表现构成评价学业质量的标准。引导教学更加关注育人目的，更加注重培养学生核心素养，更加强调提高学生综合运用知识解决实际问题的能力，帮助教师和学生把握教与学的深度和广度，为阶段性评价、学业水平考试和升学考试命题提供重要依据，促进教、学、考有机衔接，形成育人合力。”

转向综合评价意味着现代学业评价更关注全面地评价学生的问题解决能力、批判性思维、创造力、沟通和协作能力等核心素养，这与新课程改革倡导的跨学科学习、高阶学习与深度学习相契合。综合评价不但评价学生在某一学科的复杂问题解决能力，也评价学生的跨学科问题解决能力，同时也关注对学生情感、意志、自我监控能力、终身学习能力等各方面发展状态的评价，指向培养学生面向国家与社会发展需求的综合素养。通过综合评价，可以更加全面、准确地反映学生的整体学习成效，并促进学生在知识、技能、情感和态度等多方面的全面发展。

5. 评价方式的变化：从形式单一转向方式多样

《国家中长期教育改革和发展规划纲要（2010—2020年）》提出："根据培养目标和人才理念，建立科学、多样的评价标准。开展由政府、学校、家长及社会各方面参与的教育质量评价活动。做好学生成长记录，完善综合素质评价。探索促进学生发展的多种评价方式，激励学生乐观向上、自主自立、努力成才。"

一方面，认知、技能、情感等不同的学习结果往往需要不同的考核评价方式；另一方面，不同的学生存在学习风格的差异，不同的学生在展示学习成效时可能偏好不同的方式，因此单一的评价方式难以保证有效考核出学生真实的学习情况，也难以保证每个学生得到公平公正的评价。为此，除利用书面考试的传统评价方式之外，还可以采用项目作业、口头报告、课程论文等多种方式进行评价。为保证所有学生的学习成果得到公正的认可，评价方式需要设计得更加全面和更具包容性，确保不同背景和能力的学生都能在公平的环境中展示自己的能力。

与此同时，现代教学方法本身越来越多元化，学习方式也越来越多样化，传统的指向知识系统传授的讲授法已经难以完全满足现代教育教学的需要，协作学习、探究学习、跨学科学习成为现代学习方式的必然选择，由此，学业评价也相应地从简单的知识记忆测试转向对学生分析、批判、协作、创造能力的评价。学业评价的实施越来越注重学生的主动参与和师生间的互动，评价方式也更加注重过程和参与，比如可以有组间互评、组内互评、学生自评等多种方式。另外，随着以大数据技术、人工智能技术为代表的信息技术的迅猛发展，数字化、智能化评价方式得到了越来越广泛的应用。因此，在线测验、在线讨论、在线数据分析等都已经成为非常便捷的评价方式，极大地丰富了现代学业评价的方式。

6.2 信息技术课程学业评价的设计原理

6.2.1 信息技术课程学业评价设计的基本原则

信息技术课程的学业评价设计，一方面要遵循教学评价设计的一般原则；另一方面，要充分考量信息技术学科自身的特质。尤为重要的是，信息技术课程的学业评价必须指向评价学生信息技术学科核心素养。

1. 遵循教学评价设计的一般原则

在理论层面，教育教学中的评价设计一般应该遵循客观性、发展性、全面性和多样性四个原则：客观性是指评价本身要客观反映被评价者的真实情况，所做出的价值判断、给出的评价结果应该是客观公正的；发展性是指评价工作应该着眼于促进被评价者的发展；全面性是指评价应该尽可能全面覆盖全部评价内容、全学习阶段；多样性要是指评价的方法（如量化评价与质性评价的有效统合）、评价的主体（如他评与自评的整合）、评价的周期（如定期评价与经常性评价的结合）以及评价的方式（如诊断性评价、形成性评价与终结性评价的融合）要多样化。

在实践层面，为提升学业评价的科学性与可操作性，还可以关注以下方面：

一是要有明确的目标导向。评价应与学习目标和要求相一致，评价项目应直接反映学生所需学习的内容和相关学习要求，以便让评价真正发挥评学促学的作用。

二是要采用多样化评价方式。评价方式应多样化，充分考虑学生的不同学习风格和能力，可以包括书面测试、口头答辩、作品展示、实践项目等不同形式的评价。

三是要加强标准建设与应用。为确保评价过程公正、公平，避免出现歧视和偏见，应制订明确的、具有可操作性的评价标准并向学生公开，强化评价标准的有效应用。

四是要注重多主体的参与。应鼓励学生积极参与评价过程，以便使学生在互评过程中提升沟通协作能力，在自评中提升自我评价与反思能力。

五是要注重评价反馈和指导。要选择适当的方式向学生反馈评价结果，反馈应该及时、准确，为学生提供有效的学习指导，帮助学生了解学习进展、调整学习策略、提升学习效果。

2. 符合信息技术学科自身的特质

任何评价都涉及评价主体的确立（谁来评价）、评价取向的选择（是评价过程还是评价结果）、评价内容的确定（针对评价对象要评价哪些方面）、评价方法的选择（如采用单元测试还是实践项目评价）、评价标准的制订（标准是否可靠）等环节。信息技术学科具有理论性、工具性与实践性并重的特征。具体来说，信息技术学科具有以下几方面特征：一是教学内容更新快——信息技术学科的课程内容会随着信息技术的快速发展而动态更新；二是学习过程的互动性——学生在学习信息技术学科时，需要直接与信息技术工具进行实时互动，基于实际操作进行学习；三是跨学科性——信息技术学科的学习与语文、艺术、生物、物理、数学等学科高度关联；四是学习成果的创新性——学生被鼓励探索信息技术的创新应用，学生可以创新性地应用所学的信息技术学科知识与技能促进其他学科的学习或解决生活中的实际问题。

《普通高中信息技术课程标准（2017 年版 2020 年修订）》中界定的高中信息技术课程的五大理念之一是“构建基于学科核心素养的评价体系，推动数字化时代的学习创新”，具体要求是“课程评价以学科核心素养的分级体系为依据，利用多元方式跟踪学生的学习过程，采集学习数据，及时反馈学生的学习状况，改进学习，优化教学，评估学业成就；注重情境中的评价和整体性评价，评价方式和评价工具应支持学生自主和协作地进行数字化问题解决，促进基于项目的学习；完善标准化纸笔测试和上机测试相结合的学业评价，针对专业能力较强的学生，可引导其完成案例分析报告或研究性论文。”

3. 指向学科核心素养的评价

《义务教育信息科技课程标准（2022年版）》和《普通高中信息技术课程标准（2017年版2020年修订）》都给出了面向核心素养培养的学业评价建议。

其一，在设计学业评价时要明晰信息技术学科四大核心素养（信息意识、计算思维、数字化学习与创新、信息社会责任）的内涵，明确核心素养培育是信息技术课程的最终目标指向，因此学业评价的设计务必指向对学生学科核心素养水平的评价。

其二，信息技术学科的四大核心素养各不相同，评价的内容与方法也常常有所区分，需要根据不同教学情境、不同教学内容指向的不同核心素养选择评价方法、制订评价标准。

其三，无论是高中信息技术课程标准还是义务教育信息科技课程标准，都对不同核心素养的学业标准给予了明确的界定，尤其是《义务教育信息科技课程标准（2022年版）》对不同学段的四种不同的核心素养测评提供了明确要求与建议，值得深入研究。

6.2.2 信息技术课程的“教—学—评”一致性

1. 理解“教—学—评”一致性

《义务教育课程方案（2022年版）》明确提出注重实现“教—学—评”一致性，增加了教学、评价案例，不仅明确了“为什么教”“教什么”“教到什么程度”，而且强化了“怎么教”的具体指导，做到好用、管用。“教—学—评”一致性是现代教育教学改革的方向，对于学业评价而言，达到三者一致方是有效的评价。表6-1列出了一些关于“教—学—评”一致性的专家观点。

表6-1 关于“教—学—评”一致性的专家观点

专家	观点
崔允漷、夏雪梅（2013）	在特定的课堂活动中，以清晰的目标为前提，教师的教、学生的学以及对学习的评价应具有目标的一致性。从四个方面对其含义做出解释：第一，清晰的目标是“教—学—评”一致性的前提和灵魂；第二，“教—学—评”一致性是指三者要保持目标的一致性；第三，“教—学—评”一致性指向有效教学；第四，“教—学—评”一致性的实现取决于教师的课程素养与评价素养，并通过实证研究构建出“教—学—评”一致性理论模型
崔允漷、雷浩（2015）	“教—学—评”一致性由“学—教”一致性、“教—评”一致性、“评—学”一致性三个因素组成，两两因素之间存在关系并共同组合成一个整体，构成其所有含义。“学—教”一致性，或者说“所学即所教”，是指在目标的指引下学生的学习与教师的教学之间的匹配程度；“教—评”一致性，或者说“所教即所评”，是指教师的教学与对学生的评价之间的匹配程度；“评—学”一致性，或者说“所学即所评”，是指学生的学习与对学生学习的评价之间的匹配程度

续表

专家	观点
卢臻（2016）	“教—学—评”一体化中的“一体化”既是教学设计的组织策略建构目标、教学、评价三大课程元素的内在统一性，又是教学实施的运作策略实现教、学、评三大教学要素的系统性
宋词、郑东辉（2018）	在课堂上以目标为核心实现“学—教”一致、“教—评”一致、“评—学”一致的过程，进而达成既定的目标
王云生（2019）	强调教学目标、学生的学习目标、课堂教学评价目标的一致性，要求一体化地设计教、学、评。评价的目的是考查学习目标达成程度，并促进课堂教学目标的达成。评价要和教学过程融合在一起，成为课堂教学不可或缺的一部分。认识课堂教学“教、学、评的一致性”是设计组织“教—学—评”一体化的前提。正确地确定学习目标，设计能有效进行学习过程评价的学习活动的方式、方法，是实施“教—学—评”一体化的关键
吴星、吕琳（2019）	“教—学—评”一致性倡导“教、学、评”在目标上的高度吻合，“教—学—评”一体化将“教、学、评”有机融合，是课程实施的过程和方式，实施“教—学—评”一致性的必然方式就是“教—学—评”一体化
郭元祥、刘艳（2021）	“教—学—评”一致性试图达成学习目标、教学活动与评价之间的一致性，是基于学习目标展开的专业实践，其实质在于以评价实现教与学的统整，通过监测学生学习过程来检测教与学的效果，并以持续性评价实现对学生学习成效的持续性观察，以此来调整教师的教学设计和教学思路，构建动态循环的以评促学、以评促教的正向回路
吴晗清、高香迪（2022）	“教—学—评”一体化是以立德树人为根本目的，聚焦于学生核心素养发展，将教、学、评相互融通进行系统化设计，适应新时代社会发展和学生个性而又全面发展的教育教学理念；是自下而上从课堂到学校、再到社会，以及自上而下从社会到学校、再到课堂的双向互动；关注课堂，但不限于课堂，还涉及场域更为宏大的学校和社会，是一项任重道远的系统工程
张志勇（2022）	“教—学—评”一致性是指在课堂教学中，教师的教、学生的学和对学生学习的评价三种因素的协调配合程度。教师的教、学生的学和课堂评价是一致的，都是围绕目标展开的。它包括三个一致：一是学与教的一致性，即“所学即所教”；二是教与评的一致性，即“所教即所评”；三是评与学的一致性，即“所学即所评”
邵光华、苗榕峰（2022）	将“教—学—评”一致性分为三维度、六要素进行分析，即“学—教”一致性分为“教与学”一致性和“学与教”一致性，“教—评”一致性分为“教与评”一致性和“评与教”一致性，“评—学”一致性分为“评与学”一致性和“学与评”一致性

续表

专家	观点
杨季东、王后雄（2022）	在素养目标导向下，追求教师的教、学生的学及对学生学习的评价之间协调配合，以评价统整教与学，其核心目的是促进学生学科核心素养发展
雷浩（2023）	基于核心素养的“教—学—评”一致性为落实立德树人根本任务提供路径支持，为新时代的课程改革创新实施提供专业规范，为践行学习中心理念提供策略引领。基于核心素养的“教—学—评”一致性是从核心素养出发，实现课堂学习目标、形成性评价以及学习任务之间的匹配。在设计理念上，关注基于课程标准、教材和学情形成课堂学习目标，开展促进学习的评价，以评价引领学习任务；在行动逻辑上，以学习逻辑贯穿“教—学—评”一致性实践；在学习方式上，突出学科实践；在评价行动中，聚焦收集核心素养表现的证据

2. “教—学—评”一致性实践案例

厦门市演武小学是“全国现代教育技术实验校”“福建省教育信息化实验校”“厦门市智慧校园三星达标学校”。该校的信息技术学科教师团队一直致力于应用数字化平台开展课堂教学实践，期望通过平台提升师生的课堂效率，实现核心素养导向下的课堂教、学、评三位一体；在建构主义理论、深度学习理论与SOLO分类理论的指导下，自主研发了人工智能“教—学—评”一体化云平台（见图6-1）；平台基于钉钉简道云的零代码开发，实现了师生PC、移动多端快速访问，实现了以发展核心素养为目标的“教—学—评”一体化课堂；教学中借助自主研

图6-1 人工智能“教—学—评”一体化云平台

发的“教—学—评”一体化平台，教师将课题生活化呈现于教学主题，将课堂任务单设计呈现给全体学生（学生学习时自然分层），学生打开平台依据任务单完成相关任务，快速上传作品、课堂 40 分钟学生表现数据、作品自评组评数据，平台在云端实时进行数据加工，生成学习评价统计图表，用 SOLO 分类理论对每个学生本节课实际学习水平进行精准测评，确定每个学生本节课的实际学习水平层次，干预、改进教师的教与学生的学，实时调整下节课的教学进程，引导学生的课堂与课后的学习路径（如指导个别学困生、产生创新应用名单、课后云端一对一指导、调整下节课内容与节奏等），奖励铜星给课堂综合表现优异的同学；促进以学生为主体的差异化教学与个别化指导，实现课堂过程可收集、数据可分析、评价可量化、结果可复盘，最终实现“教—学—评”一体化的课堂教学，具体功能见表 6-2。

表 6-2　“教—学—评”一体化云平台功能列表

名称	使用者	功能描述	设计意图
课堂任务单	教师发布 学生浏览	按年级课题将任务单呈现在学生电脑上，每节课学生可根据任务单自主完成内容学习	改变原有的 PPT 授课模式，将任务单电子化自动推送到每个学生的桌面
课堂展览	师生浏览	按学期年级课题将所有学生作品展示给学生，学生按需浏览（跨年级、跨班级学习）	教师浏览所有学生作品定出每节课的“小老师”（指在学习过程中学习成效较好的、能够指导其他同学学习的学生导师） 学生随时浏览借鉴别人作品，以巩固学习新知
作品上传 过程评价 （1～6 分） 自评 （1～5 分） 师评 （1～5 分）	学生上传作品、加减分、 自评 教师评价	学生将课堂作品（成果）上传，根据课堂表现加课堂评价分，按标准给自己打作品自评分，同时反馈课堂遇到的困难；教师课后可复盘打师评分	解决以往课堂电子作品无法归类收集、复查重做、跨段学习等问题，并将课堂评价与作品自评量化，对课堂困难进行分析诊断，有助于学生学习后面的内容；教师课后可盘点整节课并进行个性化指导
组评 （1～5 分）	小组长	组长对本组所有作品进行评分	用数字量化评价代替传统虚化文字评价
互评 （1～5 分）	学生	所有同学对优秀作品进行评价	用数字量化评价代替传统虚化文字评价

续表

名称	使用者	功能描述	设计意图
课堂诊断	师生	对数据进行加工后，实时按教材课题自动分析统计每个学生依照SOLO 分类理论的实际学习水平层次	把脉学生学习情况，进行导优辅差、课后个性化指导工作安排，调整课堂及下节课教学策略与内容
学习资源	师生	按需提供课堂学习资源	有利于学生的分层学习与个性化学习

厦门市演武小学的研发团队数次迭代更新“教—学—评”一体化云平台，探索出了一套基于“教—学—评”一体化云平台的课堂教学模式，即“生活导课—任务驱动—自主探究—创新提升—数据收集—作品展评—效果诊断—总结奖励”模式。以下是该团队以厦门市人工智能进百校项目之五年级人工智能课程智慧农业之“自制机械农具”一课为例，展示的基于“教—学—评”一体化云平台的课堂教学实践。本案例充分运用“教—学—评”一体化云平台开展人工智能课堂教学，不仅实现了“教—学—评”一体化，还实现了核心素养导向下的深度学习课堂，课堂上教师将学习的主动权还给学生，积极创设合作交流、思维碰撞的环节，将更多的时间留给学生自主创造，充分调动了学生的自主性、参与性和积极性。

案例：人工智能课程智慧农业之“自制机械农具”

（一）生活导课

教师创设生活情境，播放农民使用农具的片段，请学生认一认这些农具是什么，并分析其运动方向。请一名学生上台表演三种手工农具（锄头、铲子、镰刀）的操作，请其他学生观察、分析每种农具的运动方向，从而导入本课学习任务单。学生在教师引导下登录云平台观看相关任务单对应的授课视频、教学课件、微课及相关学习资源等，记录自己在学习过程中遇到的问题；培养学生的信息意识。

（二）任务驱动

课堂任务单（图一）分解为：任务1——尝试搭建简易机械农具；任务2——改造升级灵活机械农具；任务 3——尝试制作智能农具。课堂上通过头脑风暴、交流讨论等方法解决学生遇到的难点知识，讲解机械农具运动的科学原理，引导所有学生运用已有知识、经验进行农具设计。通过与同伴交流讨论，分析现有简易机械农具的不足，运用限定器材（增加舵机数量）进行改进，比如增加挡位、功能等，通过编程手段加以验证，达到迁移应用旧知、自主学习新知的目的。本环节培养了学生的信息意识与计算思维素养。

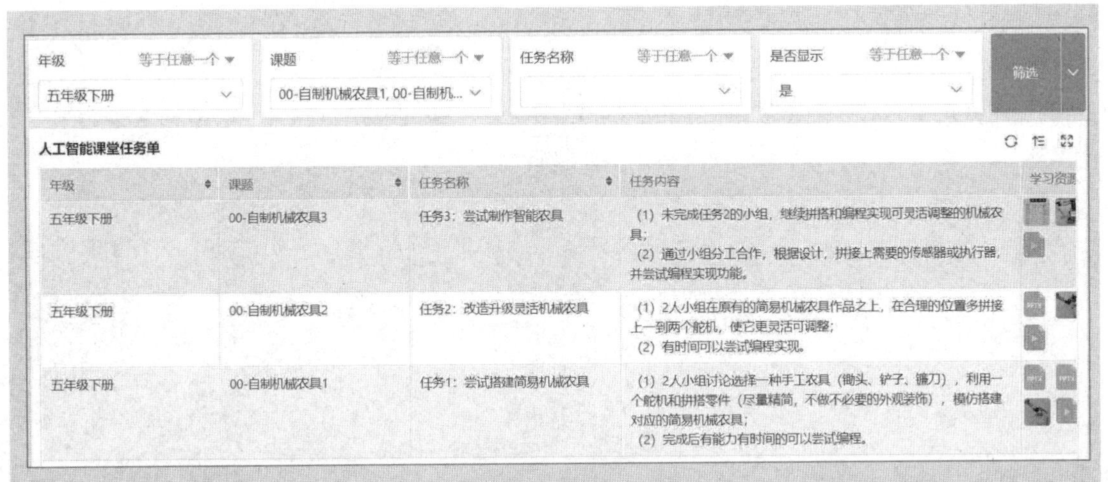

年级	课题	任务名称	任务内容	学习资源
五年级下册	00-自制机械农具3	任务3：尝试制作智能农具	（1）未完成任务2的小组，继续拼搭和编程实现可灵活调整的机械农具； （2）通过小组分工合作，根据设计，拼接上需要的传感器或执行器，并尝试编程实现功能。	
五年级下册	00-自制机械农具2	任务2：改造升级灵活机械农具	（1）2人小组在原有的简易机械农具作品之上，在合理的位置多拼接上一到两个舵机，使它更灵活可调整； （2）有时间可以尝试编程实现。	
五年级下册	00-自制机械农具1	任务1：尝试搭建简易机械农具	（1）2人小组讨论选择一种手工农具（锄头、铲子、镰刀），利用一个舵机和拼搭零件（尽量精简，不做不必要的外观装饰），模仿搭建对应的简易机械农具； （2）完成后有能力有时间的可以尝试编程。	

图一　课堂任务单

（三）自主探究

根据任务单要求，以 2 人小组为单位（人工智能教室学习分组：班级分八大组，每组再分 2 人小组）进行自主探究，利用平台任务单学习资源分工协作，完成机械农具创作。2 人小组自主选择器材（传感器+执行器）、模型搭建等搭建部分任务，快速完成搭建，分层编写程序实现运动功能。教师全程围绕八大组巡视，指导学生完成模型搭建，并引导负责编写程序的学生灵活运用顺序、条件、循环三种结构实现农业半自动化劳作，在作品调试环节给予各小组有力的帮助，同时积极发动大组长与快速完成的同学帮助动手能力较弱的小组在指定时间内完成模型搭建与程序编写。本环节可提升学生的计算思维及数字化学习与创新素养。

（四）创新提升

机械农具实现了半自动化劳作，如何更省力、智能地劳作呢？继续鼓励组内学生发挥自己的聪明才智，优化、改进模型搭建与编程逻辑，智能化改进小组作品，以自主探究形式完成作品创新。本环节可提升学生的计算思维及数字化学习与创新素养。

（五）数据收集

完成智能农具作品后，小组长将本组成员的课堂表现性评价、作品、作品自评数据上传（如图二所示），大组长根据小组作品完成情况与组员本节课的课堂表现将组评数据上传（如图三所示），这是基于云平台的课堂数据采集环节；自评、组评结合，力争使平台收集的数据客观公正；在小组上传作品的全过程，教师会逐一对已上传的作品进行点评，选出一部分作品质量高的学生作为本课小老师帮助组内同学，引导作品质量一般的学生查看平台上的优秀作品，继续改进自己的作品。

图二　上传作品及自评数据

课堂作品组评
学科
人工智能
*教材
年级按入学年份选择，如：一年级2020；五年级2017
五年级下册
*课题
00-自制机械农具1
*年级班级
所在班级按入学年份+数字选择，如：一年一班选：20201
20195
*桌长
01李至之
小组成员
可多选
蔡瑞航, 陈新童, 段晴涵, 高祥睿, 胡佳宁
小组名单
从作品完整1分、作品美感1分、作品科学1分、作品实用、学习态度五个方面综合评价得分

	序号	姓名	组评
1	1	蔡瑞航	4
2	2	陈新童	4
3	3	段晴涵	4
4	4	高祥睿	4

+ 添加　+ 粘贴新增

图三　上传组评数据

（六）作品展评

教师浏览作品，请创新应用小组展示作品（用数据说话，打破以往教师主观抽取学生作品展示的惯例），并阐述表达自己作品的创新元素；其他学生进行评价并分享收获和感想，进行反思。本环节中，平台运用 SOLO 分类理论，对收集到的过程性数据进行实时加工与处理，实时呈现班级与学生的学习水平诊断图（如图四所示），体现了信息技术的高效与快捷，引导学生从对智能农具作品的探究升华到自主可控、国家安全的政治高度，激发学生的创新意识与信息责任感。

（七）效果诊断

本环节是“教—学—评”一体化教学的核心环节，也是平台最大的亮点。绝大多数小组作品上传完毕，课堂进入诊断环节。请学生观察并分析本课班级总体学习情况，柱形图告诉我们，本课本班所有同学的课堂表现总得分为 184 分、自评为 231 分、组评为 184 分；指标图显示本课学生学习水平层级人数分布情况：创新应用 20 人、完全掌握 28 人、基本掌握 2 人、掌握一点儿与完全不会 0 人；折线图进一步告诉我们每个层级的学生名单，以及课后进行线上线下个性化差异辅导的学生名单。每个学生都可以进一步反思成果与表现。本环节进一步提升了学生的信息意识与计算思维素养。

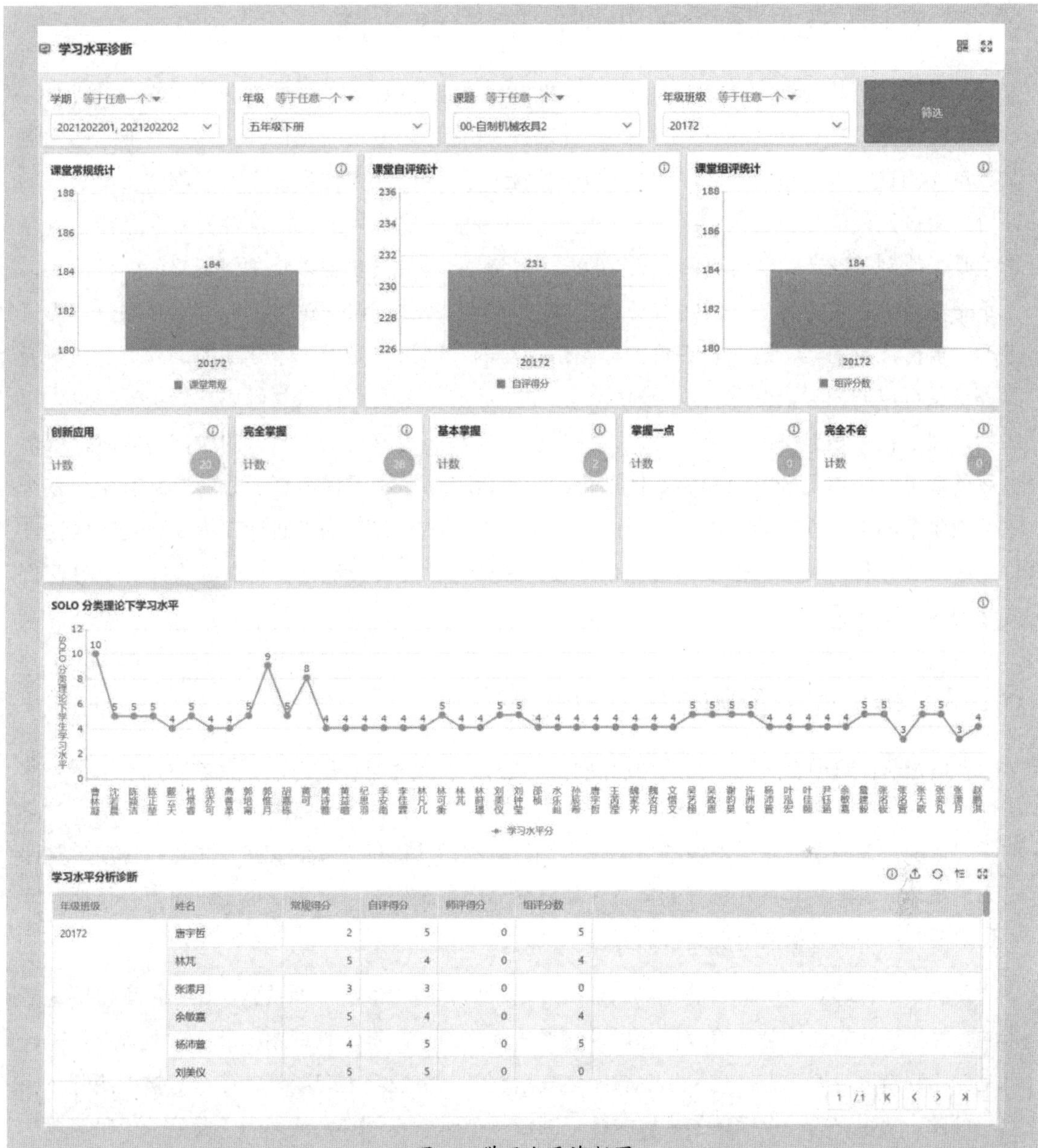

图四　学习水平诊断图

（八）总结奖励

教师通过数据图表总结本课总体学习情况以及个体学习情况，将学校课堂评价体系中的课堂常规星颁发给创新应用小组组员。学校课堂评价体系中的课堂常规星的颁发进一步激发了学生的争星热情与学习热情，也将“教—学—评”一体化课堂的气氛推向了高潮。该平台实现了用数据说话、以学生为本的个性化课堂，做到了精准分析学情，促进学生再次学习，引导教师用数据进行课堂反思，改进课堂教学，有针对性地开展课后个别化指导。

6.3 信息技术课程学业评价的设计方法

如前所述，从功能上区分，学业评价可以分为诊断性评价、形成性评价与终结性评价。诊断性评价一般在教学活动开展前进行；形成性评价可以采用随堂作业、课后作业、随堂测试、单元测试、阶段性实践项目等多种方式进行；而终结性评价是在学习过程结束时进行的评价，用以衡量学生在一段时间内对特定内容或技能的掌握程度。终结性评价通常用于判断学生是否达到了既定的学习目标。较之形成性评价，终结性评价更多地关注最终的学习成果，而不是学习过程中的进步。终结性评价一般采用期末考试、课程论文、综合实践项目等方式进行。值得注意的是，这三种评价的分类是相对的，例如，对于一个学期的课程而言，单元测评试卷可以归为形成性评价，但对于一个单元而言，单元测评试卷则属于终结性评价。再比如，课前检测是典型的诊断性评价，但当课前检测的内容是上一节课的学习内容时，课前检测便既可以视作上一节课的终结性评价，也可以视作多次课程整合形成的单元教学或整个学期教学中的形成性评价。因此，后面的讨论我们不区分到底是诊断性评价，还是形成性评价或终结性评价，仅从评价设计的操作层面介绍课前检测、表现性评价、档案袋评价等评价方法的内涵与应用。

6.3.1 基于课前检测的学业评价设计

课前检测的目的是了解学生的学习基础，以便教师为学生的学习提供有针对性的支持。课前检测可以是小升初、初升高后的第一次检测——此时的检测主要是为了了解学生在前一学段的学习情况，为马上开始的学段的信息技术课程教学设计提供必要的支持；也可以是在单堂课前为达成某一具体教学目标进行的检测（如要培养学生制作演示文稿的能力，可以在授课前就学生前期利用演示文稿的情况进行调查或测试）。

信息技术课程教学中常用的起点调查可以是一份完整的诊断性测试题（比如，可以覆盖基本的计算机操作知识、基础编程概念以及普通软件应用技能等，测试题中既可以包含选择题、填空题、判断题等客观题，也可以包含论述题、案例分析题等主观题），可以是技能测验（例如，可以让学生完成一个简单的文档排版，制作一个简单的 PPT，或编写一段简单代码等），也可以是问卷调查（比如，通过问卷收集学生的背景信息，了解他们曾经接触过哪些技术、软件和编程语言）或实时提问与讨论（通过提问了解学生的前期准备情况，通过观察学生之间的相互讨论与发言了解学生对某些技术应用的看法等）。

1. 新学段起点水平的评价

在信息技术课程中测试高一学生的学习起点，关键在于评估他们进入高中时所具备的信息技术基本知识和技能。

案例：评价高一学生起点

一、计算机操作基本知识

1. 描述一下你用过的计算机操作系统。

□ Windows □ macOS □ Linux □ 其他__________

2. 你能够熟练使用哪些办公软件？

□ 文字处理（如 Word） □ 表格处理（如 Excel） □ 演示文稿制作（如 PowerPoint）

□ 其他__________

3. 你有没有在家里或学校完成过计算机硬件或软件的维护工作？如果有，请简要描述。

____

二、编程和软件开发

1. 你是否学过任何编程语言？□ 是 □ 否

如果你的答案为"是"，请列举：__________

2. 简述你完成的任何编程或软件开发项目（如果有）。__________

三、网络和信息安全

1. 你对网络基础知识（如 IP 地址、DNS、路由器等）的熟悉程度如何？

□ 非常熟悉 □ 有一定了解 □ 知道一些基本概念 □ 几乎不了解

2. 描述你对信息安全的理解。（例如，你是如何保护个人数据隐私和防范网络威胁的？）

____

四、图形和媒体软件

1. 你是否使用过任何图形图像处理软件？ □ 是 □ 否

如果你的答案为"是"，请列举：__________

2. 你是否使用过任何音频编辑软件？ □ 是 □ 否

如果你的答案为"是"，请列举：__________

3. 你是否使用过任何视频编辑软件？ □ 是 □ 否

如果你的答案为"是"，请列举：__________

五、自我评估与建议

1. 请对你目前的信息技术技能整体水平打分（1分为最低，5分为最高）。

□ 1分 □ 2分 □ 3分 □ 4分 □ 5分

2. 你对信息技术课程学习有什么特别的期待或目标？__________

3. 在信息技术工具使用方面，你认为自己的强项是什么？__________

4. 有什么信息技术相关的主题或技能是你特别感兴趣的？__________

5. 你期望同学在信息技术课程中为你提供哪些方面的支持？________

6. 你期望教师在信息技术课程中为你提供哪些方面的帮助？__________

2. 课前学习准备状态评价

课前学习准备状态评价是指针对某一次具体的课堂学习进行的诊断性评价，旨在了解学生学习当前具体课程内容的准备状态。例如，如果要让学生学习演示文稿制作技能，可以发放以下课前调查问卷。

案例：课前调查——关于演示文稿制作的准备状态

一、演示文稿软件使用基本情况

1. 你以前制作过多少次演示文稿？ □ 0次 □ 1~3次 □ 4~7次 □ 8次及以上

2. 你使用过哪些演示文稿制作软件？（可多选）

□ Microsoft PowerPoint

□ WPS

□ Apple Keynote

□ Prezi

□ 其他__________

□ 没有使用过任何演示文稿制作软件

3. 评价你自己对最熟悉的演示文稿软件的整体掌握程度。

□ 我是新手

□ 了解基本操作

□ 熟悉大部分功能

□ 可以运用高级功能

二、设计和布局能力

1. 在设计演示文稿时，你是否知道如何选择和应用模板？

□ 是 □ 否

2. 你对如何在演示文稿中使用颜色、字体和布局有多了解？（1 为不了解，5 为非常了解）

□ 1 □ 2 □ 3 □ 4 □ 5

三、内容创作能力

1. 评估你制作内容和编辑文字的能力。（1 为很弱，5 为很强）

□ 1 □ 2 □ 3 □ 4 □ 5

2. 描述你在创作演示文稿时的信息组织经验（例如，如何区分内容层次、突出重点等）。

____

四、视觉元素使用能力

1. 你是否有在演示文稿中插入和编辑图表、图像和视频的经验？

□ 是 □ 否

2. 评估你在演示文稿中运用视觉辅助元素（如图表和图像）的能力。（1 为很弱，5 为很强）

□ 1 □ 2 □ 3 □ 4 □ 5

五、演示文稿的应用

1. 你是否有利用演示文稿进行发言或演讲的经验？

□ 是 □ 否

2. 在利用演示文稿进行发言或演讲时你的自信程度如何？（如有）

□ 非常自信 □ 有一点儿自信 □ 一般 □ 不太自信 □ 一点儿也不自信

六、其他反馈和建议

1. 如果你之前有过制作演示文稿的经历，你觉得最有挑战性的部分是什么？__________

2. 你希望在演示文稿课程中学到哪些具体技能或知识？__________

3. 你对演示文稿课程教学的其他期望与建议有哪些（例如，对教学指导、同伴学习、学习资源等的期望）？__________

6.3.2 信息技术课程测评试卷的编制

1. 利用双向细目表系统设计测评试卷

双向细目表是开展学业评价过程中用于试卷设计与分析的常用工具，可以理解为一个二维表格。一般地，双向细目表的纵向（垂直）维度代表不同内容领域或知识点，而横向（水平）维度表示不同的认知水平、能力层级或技能类型。业界多用布鲁姆的认知层次分类法（包括记忆、理解、应用、分析、评价和创造）来区分横向上的认知水平要求。为体现对整门课程的关注，一般还可以在双向细目表中体现章节，体现一个章节中有多少重要知识点。

研究者对双向细目表的样式与功能进行了深入的研究：双向细目表可以有多种样式，比如可以在最后两列附加题型与难度，也可以在认知层次中直接标注题型并显示其难度；双向细目表既可以用于设计试卷，也可以用于分析试卷，用于设计试卷的双向细目表与用于分析试卷的双向细目表的样式又有区分；科学的双向细目表不但可以提升教育测评的科学性与计划性，也可以提升教学的针对性，优化教学效果，还可以用于指导教师日常备课，让教师聚焦于教学重点，提升教学效率。

在双向细目表中，每个测试题目都会被放置在纵向（垂直）维度与横向（水平）维度的交叉点上，以表明测评题目指向的具体内容领域与认知能力。双向细目表将测评设计可视化，让教师和学生都能清楚地了解测评的全貌。通过利用双向细目表，教师可以更容易地关注到测评内容是否覆盖了学习目标与教学内容（尤其是重要的教学内容），也可以自检是否考查了学生在不同认知层面应该具备的知识或能力，便于发现测评中可能缺失的（没考查到的）知识领域或能力水平，从而保障测评设计的科学性。

现以高中信息技术必修课程“数据与计算”的第 1 章“认识数据与大数据”为例，设计单元测试的双向细目表。本章主要包括“数据、信息与知识”“数字化与编码”“数据科学与大数据”三部分内容，有效培养学生信息技术学科核心素养。在双向细目表中分别列出主要学习内容和预期学习结果，从而指导教师在教学中应重点讲解和练习的方面，同时也为学生的学习提供明确的方向。双向细目表具体如表 6-3 所示。

表 6–3 双向细目表

<table>
<tr><th colspan="2" rowspan="2"></th><th rowspan="2">预期学习结果</th><th>理解</th><th>应用</th><th colspan="2">分析</th><th colspan="2">评价</th><th>创造</th><th>题目难度</th><th>题目核心素养体现</th><th rowspan="2">题目总数</th></tr>
<tr><th>对原理、问题解决方法或法律法规等的理解</th><th>实际应用</th><th>对应用知识解决问题方法的比较</th><th>有效利用简单知识分步骤解决复杂问题</th><th>基于一定原则或标准的知识价值判断</th><th>对所学内容进行独立思考和评价</th><th>面对新问题时提出解决方案的创新思维</th><th>理解、应用、分析、评价、创造部分各自的难易度（易/中等/难）</th><th>信息意识/计算思维/数字化学习与创新/信息社会责任</th></tr>
<tr><td rowspan="7">学习内容</td><td rowspan="3">数据、信息与知识</td><td>感知数据</td><td>1</td><td>2</td><td>1</td><td>×</td><td>1</td><td>2</td><td>1</td><td>易、易、中等、中等、中等</td><td>计算思维</td><td>8</td></tr>
<tr><td>认识信息</td><td>3</td><td>1</td><td>2</td><td>×</td><td>2</td><td>3</td><td>1</td><td>中等、易、中等、中等、中等</td><td>信息意识</td><td>12</td></tr>
<tr><td>理解知识</td><td>2</td><td>1</td><td>1</td><td>×</td><td>1</td><td>2</td><td>2</td><td>易、中等、中等、难、中等</td><td>信息意识</td><td>9</td></tr>
<tr><td rowspan="4">数字化与编码</td><td>数字化及其作用</td><td>2</td><td>4</td><td>3</td><td>1</td><td>4</td><td>2</td><td>6</td><td>中等、中等、中等、中等、难</td><td>数字化学习与创新</td><td>22</td></tr>
<tr><td>二进制与数制转换</td><td>6</td><td>6</td><td>4</td><td>3</td><td>2</td><td>5</td><td>5</td><td>难、易、难、中等、难</td><td>计算思维、数字化学习与创新</td><td>31</td></tr>
<tr><td>数据编码</td><td>5</td><td>4</td><td>2</td><td>4</td><td>3</td><td>3</td><td>4</td><td>难、中等、难、中等、中等</td><td>计算思维、数字化学习与创新</td><td>25</td></tr>
<tr><td>数据压缩</td><td>3</td><td>3</td><td>3</td><td>2</td><td>2</td><td>3</td><td>2</td><td>中等、易、中等、中等、难</td><td>计算思维、数字化学习与创新</td><td>18</td></tr>
</table>

续表

		预期学习结果	理解	应用	分析		评价		创造	题目难度	题目核心素养体现	题目总数
			对原理、问题解决方法或法律法规等的理解	实际应用	对应用知识解决问题方法的比较	有效利用简单知识分步骤解决复杂问题	基于一定原则或标准的知识价值判断	对所学内容进行独立思考和评价	面对新问题时提出解决方案的创新思维	理解、应用、分析、评价、创造部分各自的难易度（易/中等/难）	信息意识/计算思维/数字化学习与创新/信息社会责任	
学习内容	数据科学与大数据	数据科学的兴起	2	5	2	×	4	2	1	中等、易、易、中等、中等	信息意识、数字化学习与创新、信息社会责任	16
		大数据及其应用	2	4	3	1	3	1	1	易、易、易、中等、难	信息意识、数字化学习与创新、信息社会责任	15
题目总数			26	30	21	11	22	23	23	×	×	156

2. 信息技术课程测评试题类型的选择

不管是哪个学科，根据评分标准是否客观，试题一般都可以分为客观题与主观题。客观题一般包括是非判断题、选择题、填空题。主观题一般包括论述题、案例分析题、实践操作题、简答题。信息技术学科虽然是一个实践性非常强的学科，但是也需要学生理解、掌握一些基本的概念与原理，因此往往也需要一些客观题。选择何种题型来考查学生的学习成效，需要深入分析各类题型的特质并遵循相应的编制规律。

这里以较为简单的是非判断题为例说明试题编制注意事项。是非判断题是由学生判断真伪的题，适合考查学生对是非界限明晰的事实的判断。在编制是非判断题时，每一道题只能包括一个概念且应是重要的概念。是非判断题需要考查重要概念而非常识。比如，“你认为具备信息素养是否重要？”这样的题目中并没有核心概念，不适合作为是非判断题。如果一道是非判断题中出现多个概念，则容易让学生不能聚焦于重要概念，且会出现只理解了其中一个概念（另一个概念并不清晰）但也可以答对的情况。是非判断题中还要注意避免“绝对”“一定”“都”这样的暗示性话语以及万能的“可能”“通常”这样的词语。另外，是非判断题要尽量避免用书上的原题，同时题目顺序要适当。

如第 5 章所述，较之于其他学科，信息技术学科具有工具性与实践性特质，信息技术课程的试题编制需要特别重视基于真实情境的案例分析题与实践操作题的科学设计。

（1）案例分析题

案例分析题主要考查学生通过解读和分析情境或案例能够思考、联想到的知识内容、过程方法等，这种题型在信息技术课程中一般需要学生利用电脑实际操作。案例分析题具有多种用途，首先，因为解答这类题目需要对案例进行深入剖析，挖掘其背后的原因、影响和解决方案，所以它能够测试学生分析问题和解决问题的能力。其次，案例分析题有助于提高学生理论联系实际的能力，因为很多案例都是基于真实情境的，可以帮助学生将所学知识与实际工作、生活相结合。再次，案例分析题有助于学生信息技术课程核心素养的培养，让学生在情境或案例中感受自身核心素养的提升。最后，案例分析题还能培养学生的批判性思维，鼓励他们对问题提出自己的见解，而不是盲目接受既定答案。

案例：网络安全和个人隐私

情境：

随着数字化技术的普及，日常生活中人们所使用的社交媒体软件更加丰富多样，令人目不暇接。高中生小刘热爱生活，非常喜欢在其社交媒体中进行分享，比如利用微博发布公告等，分享内容也和自己、学校、家庭等信息密切相关。

这天，小刘手机上收到一条微博陌生人的私信："您好，作为您的忠实粉丝，特邀请XX一高高二（3）班学号为1003001627的您参加学校公益活动，教授7～16岁小朋友Scratch编程，后续会颁发给您学校荣誉'XX一高编程小能手'，同时给予您4天2000元的报酬，衣食住行我们通通为您服务周到，如果您有意愿，请点击下方链接，填写个人信息问卷报名参加。"小刘心动了，按照要求将姓名、家庭住址、父母的银行卡号等信息均提供给了对方。不久后，小刘发现学校并没有举办相关活动，同时自己的微博账号被盗并发布不良信息，自己父母银行卡内的钱也被全部清空，给他带来了物质和精神上的双重打击。

问题：

1. 请利用已学过的"信息管理""网络安全"等相关知识分析私信中存在的漏洞，并加以解释。
2. 请分析小刘同学在网络安全和个人隐私保护方面存在的问题，并加以解释。
3. 结合案例，简要说明作为当下的高中生，我们应如何提升自身的网络安全意识和个人隐私保护能力。
4. 如果你是小刘的同学，发现他的微博账号被盗用并发布不良信息，同时面临着经济上的困难，你会如何帮助他？请给出相关解决方案。

题目分析：

案例分析题的主题为网络安全和个人隐私保护，将现实生活中的真实案例改编为题目情境，让学生在学习信息技术知识后反思自己在网络安全意识和个人隐私保护方面的缺陷，培养学生核心素养中的信息意识和信息社会责任。最后给出两道开放性试题，让学生结合生活感触、知识进行总结并通过文字表述来解决这些问题，兼顾培养语文学科的文字素养能力，实现一定的跨学科设计目的。

（2）实践操作题

信息技术课程中的实践操作题主要考查学生的动手实践能力和对信息技术知识的实际应用能力，帮助学生在动手实践操作的过程中明确知识应用，巩固所学知识。这类题目通常会提供一个具体的操作任务，要求学生运用所学的信息技术知识和技能，完成指定的操作或解决相关问题。实践操作题在信息技术课程中非常重要。首先，它能有效地检验学生对所学知识的掌握程度，帮助他们巩固和加深对知识的理解。其次，实践操作题能够培养学生的实际操作能力和创新思维，提高他们的问题解决能力。再次，实践操作题有助于学生信息技术课程核心素养的培养，让学生在完成任务的过程中实现自身核心素养的提升。最后，通过实践操作题的练习，学生可以更好地适应信息技术领域的实际工作需求，为未来的职业发展做好准备。

案例：通过实际操作解决问题

课堂上，王老师在讲解编程语言的相关内容后给出了如下的表格题目，从小就是“计算机迷”的赵明同学自告奋勇地举起手，希望和作为他最要好朋友的你一起协作完成这个表格题目。

1. 在 Microsoft Excel sheet 1 中有编程语言的相关信息，如图一所示。

	A	B	C	D	E	F	G
1	编程语言						
2	名称	别名	出现时间（年份）	班级中学习过语言的人数	汇总日期		
3	Scratch	“猫爪”	2007年	20	2024/1/10		
4	C语言		1978年	32	#########		
5	C++	“C加加”	1979年	16	#########		
6	C#	“C Sharp”	2000年	13	2024/1/2		
7	Java		1995年	20	2024/1/15		
8	Python	“巨蟒”	1991年	17	2024/1/13		
9							
10							
11							

图一　编程语言的相关信息

1.1　位于 C4 单元格的年份要和 C 列其他单元格格式一样，需要进行（　　）对齐。

1.2　B4 单元格要实现和 B7 单元格一样的效果。

（1）在单元格中单击右键，选择（　　）命令。

（2）进行“边框”设计并添加斜线边框样式。

1.3　位于 E 列的汇总日期中出现了“######”，通过以下哪项操作可以解决此问题？（　　）

A. 重新编辑日期

B. 改变字号

C. 增大单元格列宽

D. 调整单元格行高

出题目的：题目 1 考查学生对数据信息的基本观察和处理能力，培养学生的信息意识及数字化学习与创新能力。数据信息处理涉及信息的收集、整理、分析和呈现等环节，需要学生具备一定的信息敏感度和判断力，有效思考运用数字化工具和软件进行数据信息的处理和分析，从而提高数字化操作能力和技术水平。

题目 1.1：考查 Excel 表格数据的对齐方式。题目难度较低，重点培养学生的信息意识，答案填写“居中”。

题目 1.2：考查在 Excel 表格的数据单元格中添加斜杠的操作。题目难度中等，重点培养学生的信息意识，答案填写“设置单元格格式”。

题目 1.3：考查 Excel 表格数据中的常见问题处理。题目难度中等，重点培养学生的信息意识、数字化学习与创新能力，答案填写“C”。

2. 进入 Microsoft Excel Sheet 2 中，表格中汇总了班级人员利用编程语言编写的“红绿灯”编程任务的统计信息，如图二所示。

	A	B	C
1	“红绿灯”编程任务统计		
2	姓名	性别	使用语言及编写时长
3	张红	女	Python-13min
4	李明	男	Java-12min
5	王亮	男	C语言-18min
6	白欣欣	女	Scratch-9min
7	刘海涛	男	Python-15min

图二　“红绿灯”编程任务的统计信息

2.1　如果要将“使用语言及编写时长”分为两列内容（如图三所示），需要进行以下操作：

（1）选中 C 列，打开“（　　）”选项卡，单击“分列”按钮。

（2）在打开的对话框中，选中（“固定宽度”“分隔符号”）单选按钮。（在正确选项上打“√”。）

（3）单击“下一步”按钮，在“（　　）”框中输入“-”，再次单击“下一步”按钮，然后单击“完成”按钮。

使用语言	编写时长
Python	13min
Java	12min
C语言	18min
Scratch	9min
Python	15min

图三　分为两列

2.2　为调整“性别”“使用语言及编写时长”等内容，可以使用“数据验证”功能来生成下拉列表选项供使用者选择，具体如图四和图五所示。在“数据验证”对话框的“设置”选项卡中，允许的条件为（　　），并在“来源”中输入“男,女”。

A. 文本长度　　　B. 序列　　　C. 自定义　　　D. 任何值

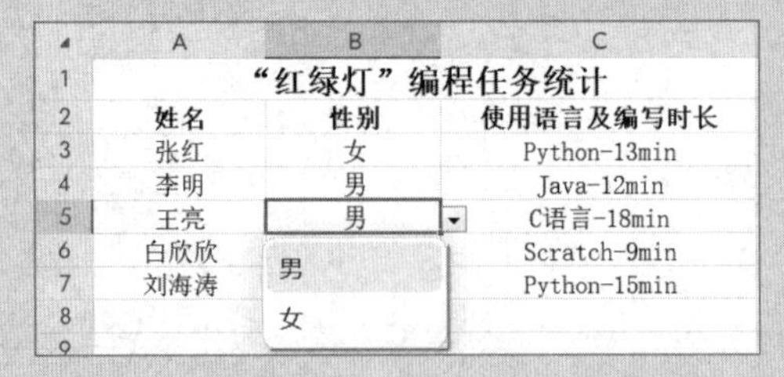

	A	B	C
1	“红绿灯”编程任务统计		
2	姓名	性别	使用语言及编写时长
3	张红	女	Python-13min
4	李明	男	Java-12min
5	王亮	男	C语言-18min
6	白欣欣	男	Scratch-9min
7	刘海涛	女	Python-15min
8			
9			

图四　生成下拉列表选项

图五　“数据验证”对话框

出题目的：题目 2 考查学生对数据信息的深层分析和重点操作，培养学生的信息意识、数字化学习与创新能力。为实现题目由易到难的逐步提升，题目 2 需要在题目 1 考查的内容基础上增强学生对数据信息的更深层次理解和思考，让学生了解一些不常见的操作，提醒学生善于观察，多与老师、同学沟通，总结形成知识网，为后续学习奠定基础。

题目 2.1：考查 Excel 单元格数据分为两列的操作。教师在课堂上很少采用表格分列的方式，一般都会事先将内容分好，这就需要学生课下进行自主探究和总结思考。题目难度中等，重点培养学生的信息意识、数字化学习与创新能力。（1）答案填写“数据”，（2）答案选择“分隔符号”，（3）答案填写“其他”。

题目 2.2：考查 Excel 单元格的选项选择，即单元格的数据验证。目前很多电子问卷中都会出现下拉列表选项，它可在节省时间的前提下降低填写者的错误概率。题目难度中等，重点培养学生的信息意识、数字化学习与创新能力。答案填写“B”。

3. 梳理好相应内容后，打开 Microsoft Excel Sheet 3，将 SQL Server 中的学生学号、手机号码等相关信息导入 Excel 中。

3.1　具体应该如何操作?

（1）单击“（　　）”选项卡；

（2）单击“获取数据”按钮；

（3）选择“（　　）”→“（　　）”选项；

（4）打开界面后，输入服务器和数据库文件名称，即可完成数据文件的导入，实现 SQL Server 与 Excel 的连接。

3.2　在导入数据信息后，为避免信息泄露，利用“*”对手机号码中间四位进行打码处理，以 B9 单元格为例，如果要实现这一操作，最佳公式为（　　）。

A. =MID(B9,4,4,"****")

B. =CONCATENATE(MID(B9,1,3),"****"，MID(B9,8,3))

C. =REPLACE(B9,4,4,"****")

D. =MID(B9,1,3)+"****"+MID(B9,8,3)

出题目的：题目 3 的目的是结合选修三“数据管理与分析”中电子表格和数据库相联系引发的一系列问题，培养学生的信息意识、计算思维、数字化学习与创新能力、信息社会责任。在题目 1 和题目 2 的铺垫下，题目 3 让学生思考函数公式的书写，同时引导学生提高信息安全意识。题目难度也上了一个台阶，实现了整体设计的由易变难、循序渐进。

题目 3.1：考查 Excel 与数据库的联通使用能力。在学习数据库后，仍然要构建联通思维，保证学生不会刻板学习。题目难度较大，重点培养学生的信息意识、数字化学习与创新能力。答案依次填写“数据”“来自数据库”“从 SQL Server 数据库”。

题目 3.2：考查 Excel 表格公式的应用。学生的常见信息需要隐蔽处理，以保证学生的隐私安全，本道题目从这一点出发，基于数据库，融合 Excel 表格公式，提醒学生观察手机号码位数，对 Excel 表格进行全面的了解和探索，告知学生信息安全的重要性。题目难度较大，重点培养学生的信息意识、计算思维、信息社会责任。答案填写“C”。

6.3.3　基于数字档案袋的学业评价设计

1. 理解档案袋评价

档案袋评价法要求学生记录自己在一段时间内完成的学习活动并有相应的过程性成果材料做佐证（这些材料可以包括书面作业、艺术作品、研究项目、实验报告等，形成一个“档案袋”或“作品集”），以展示其学习进展和成就。档案袋评价法着重于学生的整体表现，而不仅仅是单次测试或考试的成绩。较之于其他评价方法，档案袋的创建与维护时间相对较长，但是它有诸多优势，包括但不限于：可以从多个方面（比如作品本身的质量及其体现的知识与技能水平、完成作品的时间与效率、与他人的合作意识与能力等）评估学生的能力；可以记录学生在学习过程中的变化和进步，而不只是某个时间点的表现；可以让每一个学生都形成可以充分展示个人特质与兴趣的个性化档案袋；可以让学生在自我评估档案袋的过程中学会反思、激发学习动机；学生可以在创建与维护档案袋的过程中发挥主体作用，可以自主选择哪些作品能更好地代表自己的学习和成长；档案袋中包含了多种形式的学习材料，可以展示学生在不同时间点、不同语境下的学习表现。

在实施档案袋评价法时，教师应该注意以下事项：

其一，要有明确的目标导向。教师需要提前告知学生要达成的学习目标，以帮助学生明确需要哪些过程性材料体现学习成果，帮助学生了解他们需要通过档案袋展示哪些技能或知识。

其二，要为学生提供清晰的档案袋建设指导和评价标准，并为学生提供优秀的档案袋范例，结合范例讲解学习期望与相关要求，帮助学生真正理解档案袋的评价标准。

其三，要就如何使用档案袋对学生进行培训，让学生学会基于档案袋选择和组织自己的学习过程材料，并进行自我反思。

其四，要定期审查学生的档案袋，并提供反馈来指导学生进一步优化档案袋、改进学习策略。

其五，既要给学生推荐档案袋工具，又要给学生留有自主选择的机会，鼓励学生自主对比、鉴别、选择适合自己的档案袋建构方法与工具，让学生在选择与甄别的过程中提升信息素养水平。

2. 数字档案袋评价

数字档案袋是以电子方式生成、汇集、组织和展示的档案袋。早期的数字档案袋一般是由学生在自己的本地电脑上通过创建文件夹形成的，所有学习过程资源仍然是存在本地电脑上的，需要学生花费较多时间去整理。近年来，随着跨平台数字化工具的统合，数字档案袋中内容的表现方式越来越多元化，可以通过互联网随时访问并进行增减等多样化的编辑。

与传统的纸质档案袋相比，数字档案袋具有许多优势：可以表征视频、音频、图像和交互式内容，展示更为丰富的学习成果；易于访问和共享，可随时向他人展示；档案袋中的内容可以实现动态更新、便捷编辑，可以自动记录学生的学习过程；学生可以便捷地更新自己的学习成果，反映最新的学习进步与成就。

当然，使用数字档案袋也面临一些挑战，比如：学生在创建和维护数字档案袋时需要一定的技术知识和技能；选择存放数字档案袋的平台时要谨慎，以确保档案袋中的内容得到妥善保护而不被未授权访问或丢失；跨平台迁移数字档案袋时，要注意避免由于内容类型、格式等不兼容而致使档案袋内容缺失等。

6.3.4　基于评价量表的表现性评价设计

1. 什么是表现性评价

表现性评价（Performance Assessment）是对学生利用所学知识与技能解决真实生活情境或模拟情境中复杂问题的实际表现（包括过程与结果）的评价，要求学生完成实际的任务、项目或表演，并通过这些活动来展示他们的知识、技能和能力。表现性评价鼓励学生运用和整合他们的知识，关注学生的深度学习，能有效促进学生批判性思维、沟通协作能力等综合实践能力的发展。

表现性评价的实施有三个前提条件：其一，学生需要创造性地解决问题，深度参与问题解决过程，以自己的表现来展示学习过程与成效；其二，教师需要通过评价学生的表现来判定学生的学习过程与成果的有效性，被评价的内容就是学生自身的表现；其三，评价学生的表现并不像评价学生给出的答案那么容易（如选择题有正确的选项，只要对比学生给出的选项跟正确答案之间的一致性，即可给出明确的判断），表现性评价常常会受到评价主体的主观影响。因此，表现性评价更需要以科学合理的评价标准为引领。

表现性评价设计需要特别注意表现任务的设计与评价标准的制订。一方面，要选择适当的任务类型并设计真实的任务场景——信息技术学科中的任务类型常常包括实际操作、口头陈述、辩论、模拟活动、案例研究、实验报告撰写、数字化作品创作；任务应该尽可能地模拟现实世界的情境，有一定复杂性与挑战性，这样不但可以提升学生的参与度，也能考查学生在真实任务情境下解决综合性复杂问题的能力。另一方面，要制订明确的评价标准——针对学生完成任务过程中在知识应用、技能发展、沟通协作、意志锻炼等方面的表现制订详细的评分标准，以便准确、一致地评价学生的表现。这些标准应明确指出优秀、良好、合格和不合格等不同等级表现的具体观察点。

为让学生能够清晰了解任务与评价标准，教师有必要为学生提供适宜的指导与优秀任务范例，这有助于学生理解学习的目标、评价的要求，从而更为主动地聚焦于所需完成的任务与所需达成的学习目标。

2. 评价量表的制订

表现性评价常常用于评价学生个体或小组解决真实情境中的综合问题的能力。《评价量表：快速有效的教学评价工具》指出，评价量表至少具有以下教学应用价值：一是能够为学生的学习提供即时反馈——因为评价量表本身就有清晰的评价等级与相应的标准描述，教师在利用评价量表进行评价时可以直接圈注学生在每一个方面的学习情况，所以当教师评价完成时就可以及时知道学生在各个方面的学习成效；二是能够让学生获得详细的反馈——评分标准可以为学生提供详细的评语而不是冰冷孤立的分数，学生可以结合评价量表反思自己的学习情况；三是能够培养学生的批判性思维——教师利用评价量表可以快速实现科学评价，从而节省时间用于学生批判性思维的培养，同时学生可以直接利用评价量表开展批判性思考与讨论；四是能够促进与他人的沟通——教师通过制订、分享评价量表可以与包括学生在内的他人有更多的沟通合作，同时学生也可以在小组研讨、师生互动等过程中有效利用评价量表提升沟通交流质量；五是能够提升教学水平——评价量表能够比较全面地评价学生在某一个时间段的学习进展，便于教师进行深度的教学反思，从而实现教学质量的持续改进；六是能够创造公平的竞争环境——评价量表可以让学生更好地理解学习目标与学习要求，可以增强教学的包容性，更容易为全体学生提供有效的学习支持。

评价量表一般包括以下几个构成部分：任务描述（任务）、某类评价标尺（成就水平，一般利用“等级”进行评价）、评价的维度（任务所涉及的具体技能、知识的分解）以及对每一个表现水平构成要素的描述（具体反馈）。在设计评价量表时要注意以下几点：根据教学目标和学生的水平设计评价量表的评价指标，其中可以有一级评价指标与针对每一个一级评价指标的二级评价指标；根据教学目标的侧重点确定评价量表中各个评价指标在整个评价体系中所占的权重；用具体的、具有可操作性的描述清楚地说明评价量表中面向每一项评价指标的评定等级；量表中不同等级水平之间（比如，“优秀”与“良好”之间，“良好”与“中等”之间）的差别必须尽可能接近等距离；可以让学生参与评价量表的设计，以使评价量表得到学生的认可。

要有效应用评价量表，就必须保证评价量表的可操作性及其在使用过程中的公平性与有效性。可操作性是指每一个评价标准的描述都是清晰的，在不同的层次中都有可观察、可区分的关键指标项，确保评价者能够根据这些标准对被评价者的表现进行观察和考量。在操作层面，尤其需要保证评价标准的可靠性——评价量表应该能够稳定地反映出被评价对象在被评价维度的不同等级，不同的评价者使用同一评价量表时应得出相似的结果，在设计评价量表时，需要考虑不同能力和背景的参与者，确保评价量表具有普遍适用性，力争让同一个评价者在不同时间或不同评价者应用评价量表时得到一致的评价结果。当学生评价者要利用评价量表进行评价时，教师有必要对学生进行培训，确保学生对评价量表内容有充分的理解，能够熟练掌握评价量表的使用方法。教师还需要在评价量表得以应用后对其使用效果进行反思评价，以进一步优化评价量表的质量与使用效果。

6.4　信息技术课程学业评价结果的反馈

有研究表明，好的反馈才能让学习评价更有效：其一，适当的反馈本身就是有价值的教学工具，评价的结果如果不能及时、有效地反馈于学生，那么学生就难以真正了解自己学习表现如何，这样就让学习评价的实际价值难以体现；其二，基于评价结果告知学生学习进展的描述性反馈可以为学生指明努力的方向，有助于提升学生的学习针对性；其三，正向激励性反馈可以激发学生的内生动力。本节主要结合我们对 ARCS 模型的关注，探讨教师如何基于学业评价结果对学生进行教学反馈，旨在激发并维持学生的学习动机，持续发挥学业评价促学促教的作用。

6.4.1　理解学习反馈与 ARCS 模型的内涵

1. 学习反馈

教学反馈包含对教师“教”的过程与结果的反馈，也包括对学生“学”的过程与结果的反馈。对于任何一个教学系统，只有通过教学反馈信息，才有可能对整个教学系统实现有效的调整，从而促使教学系统最终达成教学目标。教学反馈不但反映了教学系统中教师、学生、教学内容与媒体等系统要素之间的互动关系，也意味着教学系统的有序发展依赖于系统内部的深层次、多维度互动。无论是在传统课堂教学环境下，还是在当前越来越数字化、智能化的教学环境下，教师为优化自己的教学过程，都需要主动地、全面地获取来自学生的反馈信息；学生为优化自己的学习过程，也需要获得来自教师、同伴与学习环境的反馈信息。虽然大多数研究者将研究关注点集中于获取来自学生的反馈信息，以优化教师“教”的过程，但也有研究表明，学习反馈才是对学生学习过程与效果影响最大的因素，认为如果教师在教学过程中“教”的内容与时间少一些，而更多地针对学生的学习过程与成果给予及时的、经常的、持续的反馈，则更容易催生高绩效学习。

学生需要经常性地获得来自教师、同伴的学习反馈信息，以便保持学习的临场感，感受到“教师”与“同伴”的存在，同时对自己的学习过程保持知觉状态。因此，有必要对基于评价的学习反馈进行精心的设计，对学生的学习过程与结果给予适当的反馈，以最终优化学生的学习过程、提升学习绩效。

2. ARCS 模型

ARCS 模型旨在激发与维持学生的学习动机，由美国教学设计领域的专家 Keller 于 1983 年首次提出，之后得到了快速发展与广泛应用。ARCS 是 Attention（注意）、Relevance（相关度）、Confidence（自信度）、Satisfaction（满意度）四个英文单词的首字母缩写，具体阐释如下。

Attention（注意）往往是学生进行信息加工的第一步，也是激发学生学习动机的第一步。学生在信息加工过程中往往会主动地选择自己感兴趣的内容予以注意。教学中常用的引起学生注意的策略包括：（1）可察觉的唤醒——通过一定的策略引起学生最初的兴趣；（2）激发探究愿望——通过解决问题、营造神秘感与逐步揭示来增加学生的兴趣；（3）变化多样性——通过诸如视觉材料、小组活动、游戏等改变学习的步调等多种方式引起学生的兴趣。

Relevance（相关度）是指学习内容与学生的相关度。为了让学生维持学习兴趣，需要让学生看到学习内容对他们自己的价值，需要将学习内容跟学生的学习需求相关联。具体策略包括：（1）目标针对性——面向解决学生希望解决的问题；（2）允许学生利用自己偏好的学习策略并尊重学生的选择；（3）尊重学生原有的认知经验、知识结构。

Confidence（自信度）是指要让学生能够感觉到自己有信心与能力挑战学习任务。具体略包括：（1）通过清晰的目标定位提供明确的学习要求；（2）尽量让学生有获取成功的机会，并注意让其能够经常建立以自己能力获取学习成果的信念；（3）给学生提供选择学习内容、学习目标、学习活动的机会，让学生感到能够调控学习过程。

Satisfaction（满意度）是指学生完成学习后对学习成果的满意程度。为了提高学生的学习满意度，常用的策略包括：（1）提升学生应用学习内容来模拟项目与真实活动的体验感；（2）通过外部奖励积极强化学生的学习结果；（3）建立科学的评价体系，确保奖励、激励的公平性。

区别于其他动机理论或模型，ARCS 模型作为一个基于技术支持的学习环境设计中常用的动机模型，不限于学生对学习内容的最初注意，而是希望教师提供的刺激与学生高度相关，并且学生还有自信去完成，在学习后有较高的学习满意度，从而具备学习相关内容的积极性与主动性，让这种动机从外部向内部转化，成为一种内生动机。内生动机对学生主动学习与有效学习有着重要的作用。ARCS 模型不但重视动机的激发，更重视动机的维持，对于学习反馈设计有着重要的指导意义。在 ARCS 模型视角下，面向学生提供学习反馈并不是对其学习过程进行技术监控以及简单的提示，或者对学习结果进行总结性评价。换言之，监控信息、提示信息、评价信息可以是学习反馈信息的具体表现，但并不是学习反馈的目的，学习反馈的目的是促使学生积极、主动、可持续地投入到学习活动过程中。本节主要基于 ARCS 模型视角，关注学习反馈的目标设计、区分学习反馈类型并探讨学习反馈策略。

6.4.2　ARCS 模型视角下的学习反馈目标设计

在 ARCS 模型视角下，提供反馈信息本身并不是反馈的最终目的，学习反馈并不是面向学生提供简单的提示或评价，而是一种旨在激发与维持学生学习动机、优化学习过程、提升学生学习满意度的重要策略。

1. 激发与维持学习动机

根据 ARCS 模型，为激发与维持学生的学习动机，首先，反馈信息必须引起学生的注意。主动的选择性注意是一种内部机制，对于学生的学习心理活动起着积极的组织和维持作用，是学生主动习得知识与技能、应用知识与技能解决问题过程中必不可少的前提条件，也是学生主动学习、有效学习过程中的重要学习策略。对于教学一方，尊重学生的选择性注意、支持学生对重要学习内容的选择性注意则是一种必要的教学策略。反馈信息可以通过多种具体的方式引起学生的注意，包括：提示学生主动参与；丰富反馈内容表现的变化性、多样性，以有趣的方式呈现反馈内容；在反馈中提出有争议的问题；以具体的、引发思考的案例作为反馈内容；给予提问式的反馈；等等。

其次，学习反馈的提供应充分重视学生的中心地位、发挥学生的主体作用，因此反馈内容一定是针对特定学生的特定学习目标与学习过程的，并且对于特定学生是适当的。比如，从控制论的角度，学习反馈有正反馈、负反馈、前反馈之分。在 ARCS 模型视角下，为维持学生的学习动机，应该特别注意对不同类别反馈的有效利用。有些学生的自信心弱、焦虑水平高，应该尽可能给予鼓励性的正反馈；反之，有些学生愿意迎接挑战，自信心强、焦虑水平较低，可以给予负反馈，适当地激发其学习动机；有时，则需要提前预知学生在什么地方容易遇到困难，从而有针对性地适当给予前反馈信息。

2. 优化学习过程

ARCS 模型关注的是学生的整个学习过程，而不是仅仅关注学生初始进入某一个学习情境的兴趣程度。在 ARCS 模型视角下，学习反馈的目的也不仅仅是引起学生的注意，而是优化整个学习过程。通过为学生提供持续的学习反馈，不但可以帮助学生对自己的学习状态保持知觉，也可以为学生针对自己的学习过程进行自我调节提供依据与支持，从而帮助学生优化学习过程。

自我调节包含自我观察、自我判断和自我反应三个过程。在自我观察阶段，学生观察、反思、总结自己的行为；在自我判断阶段，学生依据行动之前为自己确定的标准，判断和评定自己实际的行为结果与所立标准的差距，进行自我评价；在自我反应阶段，学习依据自我评价结果做出相应的反应，通过反复练习、重新学习等方式去弥补差距。

3. 提升学生学习满意度

根据 ARCS 模型，较高的学习满意度不仅代表学生取得了预期的学习成果，而且意味着学生因为获得了令自己满意的学习成果而产生了愿意在将来的学习过程中利用所取得的成果并主动参与相关学习的意愿。可见，较高的学习满意度意味着学习动机的持续与学生自动自发投入将来学习过程的可能性。提供学习反馈的最终目的正是使学生取得预期的学习成果并具有高满意度。

依据 ARCS 模型，学生对学习的高满意度可以来源于多个方面。比如，当学生取得了阶段性的学习成果、得到了教师的表扬、因为参与小组活动而得到了小组成员的好评、参与了一个具有趣味性的学习类小游戏时，都可能获得较高的学习满意度；让学生感受到所学的知识与技能的有用性，或者为学生提供利用新学知识与技能的机会，也可以提升学生的学习满意度。学习满意度来自学生对自我期望的实现，与学生的自我效能感直接相关。

学生的自我效能感高低对其是否能在学习过程中发挥能动作用有着重要的影响。如果学生具有高效能感，对自己的能力有较高的预期，往往能够更加乐观地面对学习中遇到的困难，能够积极想办法解决所面临的问题；反之，如果学生对自己的能力缺乏自信，在遇到学习困难时则往往会产生焦虑、不安和逃避行为。因此，通过适当的鼓励类、建议类的反馈信息，帮助学生建立较强的自信心，对于提升学生的自我效能感是十分必要的。

为培养学生的自我效能感，从而提升学生的学习满意度，在设计反馈信息时可以重点关注以下两个方面：一是针对细化的学习目标进行反馈。将学习目标细化，允许学生以“小步子”的方式进行学习，学习目标不是太难但也不是非常容易，当学生每完成一个学习目标时，都给予积极肯定的反馈信息，让学生既能体验学习成功的喜悦，又能感受学习的挑战。二是要制订科学有效的反馈机制，使学生无论成败与否都能获得适当的反馈，即使学生没能达成既定的知识与技能目标，也要让其感受到获得了新的学习资源、结交了新的学习伙伴（或与原有的学习伙伴建立了更为紧密的关系）、提高了自主学习能力或协作学习能力，从而提升学习满意度。

6.4.3 ARCS 模型视角下的学习反馈类型设计

在 ARCS 模型视角下，可以将学习反馈划分为不同的层次，从而区分不同的类型，包括描述性反馈、建议性反馈、评价性反馈与指导性反馈。根据 ARCS 模型，首先，可以通过描述性反馈明确告知学生对他们的期望是什么，或者他们需要达成的学习目标是什么，这对于提升学生的学习自信心、促使他们主动将当前学习与自己的未来发展关联起来有着重要意义。同时，通过描述性反馈适时向学生提示他们当前的学习状态，有助于让学生对自己的学习过程与状态处于警觉与规划状态，从而有助于维持其学习的动机。其次，可以通过建议性反馈为学生提供适当的建议，这有利于帮助学生找到所学内容与自己原有知识系统的关联性，也可以增强学生的学习自信心。再次，可以通过评价性反馈及时强化学生的成功，给予适宜的激励信息，让学生感受到教师或同伴对其学习成果的重视与欣赏，由此提高学生的学习满意度。最后，可以通过指导性反馈进一步帮助学生明确或设定清晰的目标；协助安排适当的学习内容，避免让学生感觉学习太难或太容易；指导设定适当的学习步调，以提高学生的学习积极性，保持学习信心并获得高满意度学习成果。

1. 描述性反馈

在以往关于学习反馈的研究中，对描述性反馈并不重视。但有学者认为，真正的学习反馈应该更多地是描述性的而不是建议性的，学习反馈是关于学生为达成某一个目标而正在怎么努力做的信息，而不是应该怎么做的信息；他们认为，描述性反馈更容易促使学生主动注意自己行为中可以察觉到的反应或影响。描述性反馈主要是针对学生的学习过程与状态给予客观的描述，而不包括任何评论或建议。根据 ARCS 模型，描述性反馈有利于激发学习动机，这种激发是在一种尊重学生主体地位的基础上产生的；另一方面，可以借助描述性反馈提醒学生当前的学习进展状态，让学生对自己的学习进展处于自感自知的状态，从而维持学习动机。

2. 评价性反馈

评价性反馈是一种相对比较正式的反馈，是基于一定的评价标准对学生的学习过程或学习结果进行评价的结果。评价性反馈往往带有纠错、划分等级等功能。比如，根据评分标准对学生在测试中完成的客观题进行评分；根据学生的陈述情况对主观题进行评分；根据一定的评价标准评价学生在协作学习中的整体表现。评价性反馈设计过程中要注意以下几点：一是有明确的评价目标与对象（比如，是评价学生对某一个知识点的掌握情况，还是评价学生进行小组学习的参与程度）；二是要明确评价标准（比如，可以给出具体的评价等级与评价指标）；三是既要注意对学习过程的形成性评价，又要注意面向学习结果的总结性评价；四是要让学生事先明确评价目标与标准，以维持学生的学习自信心。

3. 建议性反馈

与评价性反馈相比，建议性反馈一般并不直接指出学生的错误之处，而是为学生提供一些提示、暗示、建议，是为优化学生的学习过程与成果所提供的建设性意见。建议性反馈可以是基于系统的评价，也可以是基于反馈主体的主观判断；可以是具体的，也可以是相对笼统的；可以是一些间接的暗示，也可以是直接的建议。比如，在观察学生协作学习过程中发现某一学生已经长时间没有在小组讨论中发表意见，如果采用描述性反馈，可能表示为“你已经长时间没有参与发言”，而如果采用建议性反馈，则可能表示为“请主动参与小组讨论”。教师或同伴可以结合自己的主观判断或经验给予建议性反馈，比如，教师可能只是在宏观层面指出努力方向，而同伴也只是提供自己处理问题的类似经验与方法。建议性反馈中的反馈信息往往是多角度的、复杂的、不明确的，需要学生自己在选择、理解、分析与拓展的基础上加以有效应用。

4. 指导性反馈

与前几类反馈相比，指导性反馈往往更具有系统性、计划性。一般地，当学生没有取得预期学习成果时，可由教师给予指导性反馈。指导性反馈倾向于对学生的学习过程、学习中出现的问题以及产生问题的原因予以比较详细的解释，并对于如何解决问题提供较为系统的具体指导。换言之，指导性反馈不但要让学生知道学习过程中产生的问题“是什么”，也要帮助学生明确产生问题的原因——“为什么”；同时要指导学生利用已经学过的一些基本原理与方法去确定问题、分析问题、确定问题解决方案并最终解决问题。在 ARCS 模型视角下，指导性反馈尤其需要精心设计。比如，反馈主体往往需要通过反馈信息帮助学生明确学习目标、给出达成学习目标的路径与资源方面的建议、帮助学生借助评价手段进行自评，并通过案例方式呈现反馈信息以激发学生的思考与深入探究的兴趣，促进学生知识的迁移。

值得注意的是，无论是何种类型的学习反馈，都需要具备以下几个关键特征：目标关联性——反馈信息一定是跟学生的学习目标相关联的，如果接受反馈信息的学生感受不到反馈信息与自己学习目标的关联性，则往往会忽略反馈信息；可察觉性——便于学生迅速捕捉或获取；可实践性——有效的反馈是具体的、有用的，可以为学生提供实践启示；用户友好性——反馈信息是学生能够理解、接受的；及时性——反馈及时，能够帮助学生及时调整学习过程；持续性——学生不但能接收到反馈信息，同时也有机会利用这些反馈信息；稳定性——反馈信息是相对稳定的、准确的、值得信任的、前后一致的。

6.4.4 ARCS 模型视角下的学习反馈策略设计

在 ARCS 模型视角下，提供学习反馈需要确定反馈信息的来源——明确反馈主体，以定位不同的反馈类型与反馈信息内容，优化学习反馈效果；需要确定反馈对象——明确反馈信息的服务对象，以提高反馈的针对性与有效性；需要注意反馈信息呈现的方式与时机——涉及反馈通道的选择、反馈信息表现形式的设计以及反馈时机的选择。

1. 反馈主体界定

学习反馈可以来自教师、学习同伴，也可以来源于数字化学习平台的自动监控。首先，无论在何种教学情境下，教师仍然应该对学生的学习负有主导责任，应为学生提供及时、有效的反馈信息。其次，同伴反馈也是学习反馈的重要形式。跟传统课堂教学环境下的同伴反馈相比，数字化环境下的同伴反馈更具优势。比如，基于数字化平台的同伴反馈可以是匿名评价，同伴可以更为轻松地提供真实的评价，而不用像在面对面教学环境下因为担心对方的反应而觉得不便给出一些具有批判性但又非常客观的反馈信息；教师可以监控数字化学习平台上的同伴反馈过程，更便捷、有效地督促同伴反馈；数字化学习平台可以迅速地收集、处理、呈现同伴反馈结果；等等。另外，实践证明，简洁的、具有评分性质的同伴反馈可以提高同伴反馈过程的透明性，可以提高学生的学习自信，最终优化学习效果。最后，数字化学习平台利用技术优势可以监控学生的学习过程，自动收集、处理学生的学习记录信息，为学生提供反馈信息。

2. 反馈对象选择

学习反馈对象可以划分为三种类型：面向学生个体的反馈、面向学生小组的反馈、面向所有学生的反馈。划分学习反馈对象的必要性体现在三个方面：第一，每个学生的学习程度、学习步调可能存在差异，学习反馈内容本身也应该因人而异，具有针对性；第二，每个学生有其自身的学习需求、学习准备状况以及个性化特征，对学习反馈的期望存在多样化特征，学习反馈的表现方式也应该具有多样性；第三，有效的学习设计本身应该支持学生的独立自主学习与小组学习，因此，有时需要面向学生个体反馈个体学习情况（比如，特别提醒还没有按时提交作业的学生尽快提交作业），有时需要面向学习小组反馈学习信息（比如，面向小组反馈小组内部讨论结果），而有时则需要面向所有学生发布反馈信息（比如，反馈全班同学的学习成绩分析情况）。因此，在进行学习反馈设计时，应该根据反馈对象的不同制订不同的、合理的、个性化的、具有针对性的适合当前学生的反馈计划与相应的反馈策略。

3. 反馈方式设计

一是选择适当的媒体通道为学生提供反馈信息。根据ARCS模型，适当的媒体通道不但可以提高学生的学习动机，也可以提高学生的行动能力并增强学生的学习信心。在教育数字化转型背景下，较多反馈是通过数字化平台进行的，这时就涉及不同技术媒体通道的选择，比如，是以电子邮件的方式为学生提供反馈信息，还是通过在学生个人学习空间添加评论的方式提供反馈信息，或者通过其他即时通信工具提供即时反馈信息。有些媒体通道支持同步即时反馈，有些媒体通道则支持异步反馈；有些媒体通道支持一对一的反馈，而有些媒体通道支持一对多的反馈；有些媒体通道主要支持文本类反馈信息的传递，而有些媒体通道则同时支持文本、图片、声音、视频等多种类型反馈信息的传递。

二是选择适当的反馈信息表征方式支持学生的选择性注意。不同类型的多媒体（如文字、图片、动画、音频、视频等）具有不同的表现能力和表现特点。一方面，所选择的多媒体类型应该尽可能地根据反馈目标在最大程度上表现反馈内容。在具体应用时，需要考虑学生的年龄特征、心理特征以及认知风格等对学生选择性注意的影响。比如，反馈信息的物理特征设计——反馈信息能够引起学生注意的物理刺激强度（比如色彩、大小等）；反馈信息的情绪特征设计——反馈信息的情绪感染力（比如，和谐的色彩搭配、美妙的声音能引起学生积极的情绪反应，而过多的文字描述、杂乱的色彩搭配、不恰当的音响效果则容易引起学生消极的情绪反应）；反馈信息的差异性特征设计——注意区分反馈信息与一般学习内容，还可以区别表示描述型、评价型、建议型、指导型等不同类型反馈信息；反馈信息的指令性特征设计——具有一定指令性的反馈信息可以直接告知或提示学生应该注意什么内容。另一方面，可以用超链接方式呈现不同的反馈信息，包括同一反馈主体提供的反馈信息、不同反馈主体对学生同一学习行为的反馈信息等。这些反馈信息具有关联性，而不是孤立的，允许学生按不同的要求对这些反馈信息进行排列，这样使得学生可以在不同的时间、不同的学习情境下，因为不同的目的从不同的视角去获得适宜的反馈信息。

三是注意反馈信息的呈现时机。比如，有些反馈信息需要在学习过程中呈现，有些反馈信息需要在学习结束时呈现；有些反馈信息可能需要反复呈现；有些反馈信息可能需要同时呈现。根据知觉负载理论，如果在同一时间给予学生的反馈信息量过少，学生所承载的知觉负载较低，多余的知觉资源使得学生容易关注学习环境中出现的干扰刺激，从而产生干扰效应，干扰学习过程；如果同一时间给予学生的反馈信息量过多，学生所承载的知觉负载较高，有限的知觉资源无法满足学生的需要，使得学生对反馈信息加工不彻底，难以有效利用反馈信息帮助自己优化后期的学习过程。

通过外在的设计与支持激发并维持学生的内部学习动机，对于提升学习绩效、提高学生的学习满意度有着重要意义。反馈本身意味着学生与教师、同伴以及学习平台之间的深入互动。根据 ARCS 模型，学习反馈的价值在于为学生提供动态的、适当的、及时的、持续的反馈信息，不但引起学生的注意、激发学生的学习兴趣，同时也支持学生对整个学习过程保持知觉状态并进行主动的调节，从而改善学习过程，优化学习成果，提高学习满意度。

习题

1. 什么是学业评价？学业评价有哪些基本类型和基本功能？
2. 搜集合作学习、项目式学习的过程性评价量表，评价它们各自的特色并提出优化方案。
3. 分析《义务教育信息科技课程标准（2022 年版）》中的学业质量标准框架，并选择义务教育阶段信息科技课程中的一个具体教学内容，根据学业质量标准框架设计具体的学业评价方法与标准。

第 7 章

信息技术教师的专业发展

学习目标

学习本章之后，您需要达到以下目标：

- 知道我国教师教育的政策变化；
- 了解信息技术教师的专业发展要求；
- 分析信息技术教师应具备的专业素质；
- 应用信息技术教师专业发展策略并系统制订个人专业发展规划。

信息技术课程的发展离不开教师的成长和发展，特别是信息技术作为一种新兴的技术，发展迅速，知识更新快，这就要求信息技术教师不断完善自己的知识结构，提高专业能力，发展专业水平，更好地适应信息社会对信息技术教师的要求。随着信息技术课程标准的修订颁布，信息技术课程的性质、目标重新得到界定，这对信息技术教师提出了新的要求。本章通过梳理教师教育的相关政策文件，结合不同学段的信息技术课程标准对信息技术教师队伍建设的要求，并借鉴其他学科教师发展的共性要求，从教师个体专业化的视角论述信息技术教师发展的目标和策略。

7.1 我国教师队伍建设的发展历程

7.1.1 中华人民共和国成立至 20 世纪末：教师队伍建设渐入正轨

中华人民共和国成立后，我国各项事业建设逐渐步入正轨，教师队伍建设也进入探索阶段。1949 年 12 月，教育部召开第一次全国教育工作会议，确立了师资建设方针，提出要改进师范教育，加强教师轮训和在职学习，培养大批称职的教师。

1951年，教育部召开第一次全国初等教育和师范教育工作会议，决定建立由师范大学和独立师范学院、师范专科学校、中等师范学校及初级师范学校构成的师范学校系统，初步确立了我国师范院校培养各级教育师资的基本方略。

1985年5月，中共中央发布《中共中央关于教育体制改革的决定》，提出："建立一支有足够数量的、合格而稳定的师资队伍，是实行义务教育、提高基础教育水平的根本大计。"

1993年10月，《中华人民共和国教师法》由第八届全国人民代表大会常务委员会第四次会议通过，于1994年正式施行，旨在保障教师的合法权益，建设具有良好思想品德修养和业务素质的教师队伍，促进社会主义教育事业的发展。

7.1.2 21世纪初期：教师教育制度进一步完善

21世纪初期，我国的教师教育制度进一步完善，教师培训也受到了越来越多的重视。

2001年5月，教育部发布《关于首次认定教师资格工作若干问题的意见》，提出："教师资格是国家对专门从事教育教学工作人员的基本要求。教师资格制度全面实施后，只有依法取得教师资格者，方能被教育行政部门依法批准举办的各级各类学校和其他教育机构聘任为教师。教师资格一经取得，非依法律规定不得丧失和撤销。具有教师资格的人员依照法定聘任程序被学校或者其他教育机构正式聘任后，方为教师，具有教师的义务和权利。"

2004年，教育部发布《2003—2007年教育振兴行动计划》，提出："改革教师教育模式，将教师教育逐步纳入高等教育体系，构建以师范大学和其他举办教师教育的高水平大学为先导，专科、本科、研究生三个层次协调发展，职前职后教育相互沟通，学历与非学历教育并举，促进教师专业发展和终身学习的现代教师教育体系。"

2010年6月，教育部、财政部发布《教育部 财政部关于实施"中小学教师国家级培训计划"的通知》，提出："要将'国培计划'纳入教师队伍建设和教师培训总体规划，加强领导，统筹规划，精心实施，并以实施'国培计划'为契机，以农村教师为重点，分类、分层、分岗、分科大规模组织教师培训，全面提高中小学教师队伍整体素质，为促进教育改革发展提供师资保障。"同年7月，《国家中长期教育改革和发展规划纲要（2010—2020年）》发布，指出要"加强教师队伍建设"，包括"建设高素质教师队伍""加强师德建设""提高教师业务水平""提高教师地位待遇""健全教师管理制度"。

2011年1月，教育部发布《教育部关于大力加强中小学教师培训工作的意见》，提出六项意见："高度重视中小学教师培训，全面提高教师队伍素质""紧紧围绕新时期教育改革发展的中心任务，开展中小学教师全员培训""创新教师培训模式方法，提高教师培训质量""完善教师培训制度，促进教师不断学习和专业发展""加强教师培训能力建设，建立健全教师培训支持服务体系""加强组织领导，为教师全员培训提供有力保障"。同年10月，为落实教育规划纲要，深化教师教育改革，规范教师教育课程与教学，培养造就高素质专业化教师队伍，教育部制定了《教师教育课程标准（试行）》。

2012年2月，教育部印发《幼儿园教师专业标准（试行）》《小学教师专业标准（试行）》《中学教师专业标准（试行）》，这些标准是国家对幼儿园、小学和中学合格教师专业素质的基本要求，是教师实施教育教学行为的基本规范，是引领教师专业发展的基本准则，是教师培养、准入、培训、考核等工作的重要依据。2012年8月，《国务院关于加强教师队伍建设的意见》提出了关于加强教师队伍建设的六项意见："加强教师队伍建设的指导思想、总体目标和重点任务""加强教师思想政治教育和师德建设""大力提高教师专业化水平""建立健全教师管理制度""切实保障教师合法权益和待遇""确保教师队伍建设政策措施落到实处"。

7.1.3　党的十八大以来：教师队伍建设进入快车道

党的十八大以来，我国教师队伍建设进入快车道，国家通过出台一系列政策文件、加大投入等方式推进教师教育工作，有力推进教师的专业化成长。

2013年10月，为贯彻落实国家教育信息化总体要求，充分发挥"三通两平台"效益，全面提升教师信息技术应用能力，教育部决定实施全国中小学教师信息技术应用能力提升工程，其总体目标和任务是："建立教师信息技术应用能力标准体系，完善顶层设计；整合相关项目和资源，采取符合信息技术特点的新模式，到2017年底完成全国1000多万中小学（含幼儿园）教师新一轮提升培训，提升教师信息技术应用能力、学科教学能力和专业自主发展能力；开展信息技术应用能力测评，以评促学，激发教师持续学习动力；建立教师主动应用机制，推动每个教师在课堂教学和日常工作中有效应用信息技术，促进信息技术与教育教学融合取得新突破。"

2014年5月，教育部印发《中小学教师信息技术应用能力标准（试行）》，指出："信息技术应用能力是信息化社会教师必备专业能力。"其中，应用信息技术优化课堂教学的能力为基本要求，应用信息技术转变学习方式的能力为发展性要求。

2014年8月，《教育部关于实施卓越教师培养计划的意见》提出："主动适应国家经济社会发展和教育改革发展的总体要求，坚持需求导向、分类指导、协同创新、深度融合的基本原则，针对教师培养的薄弱环节和深层次问题，深化教师培养模式改革，建立高校与地方政府、中小学（幼儿园、中等职业学校、特殊教育学校，下同）协同培养新机制，培养一大批师德高尚、专业基础扎实、教育教学能力和自我发展能力突出的高素质专业化中小学教师。各地各校要以实施卓越教师培养计划为抓手，整体推动教师教育改革创新，充分发挥示范引领作用，全面提高教师培养质量。"

2017年10月，党的十九大报告明确提出："加强师德师风建设，培养高素质教师队伍，倡导全社会尊师重教。"

2018年1月，中共中央、国务院发布《中共中央 国务院关于全面深化新时代教师队伍建设改革的意见》，其中包括六项内容："坚持兴国必先强师，深刻认识教师队伍建设的重要意义和总体要求”“着力提升思想政治素质，全面加强师德师风建设”“大力振兴教师教育，不断提升教师专业素质能力”“深化教师管理综合改革，切实理顺体制机制”“不断提高地位待遇，真正让教师成为令人羡慕的职业”“切实加强党的领导，全力确保政策举措落地见效”。2018年2月，教育部等五部门印发《教师教育振兴行动计划（2018—2022年）》，提出十项主要措施：“师德养成教育全面推进行动”“教师培养层次提升行动”“乡村教师素质提高行动”“师范生生源质量改善行动”“‘互联网+教师教育’创新行动”“教师教育改革实验区建设行动”“高水平教师教育基地建设行动”“教师教育师资队伍优化行动”“教师教育学科专业建设行动”“教师教育质量保障体系构建行动”。

2018年4月，教育部印发《教育信息化2.0行动计划》，提出要“大力提升教师信息素养”，具体举措包括：“贯彻落实《中共中央 国务院关于全面深化新时代教师队伍建设改革的意见》，推动教师主动适应信息化、人工智能等新技术变革，积极有效开展教育教学。启动‘人工智能+教师队伍建设行动’，推动人工智能支持教师治理、教师教育、教育教学、精准扶贫的新路径，推动教师更新观念、重塑角色、提升素养、增强能力。创新师范生培养方案，完善师范教育课程体系，加强师范生信息素养培育和信息化教学能力培养。实施新周期中小学教师信息技术应用能力提升工程，以学校信息化教育教学改革发展引领教师信息技术应用能力提升培训，通过示范性培训项目带动各地因地制宜开展教师信息化全员培训，加强精准测评，提高培训实效性。继续开展职业院校、高等学校教师信息化教学能力提升培训。深入开展校长信息化领导力培训，全面提升各级各类学校管理者信息素养。”

2018年8月，教育部办公厅发布《教育部办公厅关于开展人工智能助推教师队伍建设行动试点工作的通知》，指出该试点工作的目标任务是：“通过开展人工智能助推教师队伍建设行动试点工作，探索人工智能助推教师管理优化、助推教师教育改革、助推教育教学创新、助推教育精准扶贫的新路径，为在全国层面推开人工智能助推教师队伍建设行动，探索模式，积累经验，奠定基础。”

2018年9月，教育部发布《关于实施卓越教师培养计划2.0的意见》，目标要求是：“经过五年左右的努力，办好一批高水平、有特色的教师教育院校和师范专业，师德教育的针对性和实效性显著增强，课程体系和教学内容显著更新，以师范生为中心的教育教学新形态基本形成，实践教学质量显著提高，协同培养机制基本健全，教师教育师资队伍明显优化，教师教育质量文化基本建立。到2035年，师范生的综合素质、专业化水平和创新能力显著提升，为培养造就数以百万计的骨干教师、数以十万计的卓越教师、数以万计的教育家型教师奠定坚实基础。”

2018年9月，习近平总书记在全国教育大会上强调，建设社会主义现代化强国，对教师队伍建设提出新的更高要求，也对全党全社会尊师重教提出新的更高要求。人民教师无上光荣，每个教师都要珍惜这份光荣，爱惜这份职业，严格要求自己，不断完善自己。做老师就要执着于教书育人，有热爱教育的定力、淡泊名利的坚守。随着办学条件不断改善，教育投入要更多向教师倾斜，不断提高教师待遇，让广大教师安心从教、热心从教。对教师队伍中存在的问题，要坚决依法依纪予以严惩。

2019 年 2 月，中共中央、国务院印发《中国教育现代化 2035》，重点部署了面向教育现代化的十大战略任务，其中之一是“建设高素质专业化创新型教师队伍”，具体要求包括：“大力加强师德师风建设，将师德师风作为评价教师素质的第一标准，推动师德建设长效化、制度化。加大教职工统筹配置和跨区域调整力度，切实解决教师结构性、阶段性、区域性短缺问题。完善教师资格体系和准入制度。健全教师职称、岗位和考核评价制度。培养高素质教师队伍，健全以师范院校为主体、高水平非师范院校参与、优质中小学（幼儿园）为实践基地的开放、协同、联动的中国特色教师教育体系。强化职前教师培养和职后教师发展的有机衔接。夯实教师专业发展体系，推动教师终身学习和专业自主发展。提高教师社会地位，完善教师待遇保障制度，健全中小学教师工资长效联动机制，全面落实集中连片特困地区生活补助政策。加大教师表彰力度，努力提高教师政治地位、社会地位、职业地位。”

2019 年 3 月，教育部发布《教育部关于实施全国中小学教师信息技术应用能力提升工程 2.0 的意见》，提出：“到 2022 年，构建以校为本、基于课堂、应用驱动、注重创新、精准测评的教师信息素养发展新机制，通过示范项目带动各地开展教师信息技术应用能力培训（每人 5 年不少于 50 学时，其中实践应用学时不少于 50%），基本实现‘三提升一全面’的总体发展目标：校长信息化领导力、教师信息化教学能力、培训团队信息化指导能力显著提升，全面促进信息技术与教育教学融合创新发展。”

2019 年 11 月，教育部发布《教育部关于加强和改进新时代基础教育教研工作的意见》，指出其主要任务是：“服务学校教育教学，引领课程教学改革，提高教育教学质量；服务教师专业成长，指导教师改进教学方式，提高教书育人能力；服务学生全面发展，深入研究学生学习和成长规律，提高学生综合素质；服务教育管理决策，加强基础教育理论、政策和实践研究，提高教育决策的科学化水平。”

2022 年 4 月，教育部等八部门印发《新时代基础教育强师计划》，其目标任务为：“到 2025 年，建成一批国家师范教育基地，形成一批可复制可推广的教师队伍建设改革经验，培养一批硕士层次中小学教师和教育领军人才。完善部属师范大学示范、地方师范院校为主体的农村教师培养支持服务体系，为中西部欠发达地区定向培养一批优秀中小学教师。师范生生源质量稳步提高，欠发达地区中小学教师紧缺情况逐渐缓解，教师培训实现专业化、标准化，教师发展保障有力，教师队伍管理服务水平显著提升。到 2035 年，适应教育现代化和建成教育强国要求，构建开放、协同、联动的高水平教师教育体系，建立完善的教师专业发展机制，形成招生、培养、就业、发展一体化的教师人才造就模式，教师数量和质量基本满足基础教育发展需求，教师队伍区域分布、学段分布、学历水平、学缘结构、年龄结构趋于合理，教师思想政治素质、师德修养、教育教学能力和信息技术应用能力建设显著加强，教师队伍整体素质和教育教学水平明显提升，尊师重教蔚然成风。”

2022 年 10 月，党的二十大报告中明确提出：“加强师德师风建设，培养高素质教师队伍，弘扬尊师重教社会风尚。”

2022年11月，教育部发布《教师数字素养》教育行业标准，给出了教师数字素养框架，规定了数字化意识、数字技术知识与技能、数字化应用、数字社会责任、专业发展五个维度的要求。

2023年5月，教育部办公厅印发《基础教育课程教学改革深化行动方案》，提出：“在各级教师培训中，开展教师评价能力、数字化素养、科学教育等方面专项培训，针对农村地区、民族地区、薄弱学校的实际需要组织专项培训，切实提高教师教育教学能力。持续向教师征集问题和优秀课例，采取‘教师出题、专家答疑’‘众人出题、能者答题’思路，滚动开发和遴选基础教育课程教材培训课程，依托国家中小学智慧教育平台组织开展国家级示范培训，确保基层一线教师全覆盖。积极推进人工智能、大数据、第五代移动通信技术（5G）等新技术与教师队伍建设的融合，加快形成新技术助推教师队伍建设的新路径和新模式。”

2023年7月，教育部发布《教育部关于实施国家优秀中小学教师培养计划的意见》，指出其目标任务是：“从2023年起，国家支持以‘双一流’建设高校为代表的高水平高校选拔专业成绩优秀且乐教适教的学生作为‘国优计划’研究生，在强化学科专业课程学习的同时，系统学习不少于26学分的教师教育模块课程（含参加教育实践），通过‘国优计划’研究生培养吸引优秀人才从教，为中小学输送一批教育情怀深厚、专业素养卓越、教学基本功扎实的优秀教师。”

2023年7月，教育部等十部门印发《国家银龄教师行动计划》，其目标任务是：“经过三年左右时间，银龄教师服务各级各类教育的工作体系基本健全，服务能力不断提升，政府主导、社会参与的银龄教师发展格局基本形成，数字化赋能银龄教师工作水平不断增强，开放灵活的线上线下支教方式不断完善，全国银龄教师队伍总量达12万人左右，在推动建设教育强国、积极应对人口老龄化、建设全民终身学习的学习型社会、学习型大国中发挥明显作用。”

7.2 信息技术教师的专业发展目标

教师是立教之本、兴教之源。教师专业发展是教师成长的重要过程，是促进教育发展改革的关键。教师专业化是教育理论研究和教育实践需要解决的重要问题之一。教师专业化是指教师个体专业水平提高的过程和结果，以及教师群体为争取教师职业的专业地位而进行努力和斗争的过程，即教师专业化包括教师个体专业化和教师职业专业化。教师个体专业化是教师专业化的本质问题，本节从教师个体专业化对教师的要求维度论述信息技术教师的专业发展目标。教师个体专业化是指教师个体专业知识结构和能力结构提高的过程和结果。下面将结合教师教育政策和信息技术课程标准对教师专业化的要求，总结目前信息技术教师的主要工作职责。从时代发展对教师个体专业化要求的角度，叶澜教授提出教师应该具备五个方面的素质：专业精神、教育理念、专业知识、专业能力、专业智慧。本节将从信息技术教师的工作职责、师德师风、专业精神、教育理念、专业知识和专业能力六个方面分析信息技术教师专业发展目标。

7.2.1　信息技术教师的工作职责

信息技术教师的主要工作职责有信息技术课程的教学工作、学校信息化建设的管理工作、信息学竞赛的指导工作，同时部分信息技术教师还担任学校的行政职务。

1. 信息技术课程的教学工作

信息技术课程的教学工作是信息技术教师最基础和最重要的工作职责，这是信息技术教师专业发展的重点，也是最能体现信息技术教师专业水平的工作。信息技术教师最应该集中自身的时间精力担任的工作就是信息技术的课程教学工作。信息科技课程在中小学中已然从综合实践活动课程中独立出来，且当前时代发展更为重视信息技术教育，这也意味着信息技术教师迎来了中小学教育阶段的发展机遇与挑战。信息技术教师应该尽快卸除其余课外身份，回归信息技术课程教学的本职工作上来，不断提高自身的信息技术学科教学能力，把握时代发展带来的机遇，应对时代发展的挑战。

2. 学校信息化建设的管理工作

信息技术教师是学校教师中与信息化建设联系最为紧密，且相关的专业知识技能相对较为完备的教师。因此，大部分信息技术教师在学校中不仅有教学工作，还有一定的信息化建设管理工作。信息技术教师负责学校的信息化建设管理工作，同时也助力于其余学科与信息技术的深度融合，是学校中信息化建设的核心人物。

3. 信息学竞赛的指导工作

全国青少年信息学奥林匹克竞赛旨在向那些在中学阶段学习的青少年普及计算机科学知识，给学校的信息技术教育课程提供动力和新的思路，给那些有才华的学生提供相互交流和学习的机会，通过竞赛和相关的活动培养和选拔优秀计算机人才。信息学竞赛也是较多中小学关注的课外科技创新活动。因此，部分信息技术教师还担任参加信息学竞赛的学生的指导教师。

4. 其他

除以上三项主要的工作职责外，部分信息技术教师还负责学校的行政工作、学校的公众号运营、多媒体计算机教室管理等工作。还有一些信息技术教师负责学校的计算机设备维护与管理工作。

7.2.2　信息技术教师的师德师风

我国教师队伍建设一直以来都重点关注教师的思想政治、道德品质、心理素质等全面高素质发展，重视教师的师德师风建设。教师不仅是学生学习的引导者、教学的设计者，还是社会文明的传播者、社会发展的推动者。教师在社会文化的传承中扮演着重要的角色，在促进社会文明进步、为社会培养高素质人才、推动社会发展等方面发挥着重要的作用。教师的思想道德品质等内在素质也会影响学生的素质发展，关系着学生的成长与发展。这就要求教师（包括信息技术教师）有坚定的政治立场，遵循并弘扬社会主义核心价值观，严格遵守国家法律法规，不断提高自身的思想政治素养，做一名爱党爱国爱学生的优秀教师，为建设教育强国贡献自己的力量。师德师风是评价教师队伍素质的第一标准，高尚的道德情操也是教师的发展要求之一。作为信息技术教师，应该积极加强师德师风建设，以“四有好老师”为发展目标，具有高度自觉的道德追求，践行中华民族传统美德，争做学生的榜样，并在教育教学中融入优良道德品质的培养，促使学生养成良好的道德品质。同时，要求教师具备强大的心理素质，以稳定的情绪、积极的心态面对教育教学工作，较好地调节生活和工作的压力，不将负面情绪带入教育教学中，冷静专注地解决问题。教师还要有良好的身体素质，重视体育锻炼，保持身体健康，更好地为教育工作而奋斗。

新时代新征程上的教师需要大力弘扬教育家精神。2023年教师节，习近平总书记在致全国优秀教师代表的信中写道：“教师群体中涌现出一批教育家和优秀教师，他们具有心有大我、至诚报国的理想信念，言为士则、行为世范的道德情操，启智润心、因材施教的育人智慧，勤学笃行、求是创新的躬耕态度，乐教爱生、甘于奉献的仁爱之心，胸怀天下、以文化人的弘道追求，展现了中国特有的教育家精神。”信息技术学科教师跟其他学科的教师一样，需要学习、养成、展现中国特有的教育家精神。

7.2.3　信息技术教师的专业精神

精神源于物质又超越物质，精神具有相对的独立性和巨大的能动作用。因此，教师的专业精神在教师专业构成中也具有相对独立的地位，发挥着巨大的能动作用。教师的专业精神是指教师基于自我期望而表现出来的充分信念、高度热情和不懈追求的风范与活力。教师的专业精神可以确保教师专业价值与功能的充分发挥，还可以促进教师个人的成长与完善。信息技术教师应具备五种专业精神：敬业精神、创新精神、人文精神、共享精神、科学精神。

1. 敬业精神

无关学科、无关学段、无关职业，敬业精神是我国社会公民必须具备的精神之一。敬业精神更是教师应该具备的专业精神，是教师对待教育工作的态度，具体包括乐业、勤业、创业和献业四个方面的内容。教师面对的对象是未来的社会主义接班人，教师的一言一行均潜移默化地影响着学生的言行。教师优秀的敬业精神、强烈的责任感，以及对职业道德规范的遵守，在日常的教学行为、言语中充分体现，为学生创设良好的道德氛围。由于信息技术教师工作内容的多样性，以及教育工作的艰巨性、崇高性、神圣性和未来性，信息技术教师更应该坚守职业岗位，正视学科发展，保持教学热情，积极应对学科发展挑战，立足信息技术课程教学岗位，积极为信息技术学科建设贡献自己的力量，推进信息技术课程的发展和与其他学科课程深度融合的进程，加速教育现代化的进程。

2. 创新精神

信息技术教师的创新精神是指教师不断探索创造性地改进教学模式，创新开展教学的态度。人工智能的快速发展，逐渐替代了社会中的部分工作岗位。单一机械的体力劳动已不再是社会发展所需，人工智能可以替代人类快速高效地完成一系列重复的体力劳动，未来人类应该以自身的创造性思维、批判性思维等脑力劳动为发展核心。因而，学校教育的目的不再单单是传授知识，而更为关注学生的问题解决能力、迁移能力、创新能力等的培养。教师作为教学活动的设计者与引导者，应该从教学形式上创新，重视学生综合能力的培养；在教学过程中创新，有效地将教学内容与信息技术相结合，加快信息技术与教育的深度融合，推动教育创新。

3. 人文精神

所谓人文精神，是指以人为本、揭示人的生存意义、体现人的尊严和价值、追求人的自由全面发展的文化精神。人文精神的核心，是对人的关切，尤其是对普通人、小人物的命运和心灵的关切，也是对人的发展和完善、人性的优美和丰富的关切。这就要求教师在教学中时刻牢记“一切为学生、为一切学生、为学生的一切”，即要关注所有学生、关注学生的所有方面、尊重学生的个性化发展。由于信息技术学科前沿知识更新较快，且重视培养学生的信息技术学科素养，以适应未来的时代发展所需，因此信息技术教师更要关注学生的成长发展，以学生的发展为出发点。这就要求信息技术教师综合各方面的因素开发适合本地区、本学校学生发展的校本资源，促进本学校学生核心素养的提高。信息技术课程在各级各类学校的开设因受到师资、设备等情况的制约，学生的核心素养发展程度也表现出多样性，要求教师考虑学生的差异，实施分层次教学，使每一位学生都得到发展。

4. 共享精神

信息技术在教育领域的深度融合是我国当前的教育发展重点之一，广受教育工作者的关注。信息技术教师作为信息技术学科的专业教师，更应该肩负起信息技术与教育融合的重任，促进信息技术与其余学科之间、信息技术学科之间的交流沟通。因此，信息技术教师应该具备共享精神，积极主动地分享工作经验与技术知识，为其他学科的信息技术教学应用提供建议和帮助，共同促进教学质量的提升。同时，信息技术教师还应增加与同事之间的交流共享，协同开展信息技术课程教学设计与实践，推动信息技术学科的发展。

5. 科学精神

科学精神指信息技术教师在教学设计与实践过程中精益求精、实事求是、不断追求创新的精神。为适应信息技术新课程标准的要求，教师的科学精神应体现为在教育教学过程中对待工作和学生所表现出来的求真求实、追求真理、理性怀疑、民主自由、开放多元和求证检验的精神。教学是一个设计—实践—改进、再设计—再实践—再改进的不断循环往复的过程。对待教学工作，教师应该保持科学性和客观性，批判性地看待教学内容，敢于质疑教科书的错误并验证，确保学生学习到的信息技术相关知识内容的准确性。信息技术发展速度快，其知识内容迭代更新也较快，因此教师应该精益求精，了解学科前沿发展情况，确保学生学习到的信息技术相关知识内容的先进性。教师客观看待自身的教学行为，给予教学过程客观理性的评价，从而有效改进教学，丰富自身教学经验。在科学研究和教学中，信息技术教师要坚持理性精神，把探索客观规律作为科学研究和教学活动的崇高目标，积极追求真理，并用科学的精神影响学生，培养学生的创新和探究精神。

7.2.4　信息技术教师的教育理念

从历史上看，权威主义、功利主义、精英主义和科学主义教育理念一直影响着教育工作者。但是随着信息技术的迅速发展，在以知识和信息的生产、分配和使用为基础的信息社会中，繁荣和发展靠的是知识的进步和创新。因此，信息技术教师应该以信息社会发展为基础，在多元化、大众化、民主化的文化背景下转变传统的教育理念，树立以学生发展为本位的教育理念。信息技术教师应该具备以学生为本、重视育人的教育理念。教师不是简单的“教书匠”，还承担着“育人”的重要工作，教师的本职工作是“教书育人”。同时，教学是教师和学生双方共同作用的过程，其主体是学生。因此，在教学过程中，教师应该注重学生的主体地位，把控自身的教学参与度，避免教师处于完全主体地位，进行“填鸭式”教学。教师还应关注育人在教学过程中的渗透，加强自身思想政治素养，结合课程思政，做好育人工作。在信息技术课程教学中，教师应尊重学生的个性化发展，以学生为本，创设实际的生活情境，分层设计教学；注重与学生家长的沟通联系，实现家校协同育人。

信息技术教师还应具备终身学习、公平包容的教育理念。信息技术是一个不断更新迭代的领域，教师也是一个需要不断充盈知识储备的职业。信息技术教师应该具备终身学习理念，因为成为教师并不代表学习生涯的结束，教师应该与学生同进步、共学习，具备“活到老，学到老”的意识，承认自身的知识技能缺口，接受学生的质疑，不断学习，提升专业能力。同时，信息技术教师应该具备公平包容的教育理念。学生的信息技术基础存在差异，学习兴趣亦不相同。信息技术教师应该充分包容学生的差异，公平对待每位学生，尽自己最大的努力帮助学生学习成长；不因为某位学生的基础好而偏爱他，也不因为某位学生对信息技术学习兴趣低而放弃他，秉持公平的教育理念，认真对待每位学生，使学生得到其应有的发展。

7.2.5　信息技术教师的专业知识

早期的教师专业知识研究一般在“过程—结果”的研究范式下展开。这类研究将问题的整个过程简单化，仅关注教师专业知识状况与学生学习的成果之间的联系。舒尔曼认为这种研究范式忽略了教师的学科知识，他随后提出了一个包括学科知识、学科教学法和课程知识在内的分析教师知识的框架，即 PCK 教师知识框架。这种教师知识框架在世界范围内引起了广泛的关注，影响较为深远。舒尔曼认为，教师必备的知识至少应该包括以下几个方面：学科内容知识、一般教学法知识、课程知识、学科教学法知识、教育情境的知识、教育目的与价值的知识、哲学与历史渊源的知识。在舒尔曼提出的 PCK 教师知识框架基础上，美国学者科勒和米什拉提出了 TPACK 学科教学知识框架。TPACK 学科教学知识框架是使用技术进行优质教学的基础，是教师创造性地将技术、教学法和学科内容三种关键知识整合起来且超越三者的新兴知识形态。

信息技术专业教师至少应该具备普通文化知识、学科专业知识、教育教学知识和技术知识这四大类知识。由本书前面章节的信息技术课程内容可以看出，信息技术的教学内容主要围绕学生信息技术学科核心素养的培养。随着信息时代的快速发展以及信息技术新课程标准的执行，信息技术教师必须对自己的专业知识结构解构重建，提升自己的专业技能。信息技术教师还需要具备“问题解决”技能，掌握基本的信息知识和信息获取、加工、管理、评价、传递与交流等技能不是目的，真正的目的在于应用这些信息和信息技术进行实际问题的解决。信息技术教师的“问题解决”技能包括确定信息问题或信息需求、选择信息策略、检索和获取信息、对信息进行整理和分类、通过整合信息解决问题、生成信息作品，以及评价和展示信息作品。信息技术学科涉及领域广，内容繁多且更新速度快，仅凭在高校学习的知识内容、教学技能等是无法胜任信息技术教师这一职位的。信息技术教师需要充分发挥主观能动性，积极自主地学习信息技术相关学科知识，补足教学技能。因此，信息技术教师的专业知识与能力决定了信息技术教师的发展程度。教师的专业知识与能力也不是一成不变的，教师需要不断学习，扩充自身的知识量，锻炼自身的专业技能。

7.2.6　信息技术教师的专业能力

1. 课程设计与开发能力

课程设计与开发能力是教师从整体上设计与开发课程的能力，是在学期开始前对课程的大范围主体规划，是教师根据学生实际情况、课程标准等创造性地设计课程内容和教学活动并开发教学资源的能力，包含合作交流能力、课程决策能力、课程设计能力、课程组织能力、课程资源选择与开发能力、课程实施管控能力、课程评价能力、课程研究能力。对于信息技术教师而言，参与课程设计与开发更是提升自身对信息技术课程理解的有效途径。

课程设计与开发是一项需要合作的工作，信息技术教师个人独立进行课程设计与开发，不但容易在质量方面被质疑，而且由于缺乏配合还可能会带来诸如片面性、离散性等方面的问题。因此，进行课程设计与开发，需要信息技术教师与学生之间的理解、沟通，也需要信息技术教师之间，信息技术教师与其他学科教师、家长及专家学者之间的相互协作和集思广益。这就要求信息技术教师有较强的合作交流能力，积极与他人合作，共享教学资源，创新性地设计与开发信息技术课程。

课程决策能力是信息技术教师在信息技术课程发展过程中，依据已有的课程理论和教学实践中的具体情境，对信息技术课程的目标、内容、资源、实施、评价等做出合理判断并选择的能力。作为信息技术课程实践的直接参与者，信息技术教师最了解学生的需要，参与课程决策不仅可以为课程实践提出可行的建议，而且能使自身把握新课程的精髓并将其有效地运用到课程实践中去。

课程设计能力是指信息技术教师根据信息技术课程标准，分析学生的学习需求、学习特征，结合时代发展需求，明确整体的清晰、具体且可测量的课程目标，分析课程内容的特点并组织安排课程内容的编排顺序，选择恰当的教学方法，确定课程所需的教学资源、环境等创造性地设计信息技术课程的能力。信息技术教师要树立正确的课程观念和课程开发意识，在确保理解课程计划与课程标准的同时，结合地区和学校的实际，广泛利用本社区和本校的课程资源，优化学校课程结构，协调学校课程关系，创造性、合理地组织课程内容。另外，信息技术教师要关注学生需要，关注社会发展，了解新信息，通过各种渠道挖掘新的课程资源，开发出有针对性的课程，以适应学生的核心素养提升需求。

课程组织能力是指信息技术教师根据前期的课程设计，按照逻辑顺序或学生的认知发展顺序对课程内容和课程活动等进行组织的能力，包括掌握信息技术课程单元内容的关联、整合其他学科领域的相关内容、运用现代信息技术手段拓宽学生知识的能力等，强调课程内容单元之间的螺旋递进关系，以及与实际生活情境的关联性。这要求信息技术教师结合学生的学习经验和学习内容，在考虑学科体系和学生心智发展的基础上，明确各单元间学习内容的联系，对教学设计有一个整体的观念，配合学生认知和情绪的发展，使教学内容编排得更有条理，使学生能循序渐进地掌握知识和技能。

课程资源选择与开发能力是指信息技术教师根据课程设计，结合课程特点，准确选择和开发教学媒体和资源（包括多媒体教学材料、在线资源、实物资源等），为后续的课程实施提供资源支撑的能力。丰富的课程资源能够为学生的主动学习、和谐发展提供各种可能的平台。信息技术教师需要具有强烈的课程资源意识和开发利用课程资源的能力，自主地识别、捕捉、积累、利用各种资源，特别是课程实施过程中动态生成的资源，为学生提供多种发展机会、条件和途径。

课程实施管控能力是指信息技术教师对整个学期或学年的信息技术课程的把控能力以及在教学实践中不断完善课程实施方案的能力。提高课程实施能力，要求信息技术教师了解课程方案的内涵，理解课程实施不是课程方案的简单执行过程，而是一个与学生互动的复杂过程，也是信息技术教师对课程方案进行调试、补充和完善的过程。

课程评价能力是信息技术教师宏观上对课程的实施过程、结果进行评价，并结合学生的反馈、教师互评和教学成果的分析，发现课程计划的优缺点，不断对课程进行调整和优化的能力。课程评价能力要求信息技术教师在掌握必要的课程评价知识和技能的基础上，领会和遵循课程评价的原则，用发展的眼光来看待学生。除要关注学生的学习成绩外，还要关注学生的学习方法、学习过程以及情感、态度和价值观方面的发展。另外，信息技术教师还要关注对课程本身的评价，促进课程质量的提高。

课程研究能力是指信息技术教师在课程设计与实施过程中体现出的专业能力，以及对课程实施进行反思，从而改进课程实施的能力。信息技术教师要把自己作为实践的反思者，以课程开发者、研究者的身份进入课程，针对课程实践中遇到的实际问题进行研究，改进课程实践。

2. 教学设计与实施能力

教学设计与实施能力是教师对每个教学单元进行设计并实施教学活动的能力，是微观层面的教师能力。相较课程设计与开发能力，其更关注具体的一节课、一个教学活动等具体的教学单元的设计与实施。教学设计与实施能力包含教学设计能力、教学媒体资源应用能力、教学实施管控能力、教学评价能力、跨学科教学能力。

教学设计能力是指教师在具体的教学活动开展之前，结合对学生特征、教学内容特征的分析，设定合适的教学目标，选择恰当的教学方法策略、教学资源环境，系统地设计和规划一个具体的教学活动的能力。教学设计具体包括教学目标的分析、教学内容的分析、学习者特征的分析、教学媒体的分析、教学策略的分析、信息化教学环境的设计、教学流程的设计和教学评价的设计等。

教学媒体资源应用能力是指教师合理应用信息技术、多媒体等媒体技术，选择开发教学所需资源的能力。教师要根据具体的教学活动设计，选择开发并合理应用教学资源和媒体，以更好地达成教学目标。

教学实施管控能力是指教师开展预先设计好的教学活动，根据教学活动实时进展、学生学习情况、教学目标达成情况等调整教学的能力。教师要引导学生的学习活动，调节课堂的气氛与学生的注意力，确保教学活动顺利开展，有效地实施所设计的教学计划。

教学评价能力是指教师在教学活动进行时和进行后对教学过程、结果的分析评价，并结合学生的评价反馈等多维度了解教学活动的情况，不断改进完善教学的能力。

跨学科教学是新课程标准中明确指出的，是我国倡导的新型教学模式，信息技术与其他学科的深度融合更是我国教育的发展要求。因此，跨学科教学能力更是信息技术教师应该具备的专业能力之一，是指教师在教学中结合教学内容的特点，整合其他学科关联的知识内容的能力，以促进学生的综合能力培养。

3. 教学组织与管理能力

教师不但要承担一定的教学任务，也要承担一定的教学组织与管理任务。信息技术教师的教学组织与管理能力表现为对学生学习的组织管理、对教学资源的组织管理、对教学的组织管理等能力。为确保教学按照预先设计的过程有序进行，教师需要充分了解不可控因素，并具备组织与管理教学的能力。

（1）对学生学习的组织管理能力

①课堂管理：信息技术课程的课堂管理是教师在信息技术课堂上为创造有利于学习的课堂

环境所做的决策和采取的行动。信息技术教师需要确定明确的课堂管理目标、建构良好的课堂环境、规范学生行为、协调师生间的关系、合理运用激励机制维持学生的学习动机。

②课外活动管理：信息技术教师除了要承担日常的信息技术课程教学工作，还需要根据学生的兴趣和潜力，通过组织各种形式的课外活动，扩充学生学习信息技术的时间与空间。因此，信息技术教师要具备软/硬件环境的管理能力和综合实践活动的组织、设计与实施、管理能力。

（2）对教学资源的组织管理能力

随着中小学信息技术教育的深入开展，学校的校园网已基本实现全覆盖，大部分学校均有多媒体计算机教室。信息技术教师在学校除主要进行信息技术课程教学外，还需要对信息技术课程的教学环境、教学材料及教学后援系统进行管理。

①对计算机机房的管理：为更好地发挥计算机在教育、教学中的作用，对中小学计算机机房的管理应能够提出标准化、科学化、规范化、制度化的要求。

②对校园网的管理：信息技术教师有时要充当校园网的管理者、服务者，为学校教学活动和研究活动的开展创造良好的网络环境。这时，需要信息技术教师具备管理校园网基础设施的能力、维护校园网硬件和软件环境的能力等。

（3）对教学的组织管理能力

①对教学内容的组织管理：为更好地开展教学实践，信息技术教师需要熟知信息技术学科教学知识内容，分类组织教学内容，管控教学进度，确保在规定的课时内完成信息技术课程教学。

②对教学活动的组织管理：信息技术课程一般都在计算机教室进行，教师在管理计算机的同时还要关注学生是否将注意力集中在当前学习上。而且，计算机设备较多、教学资源丰富，教学组织与管理难度较大。

4. 信息技术应用能力

信息技术应用能力是指教师在教学实践中应用信息技术的知识技能，并将信息技术的相关知识技能融入教学活动中的能力。教师的信息技术应用能力对教师的信息技术操作技能、信息技术知识储备、信息技术创新应用能力均有较高的要求。教师需要具备充足的信息技术知识技能，才能将其应用到教学实践中；只有教师充分了解信息技术相关知识内容，才能将其与具体的教学活动结合；只有教师十分熟悉信息技术的操作技能，才能在教学实践中应用。信息技术教师是信息技术学科的专业教师，其信息技术的知识技能学习是基础，信息技术课程教学应用能力更是其应具备的专业能力之一。在教学中体现信息技术应用，也可以在一定程度上提升学生对具体技术的认识。

5. 科研能力

教学理论与教学实践是相辅相成的，前沿的教学理论创新教学实践，教学实践为教学理论的发展提供实际经验与灵感。信息技术教师的科研能力是指在信息技术课程教学的过程中发现并提出问题，了解研究领域前沿动态，收集并分析数据，进行研究设计，得出研究结论并解决问题的能力。教师的科研能力对教师的专业发展、教学能力提高和教学观念革新至关重要，同时还有助于教学模式的创新，从而提升教学质量。提升科研能力要求教师以研究者的视角分析反思自身教学行为，不断提升自身的专业能力，丰富自身的专业知识。信息技术教师要以研究者的心态置身于教学情境中，以研究者的眼光审视、分析教学理论和教学实践中的各种问题，对自身的行为进行反思，对出现的问题进行探究，对积累的经验进行总结、提升。这些都要求信息技术教师必须具备问题意识、科学研究方法、反思意识和能力，由“经验型的教书匠”转变为“科研型的教育家”。

7.3 信息技术教师的专业发展策略

信息技术教师的专业发展是信息技术教师的专业知识和专业技能自我成长的过程，是其内在专业结构不断更新、演进和丰富的过程，是一个终身学习、不断发现并解决问题、完善教师自身知识结构、提升教师自身专业能力的过程。这一过程不仅会受到教师自身的影响，还会受到外界因素的影响。在信息时代背景下，信息技术课程已受到国家层面的重视，信息技术教师的专业发展也是信息技术教育发展的一大重点，外部因素亦会逐渐支持信息技术专业发展，教师的专业发展应以内在发展为主。以下是针对教师自身提出的信息技术教师的专业发展策略。

7.3.1 制订明确的专业发展规划

信息技术教师的专业发展贯穿于其整个职业生涯，因此制订合理的自我专业发展规划是指导教师自身走向专业成熟的一个重要策略。信息技术课程教学工作应该是信息技术教师的工作重点和核心，是信息技术教师最主要的工作。信息技术教师应该给予信息技术课程教学工作充分的重视，认真制订一份明确合理的专业发展规划，明晰未来的发展方向。

（1）分析现状。在正式制订专业发展规划之前，信息技术教师应该充分认识到自身专业发展中存在的不足，同时还要深入理解自己所处的教育环境、现行的教育政策和课程标准，以及未来信息技术课程的发展趋势，进行充分的调查，发现自身存在的不足，为制订明确的专业发展规划做准备。

（2）确定专业发展目标。在了解自己的现状和所处环境的基础上，信息技术教师应该明确自身的专业发展目标，确定短期、中期及长期目标。这些目标应该是可测量的，方便教师日后对自身发展进行评估和调整。而且，这些目标应该是基于自身基础、可达成的。目标设定要合理适中，要能通过教师自身的努力实现。

（3）制订专业发展规划。为实现专业发展目标，信息技术教师需要制订合适的专业发展规划：分析专业发展目标的要求，并结合自身存在的不足以及信息技术课程的发展情况，融入自身对未来专业发展的期许，制订专业发展规划。规划包含但不局限于学习教育理论、进行教学实践、参与教育培训、开展教学研究等。规划应该是可行且灵活的，有一定的发展空间，以应对未来可能出现的变化。

（4）评价与调整。在规划实施的过程中，信息技术教师应结合专业发展目标定期评估自身的专业发展情况，针对实施过程中存在的问题进行反思，及时调整专业发展规划。

7.3.2 增加与同行的沟通交流

信息技术教师可以在线上线下建立个人学习网络，与优秀的同行建立稳定的联系；加入一些正规的信息技术教育交流组织，不仅可以从中学习到新的知识技能，还有机会与其他信息技术教育工作者沟通交流，分享教学经验，共同探讨解决教学问题；在其他教师的信息技术课堂上进行旁听，记录其教学过程，观察其教学方法策略，并与自己的教学实践活动进行比较，反思自身存在的不足，在课后与该授课教师探讨交流，吸收其优秀教学品质并改进完善自身；与同行协同开展教学研究，商讨在教学中遇到的挑战与问题，协作解决教学问题，改进教学设计方案。

信息技术教师应抓住学校或省市组织的教师培训、报告讲座等一切专业发展机会，保持积极学习的态度。这不仅是一个教师专业发展的机会，也是教师与同行交流认识的机会。与同行的沟通交流不应局限于校内的信息技术教师，而应该放眼于校外、省外甚至国外的优秀教师。虽然不一定都有见面交流的机会，但是借助于网络平台也可观看其他信息技术教师的优秀教学案例，在讨论区也可与其他教师沟通交流，分享经验并学习教学知识，从而提高自身的专业能力。

7.3.3 参加培训，坚持终身学习

教师专业培训是促进教师专业发展、推进教师队伍建设的重要方式，为教育教学改革培养新时代高素质专业化教师，提供坚实的师资基础。加大教师专业培训力度，精心设计培训内容，创新开展教师培训，健全教师培训体系是我国教师专业培训的发展要求，亦是我国教师的专业发展要求。教师的专业发展应满足时代发展和教育教学所需，鼓励教师积极参与国家教师培训、地方教师培训和校本培训。在信息技术教师专业培训中，应该以提升教师专业水平为目标，充分体现信息技术学科核心素养，使用多样化技术创设数字化学习情境，探索新颖有效的培训方式，健全教师培训管理和评价制度，加强教师专业知识与技能的培训，努力实现教师专业培训全覆盖。

我国出台了一系列专门的教师培训相关政策文件，例如《中小学教师培训课程指导标准（师德修养）》《中小学教师培训课程指导标准（班级管理）》《中小学教师培训课程指导标准（专业发展）》《教育部 财政部关于实施中小学幼儿园教师国家级培训计划（2021—2025 年）的通知》等。各地也积极制定教师培训政策和教师培养计划。例如，2021 年深圳市实施"先锋教师培养计划"，以"五段式研修+导师制培养"方式开展教师培训。五段式研修指理论研究、主题网络研修、调研学习和参观考察、学习跟岗、提升总结五个阶段的培训；导师制培养即邀请高校教授担任教师培训的理论导师，并邀请深圳市、区教科院专家以及深圳大学教授进行实践指导，实行"双导师制"联合培养优秀教师，提升教师的教学能力。

教师唯有树立终身学习的治学态度，勤于躬耕，不断优化和更新原有的知识结构，让自己的知识结构与时代保持同步发展，才能回答学生在学习过程中遇到的各种问题。教师应该树立正确的职业观念，意识到终身学习是教师职业发展的必然要求，是坚持自我专业发展的必备理念，不仅对教师自我专业发展有帮助，对教学质量的提升也有一定的促进作用。教师应该自觉地将终身教育理念融入信息技术课程教学实践中，引导学生形成终身学习的观念，提升学生学习的主动性。信息科技学科具有鲜明的跨学科特点，对其他学科教学亦具有重要支持作用。信息技术教师在终身学习之路上，不仅应该重视信息技术学科知识、教育学知识、心理学知识的学习，还应该关注跨学科知识内容的学习，不断更新自身的知识结构体系，扩大学习认知领域，保持学习的热情和积极性，紧跟时代发展步伐。

7.3.4　充分利用数字化学习资源

利用数字化资源进行学习是一种灵活、自主的学习方式，也是信息技术教师利用技术优势发展专业素养的重要策略。教师可以自主通过互联网查询学习资源，也可以借助专门的教师培训平台利用数字化学习资源。许多专业的教师培训采用线上线下混合模式，打破了时间和空间的限制，实现了随时随地学习。

1. 国家智慧教育公共服务平台

2022 年 3 月，国家智慧教育公共服务平台上线，汇集了中小学教育、职业教育、高等教育等智慧教育资源。国家智慧教育公共服务平台还开设有地方平台。国家智慧教育公共服务平台不仅提供了不同课程的优秀课程资源和教材资源，还为教师研修提供了平台。教师研修模块包含师德师风、通识研修、学科研修、国培示范等内容资源。针对 2023 暑期教师研修，该平台还提供了中小学课程标准的相关研修内容，其中针对信息技术教师提供有效实施核心素养导向的教学、开展以行动研究为主的教研活动的课程资源。该平台为教师研修提供了多样的网络课程资源，帮助教师远程开展教学培训，增加了偏远地区、欠发达农村地区信息技术教师的学习机会。

2. 国家中小学智慧教育平台

国家中小学智慧教育平台的教师研修模块包含师德师风研修、通识研修、学科研修、作业命题研修、国培项目专题、院士讲堂和名师名校长讲堂等，还包含针对幼教和特殊教育的主题研修，视频资源丰富，涉及内容广泛，且基于数字平台，教师可以在任意时间、地点观看视频学习。通过学习，教师不仅可以提升自身专业素养，还可以反思自身教学存在的问题，不断改善教学，提高教学专业能力。

3. 人工智能助推教师队伍建设

2021年9月，北京大学入选“人工智能助推教师队伍建设”试点高校，通过北京大学教学培训平台和北京大学教学档案袋平台为教师提供线上学习资源，并记录教师的线上学习过程，为教师评价提供真实的数据；启动了“北京大学人工智能助推课程建设项目”，促进人工智能技术与教育教学的深度融合。北京大学教学培训平台提供校内培训课程资源和国家培训课程资源，包含课程思政、数字人文、人工智能助推教师队伍建设、国培示范项目、数字化研讨会等培训资源，方便教师随时查看课程资源并进行自学，利用课余时间更新自身的知识结构体系。北京大学教学档案袋平台真实记录教师的线上学习数据，可直观发现教师的成长进步，帮助教师进行教学反思。同时，该平台还有教师的教学研究案例分享。教师也可借助该平台与其他教师沟通交流，学习同行的优点。

宁夏作为“人工智能助推教师队伍建设”首批试点区，在宁夏大学和宁夏师范学院创建人工智能应用创新中心，与骨干企业及高水平大学联合建立人工智能助推师范教育实验室，推动人工智能、信息化等新技术与教师专业发展深度融合，开展分层分级的教师智能素养培训。北京西城区作为“人工智能助推教师队伍建设”第二批试点区，升级打造“西城教育研修网”，建立以教师个体为核心的自主研修体系，即“教师AI学伴”模块，打通国家、市、区三级教师数据库，多模态、全景式收集、处理和分析教师数据，构建教师画像，记录教师成长历程，围绕助学、助研、助管三个核心，激发教师自我提升的内生动力。

7.3.5 积极开展教学实践与研究

义务教育、普通高中、中职和高职学段的信息技术课程标准均提及要开设丰富多样的教研活动，并鼓励信息技术教师积极参与教研活动，不断提高自己的教学研究能力。参与教研活动有利于教师深入理解信息技术学科核心素养、掌握教育理论与方法，反思并改进教学实践，不断提高个人的教学能力，是教师专业成长发展的又一重要方式。应该基于教师队伍发展的实际情况，以及结合信息技术课程特点，系统精确地规划设计教研活动，根据信息技术教师的实际需求灵活开展形式多样的教研活动，创新探索教研模式，开展跨区域教研，同时鼓励结合学情和校情开展校本教研。

对信息技术教师而言，教师本人的课堂教学实践经历才是最重要的发展途径，因为课堂教学在促进学生发展的同时，也促进了教师的发展。课堂无疑是信息技术教师进行教学实践活动的主要阵地，“实践是检验真理的唯一标准”，一位知识渊博、理论丰富但从未开展过教学实践的教师不能被称为合格的教师。教师的专业知识技能、能力、理念和智慧是基础，而教学实践是检验教师专业的关键过程。只有将教师具备的理论知识应用到教学实践中，才能检验这些理论知识体系的先进性；只有在教学实践中体现教师的专业技能和能力，才能判断教师的能力及优缺点；只有将教师的教育理念和专业智慧融入教学实践过程中，才能体现教师是否真正具备这些理念与智慧。教师要不断反思自身的课堂教学实践，经常对自己的教学进行追问，从而进一步改进教学，促进自身的专业发展。对于不同阶段的教师，课堂教学实践的重心会有一定的差异，职前信息技术教师应该以信息技术专业的知识和技能训练为主，夯实基础；初任信息技术教师应以观察和模仿有经验教师的课堂教学实践为主，在观察和总结的基础上，模仿和进行自己的课堂教学实践；成熟教师应该根据自己的课堂实践进行教学研究，通过研究促进教学质量的提高，同时进一步发展自己的专业技能。当然，在专业发展的道路上，信息技术教师离不开专家的引领、同伴的帮助，然而最需要的还是信息技术教师个人的努力和课堂实践。

信息技术教师开展教学研究是提高教学能力的前提，进入成熟阶段的教师要有意识地依据自己的教学实践开展教学研究，发展自己的专业技能，促进自己的专业成长。下面介绍三个具体的教师教研模型。

1. “问题与循证”导向的校本教研模式

校本教研是一种校级教研活动，从学校实际情况出发，以学校现有环境资源为支撑，结合学校的优势特点以及学科的发展情况，进行教育教学研究，以便更好地推动本校的教育教学改革，加强本校的教师队伍建设。校本教研活动通常由学校组织，课题组、学科组、年级组、班级组等教育工作者定期参与，其目的是教师们共同探讨解决实际教学或研究中遇到的具体困难，从而提高教学质量、加快教学研究进度。刘东方等学者经过三年的实践探索，提出了“问题与循证”导向的校本教研模式。该模式面向本校的一个教研团队，整个教研团队通过实际教学发现教学问题，通过已有研究、专家建议等多维度提出解决问题的策略，然后通过实验检验策略的可行性，并据此进行调整改进。整个教研贯穿教学的设计与实践全过程，可提高教学实践与教研活动的关联性，有针对性地提升教学质量。

2. “五位一体”协同教研模式

“五位一体”协同教研模式是基于“互联网+”条件下，由理论导师、实践导师、师范生、普通教师以及教研员共同组成的教研模式。该教研模式包含课前、课中、课后三个阶段的教研活动，课前教师教研共同体借助“互联网+”条件，集体进行教学设计，课中互评，开展同课异构教学，课后集体反思总结，探讨教学设计与实践的优化策略，从而改进教学，开展下次的教研活动。教研共同体包含五位不同角色的成员，分别负责不同的教研任务，互相协助提高教研的实效性，同时也可帮助普通教师提高个体教学水平，促进师范生适应教师工作，丰富师范生的教育教学经验，为教师、导师、职前教师和教研员之间的交流提供机会，共同促进教师专业发展。“互联网+”平台（如“三个课堂”、微信平台等）可以为教研活动提供丰富的资源，改善欠发达地区教师的教研条件，推进欠发达地区的教师队伍建设。

3. EDIR“三 O 融合”研修模式

冯晓英等学者构建了 EDIR（Experience，Design，Implementation，Reflection，体验、设计、实践、反思）“三 O 融合”研修模式，这是一种结合实际教育教学工作的线上线下混合式研修模式，包含“体验—设计—实践—反思”四部分活动的循环迭代，以加强教师研修的参与度与研修活动的系统性；借助线上资源平台，一方面可丰富研修活动的资源，记录教师研修的数据，为教师反思评价提供依据，另一方面可促进教师数字素养的提升；同时结合工作现场的研修，加强教师研修的实效性，促进教师将研修活动习得的知识技能应用到教学实践中，从而提升教学水平；专家、教研员的指导以及不同教师之间的沟通交流，增加了教师跨学科知识的学习机会。该研修模式分为内外两层的研修：内层为教师的“体验—设计—实践—反思”四部分活动，从教师的真实需求出发，通过教师的自主学习和协作研讨、设计，以及交流共享、评价优化，更好地对教学活动进行设计，指导教学实践的开展；在实践环节包含“观摩学习”“研讨交流”“教学实践”“反思优化”四个具体活动形成的循环，在反思环节包含“成果提炼”“展示”“评价”“应用”四个具体活动形成的循环。外层包含专家、教研员的指导，同时还有“线上+线下+工作现场”三种模式构成的混合式研修环境，为教师研修活动提供动态支持。

习题

1. 梳理我国的教师教育政策以及与信息技术教师相关的政策文件，分析各个时期的政策有什么特点和变化。
2. 我国对信息技术教师提出了哪些专业发展要求和目标？
3. 搜集信息技术教师专业发展的优秀案例，分析其特点并思考信息技术教师应该如何促进自身专业发展。

第8章 信息技术课程的数字化教学工具

学习目标

学习本章之后，您需要达到以下目标：

- 理解数字化教学工具的内涵、优势；
- 了解数字化教学工具的类型和具体数字化教学工具；
- 分析数字化教学工具在信息技术课程教学中的功能；
- 评价案例中数字化教学工具的应用。

随着人工智能、大数据、虚拟现实等技术的迅速发展和广泛应用，教育领域的专家学者聚焦探究如何将技术和教学更好地融合，以突破教学重难点、优化教学效果、提升教学质量。信息技术不但是信息技术课程的教学内容，也可为信息技术课程实施提供有效的教学支撑。信息技术教师更需要关注如何在信息技术课程中有效利用信息技术工具提升课程教学质量。近年来，国家越来越重视信息技术在教育教学中的创新应用，并出台了一系列国家层面的文件、制度推进落实。2021年7月，教育部等六部门发布《教育部等六部门关于推进教育新型基础设施建设构建高质量教育支撑体系的指导意见》，提出了教育新型基础设施建设的六个重点方向，包括：信息网络新型基础设施、平台体系新型基础设施、数字资源新型基础设施、智慧校园新型基础设施、创新应用新型基础设施、可信安全新型基础设施。同月，中共中央办公厅、国务院办公厅印发《关于进一步减轻义务教育阶段学生作业负担和校外培训负担的意见》，指出：“做强做优免费线上学习服务。教育部门要征集、开发丰富优质的线上教育教学资源，利用国家和各地教育教学资源平台以及优质学校网络平台，免费向学生提供高质量专题教育资源和覆盖各年级各学科的学习资源，推动教育资源均衡发展，促进教育公平。各地要积极创造条件，组织优秀教师开展免费在线互动交流答疑。各地各校要加大宣传推广使用力度，引导学生用好免费线上优质教育资源。”2023年2月，中共中央、国务院印发《数字中国建设整体布局规划》，提出要大力实施国家教育数字化战略行动，完善国家智慧教育平台。

本章基于对数字化教学工具内涵与优势的理解，将数字化教学工具分为多媒体教学工具、在线教学平台、常见教学软件三种类型并举例进行分析。

8.1 理解数字化教学工具

8.1.1 数字化教学工具的内涵界定

数字化教学工具是指内嵌于学习管理系统中，关注课程资料、交流沟通、分析评价、协作共享等内容，帮助教师提高绩效并有效开展教与学的工具。数字化教学工具与数字化学习工具紧密相连，在数字化教学工具发展过程中也会参考借鉴数字化学习工具的相关定义和研究内容。数字化学习工具是指在信息化教学中用于进行教学设计、资源获取、活动实施、教学评价等环节的计算机软件或相关平台系统的总称。基于此，本教材将数字化教学工具界定为“在教育领域中应用信息技术手段，通过数字化方式有效辅助教师进行教学和管理，增强学生的学习参与度和兴趣，最终促进教育教学创新发展并提高教学效率的各种工具、设备、软件和平台”。

8.1.2 数字化教学工具的优势分析

较之于传统教学工具，数字化的赋能以及技术的支撑使数字化教学工具拥有更大的创新空间和提升点，因此教师无论是在课前、课中还是课后使用数字化教学工具，都能感受到其潜在的优势。目前，一线教师和专家学者经过理论探索和实践考量后，认为作为数字化教学资源重要组成部分的数字化教学工具具有呈现迅速、信息量大、多媒体化等特点。使用便捷、及时交互、满足个性需求、便于监督等特点使数字化教学工具成为连接信息化和教学活动、展现创造性教学模式、提升教学效果的重要枢纽。具体来说，数字化教学工具的优势主要体现在以下几个方面。

1. 支持个性化学习

数字化教学工具让教学突破时空限制，能够根据学生的需求和能力提供个性化的学习资源和课程，为个性化学习提供了有效支撑，学生可以根据自己的兴趣和学习技能，自主选择学习内容，优化学习效果。与此同时，数字化教学工具提供的灵活学习环境和丰富资源，可鼓励学生进行探索和创造，有利于学生核心素养的发展。

2. 促进教学方式变革与资源共享

数字化教学工具通过融入图像、音频、视频等丰富多样的教学和学习资源，增加教师教学的趣味性和互动性，有效激发学生认真汲取课堂学习的知识信息。同时，数字化教学工具可以实现资源的实时共享，帮助教师和学生根据需要分享和利用各种教学资源和学习资料，有效监督学生的学习状况，保证教师更好地准备教学材料，有效提高课堂的效率、效果和效益。

3. 支持实时互动与反馈

要判断一堂课的教学效果，最为重要的是观察课堂中师生间的互动和反馈情况。通过互动与反馈，师生间可以达成更高的默契，并形成更为良好的教学和学习氛围。数字化教学工具提供在线讨论和互动的平台，学生可以与同伴和老师进行交流和合作；同时，数字化教学工具能实时记录学生的学习情况和表现，提供即时的反馈，使教师和学生了解教学和学习进度，及时调整策略，提高师生课堂投入度。

4. 使用便捷有效且成本低

传统教学中常见的粉笔、黑板、教材等教学工具常常需要人工书写解读，如果书写解读有误，将会造成学生"多米诺效应"式的知识缺失，因此复杂的工序以及大量的劳动促使教师反思未来教学的发展。数字化教学工具将有效解决这一难题，数字化教学工具的"便捷有效"体现在其具有直观易用的界面，师生可快速上手，同时可以快速处理和存储大量数据，能够在多种终端上使用、及时更新与升级；"成本低"体现在数字化教学工具可以减少传统教育所需的教室、教材和人力资源等成本，使教育资源更加均衡和可持续发展。

8.2　多媒体教学工具

8.2.1　教学互动工具

在课堂教学中，教师使用较多的数字化教学工具是互动工具。一方面，互动工具运用现代信息技术手段，以多媒体和网络技术为基础，创建互动式的教学环境，带动教学中教师的内驱力和学生的学习力；另一方面，互动工具可以帮助教师有效关联学科知识，让知识更为直观地呈现出来，帮助学生体验知识的魅力，进行问题探究、自主学习、协作学习等。在信息技术相关课程中主要使用的互动工具为交互式电子白板和虚拟实验室。

1. 交互式电子白板

有效利用交互式电子白板可以很好地实现预定教学目标并解决重难点，同时更加灵活地设置教室，促进师生之间的交互，对个人和小组内容进行共享与评价。此外，通过教学实践，交互式电子白板的演示、书写、交互等功能和信息展示、师生互动等平台成为其在教学应用中的突破点和创新点。2017年，教育部发布与交互式电子白板相关的两项教育行业标准，将交互式电子白板界定为硬件电子感应白板和白板教学交互软件的集成，能够实现用户与系统之间的信息交流，分为互动白板、互联白板和智能白板三种类型，具有文本、图形等组成元素和媒体互动、配件互动等基本功能的数字化教学工具，同时给出了教学资源通用文件格式和相关标签，保证交互式电子白板的正规使用。在使用交互式电子白板时，需注重资源匹配度、媒体适切性、功能使用时机、教学目标导向和关注教学评价五方面的使用原则。

交互式电子白板具有计算机、投影仪、白板等数字化教学设备的特点，通过触摸或笔触实现教学资源的展示、注释和互动，让教师能够将传统的教学资源与数字化资源相结合，通过多种媒体形式呈现出来，从而增强学生的学习兴趣和理解能力。目前，在教育领域中经常使用的交互式电子白板有SMART-Board、希沃白板等。交互式电子白板主要有以下几种功能。

（1）交互功能：电子白板可以与计算机进行信息通信。电子白板可连接到计算机上，并利用投影仪将计算机上的内容投影到其屏幕上。

（2）控制功能：可以通过电子白板实现对PPT的上下翻页和具体呈现，方便教学。

（3）游戏功能：可以利用电子白板中的游戏资源创设游戏情境，激发学生的学习兴趣。

（4）书写功能：可以在任意地方进行书写，随意更换笔的颜色（任意颜色）和粗细，使教学中的重要知识更加醒目。

（5）图形绘制：利用触碰式、遥控式等形式将手绘的图形自动识别成标准图形。

（6）资源存储：交互式电子白板具有强大的资源数据库和相关课程知识库，可有效支撑教师教学和学生学习，同时也可存储教师和学生所上传的资源供教师和学生随时调取和利用。

有效使用交互式电子白板的功能在小学教学中颇为常见。例如，在小学三年级“画图”一课中，课堂教学的重难点是让学生熟悉画图界面和各窗口功能，能够自行设定相关参数实现图形绘制。这就需要教师向学生循序渐进地讲解画图工具栏中各图标的功能，并让学生动手实践。首先，教师可以利用希沃白板的功能，采用基础工具设计课程内容脉络，生动形象地呈现知识内容；其次，利用希沃白板本身所附带的画图功能和学科资源，让学生亲自上台体验，形成学生对本堂课知识学习的联通思维；再次，希沃白板中自带游戏供教师教学使用，可通过积分制激发学生的学习兴趣；最后，利用云端存储记录学生的课堂学习情况，为后续改进教学提供实时记录和支撑。

交互式电子白板重点突出师生展示、知识建构的过程。例如，教师基于教材进行教学设计，课下为学生布置“组建家庭局域网”的作业，课上带领学生复习教材上“局域网的构建”知识内容后，学生以小组为单位商讨组建方案，然后利用交互式电子白板展示组建过程，最后师生之间进行交互，展开对方案的讨论。通过这样的课堂学习，交互式电子白板可帮助教师打通和学生交流的通道，使学生的团队合作意识进一步增强，信息传播方式和途径更为多元化。

体会交互式电子白板的交互、游戏功能——以实现选择结构的语句为例

（案例来源：辽宁省大连市第二十高级中学　李金爽）

教师利用希沃白板所设计的“看图猜成语”游戏作为引子，引出VB语言的程序设计；学生在体验游戏后思考如何利用VB语言设计QQ登录页。之后，教师以“QQ号已知，密码未知”的登录问题作为情境，利用希沃白板设置问题，引导学生剖析单分支结构的语法格式、功能和执行过程，单行结构和多行结构的区别，以及关系表达式、逻辑表达式的基本知识；学生进行观察、思考、探究，体会登录界面的制作，理解条件语句的单、双分支结构。

案例中有效运用交互式电子白板在实现融洽教学氛围的基础上，让学生掌握 VB 语言，帮助学生化解疑难问题。

在教学中，教师要将核心素养贯穿课程始终，关注利用交互式电子白板实现知识和内容的感知与联动，助推学生开展知识挖掘、头脑风暴。对原有教材也不能采取摒弃的态度，教师要思考新课程标准与原有教材的一些紧密联系，突破传统思维和“新瓶装旧酒”观念，以新课程标准为导向，在交互式电子白板等数字化教学工具支持下重组课程，实现意想不到的教学效果。

2. 虚拟实验室

作为建设智慧课堂的重要技术工具和手段，虚拟实验室可为学生提供主动参与学习、实现自主学习的重要环境场所，帮助学生突破常见的教学时空限制而在线完成实验，实现学生课程领域内操作性知识内化的过程。因此，虚拟实验室可以成为教师创设问题情境、提升教学质量、加强师生交流、贴近生活本源的重要数字化教学工具。虚拟实验室可以利用计算机技术模拟真实实验环境，通过提供高度仿真的实验操作和实验数据，帮助学生更好地理解和掌握实验技能。它使得学生可以在虚拟的环境中进行实验操作，减少了传统实验中需要实物技术设备和复杂操作工序指导的需求，提高了实验效率和安全性。将虚拟实验室用于偏远地区学科课程，可以使学生感受到在现实中没有机会接触的实验内容和实验操作，帮助学生在条件、设备不齐全的情况下，汲取到更多与现代社会相匹配的学科知识。

虚拟实验室一般由特定学科教学理念所引领，利用 3ds Max、Unity 3D 等开发平台和软件工具，通过 VR、AR、XR、Web 等技术融合建成，在教学中的嵌入重点体现其虚拟仿真等功能。

（1）高度仿真的实验环境：不仅可以帮助学生了解实验过程和原理，而且可以在没有实物实验室的情况下进行实验操作。

（2）增强互动参与感：在虚拟实验室中，学生一方面可与实验设备进行交互；另一方面，教师的有效指导和课程资源的穿插可有效降低学生学习知识的难度，减少师生间的距离感。

（3）案例研究和实践：虚拟实验室可以模拟真实场景和情境，使学生能够进行案例研究和实践，应用所学知识解决实际问题，提高他们的问题解决和应用能力。

（4）提高安全性：信息技术常见问题包括病毒骚扰、信息乱码、机械损坏等，虚拟实验室的深度体验可使学生在不破坏现实设备的基础上，学习服务器连接、计算机运行原理、软硬件安装等内容，提高课堂整体的安全性。

（5）可重复性和灵活性：虚拟实验可以多次重复练习和实践，学生可以随时随地进行学习。

在虚拟实验室的建设中，可以融入具有学生学习特点、易于学生接受的学习资源、生活资源等。同时，教师可以优化教学方式，指导和监督学生学习，保障学生技能的掌握。信息技术课程可以结合基于浏览器/服务器模式的变式应用，采用ASP、Web等技术设计虚拟实验室，在此基础上，学生可以理论学习、实验学习两不误，教师重点关注为学生提供教学指导、信息服务等，保证人人参与到课程中来，避免出现结果抄袭等现象。

8.2.2 教学演示工具

教学演示工具在现阶段的数字化、信息化教学设计中使用非常广泛，已经成为必不可少的教学工具，可以将教学内容以图文并茂的方式呈现给学生。因此，教师要熟练掌握PowerPoint、Focusky、万彩动画大师等数字化教学演示工具的使用方法，以便更好地为学生提供高质量的教学服务。

1. PowerPoint

教学设备更新迭代的速度之快，远超我们的想象。起源于20世纪八九十年代的投屏幻灯片逐渐发展为利用计算机就可以使用的教学演示文稿。2005年，教育部师范教育司印发《中小学教学人员（初级）教育技术能力培训大纲》，指出教师在培训过程中应注重学习设计教学资源及其呈现方式，利用演示文稿设计工具开发与整合教学资源。PowerPoint（下文简称“PPT”）已成为教师普遍运用于众多学科课程的教学工具。在学科课程中，简单易用、界面友好是PPT受欢迎的主要原因，同时，PPT方便将图片、视频、音频、动画等多种数字化内容和多媒体形式进行整合和使用，可形象生动地展示教学内容，优化教学视感。现阶段，我国中小学课堂中，在多媒体技术和教学工具上，分别使用计算机等硬件设备建设相关系统支撑硬件管理与发展；在软件方面，则主要使用PPT等多媒体课件及相关平台，助力师生获取信息和传递内容。PPT在信息技术课程中的功能体现在以下几方面。

（1）内容展示：可用来展示文字、图片、表格、图表等多种形式的教学内容。教师可以根据需要将各种元素组合在一起，制作成简洁明了的幻灯片，帮助学生更好地理解教学内容。

（2）动画演示：通过添加动画，教师可以让幻灯片更加生动有趣，将教学内容以动态的方式呈现出来，吸引学生的注意力，帮助学生辨识不同的知识内容。

（3）实时交互：支持添加超链接、注释等功能，方便教师与学生形成信息反馈模式。教师可以设置提问、回答等交互环节，引导学生参与讨论和思考。

（4）播放和录制：支持幻灯片的播放和录制功能，方便教师进行教学演示。教师可以通过录制功能将自己的演示过程录制下来，供学生复习或下载使用。

（5）格式设置：提供多种格式设置选项，如字体、颜色、背景等，方便教师对幻灯片进行个性化定制。教师可以根据自己的教学风格和需求进行设置，优化幻灯片的视觉效果。

有效实现 PPT 在课程中的融合——以形状补间动画为例

（案例来源：河北省邢台市第七中学　孙彬）

教师导入趣味游戏“大家一起猜”和趣味动画“看我七十二变”，利用 PPT 展示 Flash 游戏场景，询问学生形状补间动画的含义，引出本节课内容。明确形状补间动画的操作步骤后，学生在教师引导下合作完成形状补间动画任务，利用 PPT 展示小组作品，进行学生互评，然后教师对学生作品进行评价并给予积分奖励。最后，师生共同总结，教师利用 PPT 展示本节课学习的知识点。

案例中，Flash 动画虽然不是初中课堂中经常学习的内容，但是利用 PPT 讲解 Flash 动画能促进教师思考如何进行 PPT 制作和呈现教学内容。以任务为导向并配合 PPT 的讲解，可以将知识清晰条理地呈现出来，激发学生学习动机的同时梳理整节课的脉络演进。所以，在进行信息技术教学设计时，教师一定要最大限度地利用 PPT 完善数字化教学。

2. Focusky

Focusky 主要基于香农-韦弗教育传播模式，可以将堆砌的众多知识按照线性操作展开梳理，而最好的设计制作流程是从内容选择开始，在此之后进行对象、素材、脚本等方面的操作，最终生成课件。此外，以教师、学生等用户为中心的设计理念促使 Focusky 注重易用性和功能性。Focusky 的开发者致力于打造一款比 PPT 功能完善且操作简单的演示工具，同时注重界面的美观性和简洁性，让用户能够更好地专注于演示内容的创作；用户也可以利用 Focusky 的自带模板，在具体教程支持下制作精美的演示文稿。Focusky 具有以下功能特点。

（1）制作高效：操作简单易上手，方便教师快速制作演示文稿。

（2）内置成熟模板：内置多种酷炫的动画模板，支持添加各种转场特效，如 3D 镜头旋转、缩放、平移等，可以有效突出教学主题并给学生带来视觉冲击力。

（3）资源丰富：教师可以根据具体需求在画布上添加和编辑各种类型的内容。同时，Focusky 本身具有多个模板，可供用户参考借鉴使用。

（4）展示效果出色：支持 3D 幻灯片演示特效，打破传统幻灯片的切换方式，让演示内容更生动有趣。

（5）兼容性强：支持导入 PPTX 文档来创建新工程，可以方便地将线性演示文稿转化为具有平移、缩放和旋转效果的 3D 动画演示文稿。

（6）支持个性化设置：可以添加备注信息，方便讲解具体内容；同时还支持手写注释功能，方便师生交流。

（7）支持多平台：支持同时打开多个工程文件，便于进行比较和编辑。

相较于 PPT，Focusky 因其资源丰富等优势可适当应用于微课制作。在教学过程中，教师往往需要根据教学需求精心设计开发微课，以支撑课堂教学，利用 Focusky 不仅可以减少教师工作量，而且可以增加教学重难点的多重讲解，从而帮助学生学习。

3. 万彩动画大师

作为多媒体演示工具，不同于 PPT 和 Focusky，万彩动画大师的设计宗旨是通过动画和多媒体资源提升教学质量。万彩动画大师通过不断优化升级，从最初的动画制作工具发展成一个集动画制作、多媒体集成、互动功能于一体的综合性数字化教学演示工具，为教师提供强大的教学辅助功能。交互式微课注重学生与学习内容、学生与教师之间的有效互动，而万彩动画大师所制作的 MG 动画微课具有交互式微课的特点，所以很多教师将其应用在交互式微课制作方面。万彩动画大师的操作并不复杂，在界面中设置有导航键和快捷按钮，每一个微课镜头都可以根据教学设计和教学需求自行设置，动画效果、场景过渡、精美模板均是教师可以考虑使用的重要素材，支撑其在学科教学中的发展，进而实现从简单整合到深度融合的逐步跨越。万彩动画大师具有以下功能。

（1）动画制作：万彩动画大师提供了丰富的动画、过渡效果，教师可以通过简单的操作设计出吸引人的动画内容，使教学演示更加生动有趣。

（2）提供丰富的微课模板：万彩动画大师内置了大量主题模板，教师可以挑选适合自己教学需求的模板进行快速编辑和定制，节省从零开始制作的时间和精力。

（3）多媒体素材导入：万彩动画大师支持导入图片、音频和视频等多媒体素材，丰富了教学演示的形式和内容。

（4）语音合成：万彩动画大师具备语音合成功能，对于普通话不好或希望减少课堂用嗓的教师来说，这项功能尤为有用。

（5）时间轴编辑：通过时间轴，用户可以精确控制动画的每一帧和时间点，实现复杂的动画效果和镜头切换。

（6）场景和镜头管理：万彩动画大师提供了场景设置和镜头切换功能，教师可以根据教学需要设计不同的教学场景和切换方式，增强演示的专业性和趣味性。

（7）智能生成视频：万彩动画大师可以帮助教师自动生成微课视频，简化制作流程，提高效率。

（8）导出和分享：万彩动画大师支持将作品导出为多种视频格式，便于分享和播放。教师还可以直接发布作品到社交媒体平台。

8.3 在线教学平台

8.3.1 在线教学综合平台

为丰富学生随时随地进行学习的资源，提升学生的自主学习能力，大规模在线教学综合平台集成了各学科课程，通过网络和移动智能技术进行课程知识传递，允许大量的参与者免费或低成本地访问优质教育资源。在此基础上，可以充分利用平台的在线交互功能，共享教师团队的教学服务，查看课程建设情况，丰富学生的学习方式。教育部办公厅于 2018 年开展了国家精品在线开放课程认定工作，更加强调了在线开放课程设计以及相关平台的重要意义。目前，在线教学综合平台主要有智慧树、学习通和国家中小学智慧教育平台等。

1. 智慧树

智慧树平台可有效支撑学科教师的专业发展和能力提升，保障智慧课堂的生成；同时，在该平台中，教师可以形成独有的教学风格，有效利用课程元素构建类似电子书包式的沉浸型教学环境，更好地与众多教学模式结合发挥平台作用。而对于教师课堂中使用的混合式教学模式，在信息技术课程中采用智慧树平台搭建在线课程时，要对师生特征和教学内容进行全面分析，从教学资源、教学实践、教学评价方面构建具体教学模式，实施过程要循序渐进，按照“课前学生线上观看微课”“课中师生线下讨论”“课后线上检验评价”的翻转课堂型步骤工序执行线上线下双主线教学联动。课前阶段，微课设计要明确理论知识和操作实践，控制微课内容和时长，让学生观看后梳理具体问题，形成学生自身的知识体系；课中阶段，教师讲解打破学生疑惑点，利用案例巩固学生课前学习内容，解答学生的具体问题；课后阶段，学生利用平台测试题进行自我知识检测，教师通过后台数据分析评价微课教学效果和学生学习效果。智慧树平台的功能如下。

（1）共享课程：作为大规模在线开放课程平台，智慧树中的共享课程支持两种模式，即混合式课程与在线课程。混合式课程在课程内容基础上增加线下共享教学内容，让师生能够通过网络开展面对面交流，提高学生的主观能动性。在线课程由教师督促学生学习，与学生互动，还能够处理学生问题、批改作业，可以在课前预习、课堂教学之间构建互动桥梁，教师可以提前为学生发送微课、视频、练习、课件等，并及时开展师生反馈。

（2）离线实时互动：智慧树平台还有离线实时互动功能，为师生课堂互动提供了有效的解决方案。利用智慧树，教师可以便利地构建翻转课堂，建立专属空间，基于班级群来掌握学情，了解学生学习状态。

（3）在线答疑：教师可以在平台上发布任务进行小组教学，在了解学情数据后进行后台回复，帮助学生解答问题并给予点相应建议。

（4）多途径的知识拓展：教师可以引用相关视频和图文资料，也可以上传自己的教学视频，引导学生深入理解知识点，扩展视野。

（5）辅助线下课堂：智慧树的教室授课功能可以辅助线下课堂，也可以记录课堂数据形成课堂报告，帮助教师进行教学分析。

（6）便利的教学管理：教师可以在建课后创设任务、作业、考试等；平台内有丰富的个性化资源，同时教师也可以自行上传课程资源，更好地进行整体教学布局和管理。

（7）实时关注与评估：通过智慧树平台的数据分析功能，教师可以全面了解学生的学习进度和效果，更好地评估教师自身的教学质量和改进教学内容与方法。

2. 学习通

学习通作为超星旗下的在线教学综合平台，与智慧树等平台共同组成了我国在线教学综合平台系统。以云计算、移动互联网等技术为支撑，学习通收集汇总了多门优秀学科课程，可利用多种媒体设备登录进行使用，上课过程中也可以利用讨论区等模块进行有效互动。在此基础上，为满足混合式教学需求，学习通也在不断研究教学平台与教学模式的深层联系，推动混合式教学设计的发展。学习通主要有以下几个方面的教学功能。

（1）信息公开：教师可以在学习通上创建和管理自己的课程，包括课程信息、课程资源、课程计划等。学生可以查看课程信息，包括课程名称、课程时间、课程教师等。

（2）在线支撑：学习通支持在线直播教学，教师可以实时与学生互动，进行语音或视频交流。同时，学生可以在线提交作业、提问和参与讨论，与老师和同学进行交流和协作。

（3）资源形式多样：学习通提供了丰富的在线学习资源，包括电子图书、期刊、报纸、视频、音频等多种形式。学生可以根据自己的需求和兴趣选择相应的学习资源进行阅读和学习。

（4）考试：学习通支持在线考试，教师可以创建考试试题、设置考试时间、进行监考等。学生可以在线完成考试，系统会自动评分，并给出答案和解析。

（5）作业提交与批改：学生可以按时提交作业，教师可以批改作业并给出反馈和指导。同时，教师还可以设置作业的提交截止时间、重做规则等。

（6）学习工具：学习通提供了多种学习工具，如笔记、收藏、讨论、搜索等，帮助学生更好地进行学习。学生可以使用这些工具记录笔记、搜索学习资源、与同学交流等。

（7）移动端支持：学习通支持移动端设备访问，学生和教师可以在手机或平板电脑上使用学习通应用程序进行学习和教学管理。

（8）数据统计与分析：学习通提供数据统计和分析功能，教师可以查看学生的学习进度、成绩分布等情况，以便更好地了解学生的学习情况和指导学生的学习。

目前，学习通在信息技术课程中的应用需要诸多专家学者和一线教师进行深度探索。以“计算机网络基础与应用”为例，教师可以利用学习通上传预备导学案、构建相关课程资源、组织学生讨论问题、综合测试学生对计算机网络组成的理解等，学生可以利用学习通观看课前视频并形成问题链、讨论交流遇到的问题、进行课后练习以及知识总结与梳理。基于此，利用学习通在进行教学设计时，教师应明确教学目标，确保教学内容与课程目标的一致性，根据需要选择合适的资源进行授课；注重学生上机的实践操作和最终作业汇报的环节，根据学生的学习进度和反馈灵活调整教学计划；注重激发学生的学习积极性，培养学生思维的全面发展，积极鼓励学生参与评价；在突破传统教学的基础上，根据学生的学习特点、成绩等因素，有效构建信息技术课程中翻转课堂的教学模式。

3. 国家中小学智慧教育平台

教育部在总结“国家中小学网络云平台”运行服务经验的基础上，研究制定了《国家中小学智慧教育平台建设与应用方案》，并将“国家中小学网络云平台”改版升级为“国家中小学智慧教育平台”，于 2022 年 3 月上线。2023 年，教育部办公厅印发《基础教育课程教学改革深化行动方案》，提出：“建好用好国家中小学智慧教育平台，丰富各类优质教育教学资源，引导教师在日常教学中有效常态化应用。”同年，教育部决定在全国设立一批义务教育教学改革实验区和实验校。实验区的重点任务之一是：“推进数字化赋能。探索建立服务区域义务教育教学改革的数字化平台，丰富和拓展线上教学资源，指导学校探索信息技术在教学和教研中的深度应用，推动线上线下融合教学。强化数据赋能，推进因材施教、个性化学习和过程性评价。加强国家中小学智慧教育平台的应用培训，指导学校和教师在日常教学中常态化有效应用。”实验校的重点任务之一是：“推进数字化赋能教学。探索数字技术在拓展学校教学时空、共享优质资源、优化课程内容与教学过程、优化学生学习方式、精准开展教学评价等方面的实践路径，构建数字化背景下的新型教与学模式，提高学校教学效率和质量，引导师生加强国家中小学智慧教育平台的应用，合理开展自主学习，提高备授课质量。”目前，国家中小学智慧教育平台中主体、环节、服务、评价等因素条件均已具备，有效赋能课程教学需要关注一线模式优化、统领数字资源融入、思考功能结构转变、加大专业培训力度。

作为国家教育公共服务的综合集成平台，国家中小学智慧教育平台可为中小学课堂教学、学生学习、教师研修、家庭教育等提供专业化、精品化、体系化的资源服务。一方面，国家中小学智慧教育平台关注教育资源应用的均衡发展，为乡村中小学提供了丰富的高质量教育教学资源，可以有效提高农村教育教学的便利性，缓解资源短缺并促进教育深层改革发展，促进并保障乡村教师研修中环境、资源、方式、评价等方面的转变与改革；另一方面，国家中小学智慧教育平台的应用体现了我国为实现教育数字化转型所做出的重大努力，平台中的资源可有效促进学生全方位发展，产生的新教研模式可保障专业教师的素养能力提升，形成的教学方式可促进智慧教学中师生的互动。

平台融入的有关思考——以“数据支持下基于网络热词探析时代品质”为例

（案例来源：四川省成都市教育科学研究院附属中学　李美琳）

课程资源具体如图一所示。课程中，教师首先播放微课视频“年度热词，记录 2021”，学生感受热词对于时代特征的表达并思考热词对时代品质的表达。其次，教师布置任务，小组共同探究并进行“项目活动导学案”中“主题选定”“任务分工”等栏目的填写。再次，为深入了解后羿采集器、Python两种数据采集工具，学生参考“后羿采集器使用方法介绍”“Python数据爬取与分析”微课视频等参考资料并在教师引导下完成“项目活动导学案”，利用数字化工具获取数据、分析数据。最后，教师进行总结，帮助学生深入理解数据、信息、知识与智慧的相互关系。

资源类型	资源描述
教材	粤教版《数据与计算》
微课/操作指南	后羿采集器使用方法介绍 百度指数平台使用指南 Python数据爬取与分析
导学案	项目活动导学案
软件工具	后羿采集器，百度指数平台、Python等

图一　资源

通过以上高中阶段的案例分析可以发现，教师主要使用教材、微课/操作指南、导学案、软件工具作为课程资源培养学生的信息意识、数字化学习与创新等核心素养。因此，可以思考“能否在教学设计中加入国家中小学智慧教育平台的相关介绍以及具体数字资源的使用”。加入国家中小学智慧教育平台的相关内容后，可以让学生在平台体验中感知并理解数据、信息之间的关系，实现学生的全面发展以及素养能力的提高。

8.3.2　在线学习管理平台

在常规教学内容外，学习管理也是教师在教学过程中需要重点设计和思考的内容。随着数字化技术的发展，出现了在线学习管理平台，使教学面貌焕然一新。在线学习管理平台最为典型的代表是Moodle平台和BlackBoard平台。在线学习管理平台以计算机支持的协作学习为理论支撑和引导方向，有效建构具有浓厚学习氛围的良好协作学习环境。在线学习管理平台是用于管理学习资源、课程信息、学习活动和成绩的在线系统，具有强大的功能和便捷的操作方式，为广大学生和教师提供更加便捷、高效的学习服务。

1. Moodle 平台

Moodle（魔灯）作为一种面向对象的模块化动态学习环境，基于社会建构理论设计开发，免费开放源代码，是一个优秀的网络教学平台，为基于网络的课程的教与学提供全面支持，为学生提供在线学习环境，为教师提供对学生的管理环境。使用Moodle，可以促使教师开发自己独特的课程，体现自身的教育教学理念，关注多样化的教学评价的设计与实施，加强与学生之间的交流与沟通。Moodle 平台主要安装在 Linux 系统上，基于 SQL、Apache 等数据库技术通过开源体系进行构建，可设计多种教学模块，比如对用户和课程进行管理、提供作业和教学测试等。在网络环境下，知识库技术、数据挖掘技术、专家系统技术、概念图技术、思维导图技术以及 Moodle 平台等结合起来可形成更加完整的知识管理系统，作用在知识转化的各个环节，为教师搭建强大的技术平台。Moodle 平台具有以下功能。

（1）实时课程管理：Moodle 平台允许教师创建和管理自己的课程，包括课程资源的上传、发布、管理和组织。

（2）提供学习活动：Moodle 平台提供了各种学习活动，如讨论区、作业提交、测验和考试等。这些活动可以帮助学生与教师进行互动，并使学生积极参与学习过程。

（3）成绩管理：Moodle 平台支持对学生的成绩进行管理，包括成绩的录入、查询、统计和分析。

（4）用户管理：Moodle 平台可以对用户进行管理，包括学生、教师和访客等。用户可以注册、登录和退出系统，同时也可以对个人信息进行修改。

（5）加入课程资源：Moodle 平台支持各种类型的课程资源，如文本、图片、音视频等。教师可以通过平台上传和管理这些资源，供学生在学习过程中使用。

（6）课程进度跟踪：Moodle 平台可以跟踪学生的学习进度，帮助教师了解学生的学习状况，以便及时调整教学计划。

（7）课程评价：Moodle 平台支持对课程进行评价和反馈，帮助教师改进和完善课程设计。

（8）及时发布课程通知和消息：Moodle 平台可以及时发布课程通知和消息，提醒学生和教师参与学习和教学活动。

（9）支持多种语言：Moodle 平台支持多种语言，可以根据需要进行切换和定制。

（10）支持各种插件和扩展：Moodle 平台支持各种插件和扩展，可以扩展其功能和特点，满足特定的需求。

教师在日常教学中经常会有新知识的收获，其中既有显性知识的增长，也有实践性知识或情感领域的收获。教师的教学理念、教学经验、课堂上的突发事件、设计的教案、笔记等都是非常宝贵的知识。教师可以利用 Moodle 内嵌的 Blog 以日志的形式记录每天教学的点滴感受以及在网上与其他教师交流时擦出的新的思想和灵感的火花。教师可以上传文件并在服务器中进行管理，使用 Web 表单动态建立可以连接到 Web 上的外部资源并将其无缝地融入到课程界面里，用链接将数据传递给外部的 Web 应用。这样，教师日常积累的显性知识便可以内化为自己的经验。

2. BlackBoard 平台

BlackBoard平台（下文简称为“BB平台”）在我国的发展历程可追溯到21世纪初，其目的是为远程教育提供一种有效的工具。随着中国教育信息化程度的不断提高，BB平台不断发展壮大，越来越多的学校、教师和学生采用该平台进行资源汇集、课程开发和便捷学习。如今，全球数百万学生和教师使用BB平台进行在线学习和教学。在教学过程中，教师精心设计BB平台在教学中的应用，认真分析学生特征，合理使用资源，保证师生正常交互，优化数字化学习环境，明确教师和学生在课堂中各自扮演的角色，使每位学生更好地参与到小组讨论中，最终实现学生的共同进步。因此，在教学中，BB平台可帮助教师进行在线课程设计，有效管理教学；帮助学生采取自主、协作等多种模式学习。具体来说，教师可以通过BB平台发布课程资源、布置作业、组织在线考试和评估学生的学习成果；学生可以通过BB平台参与在线课程学习、提交作业、参加在线考试、与同学进行交流互动等。此外，BB平台经过更新升级后，学生在课堂中可以利用其新增的数字化教学资源更好地学习，教师也能够更好地对学生进行在线学习管理。BB平台有以下功能。

（1）灵活获取资源：教师可以方便地创建、管理和发布信息技术课程的各类学习资源，如课件、视频教程、练习题等。同时，学生也可以通过BB平台随时随地进行学习，提高了学习的灵活性和便捷性。

（2）在线交流：BB平台提供了实时的在线交流功能，教师和学生可以在平台上进行实时互动，促进了师生之间的交流和合作。这种交流方式可以帮助学生更好地理解和掌握信息技术知识和技能，同时也可以促进学生的协作和沟通能力。

（3）作业提交与批改：教师可以通过BB平台布置作业、发布测验和考试，并要求学生按时提交。学生可以通过BB平台提交作业、参加测验和考试，并查看自己的成绩和反馈。教师可以通过BB平台进行在线批改和评分，并给学生提供相应的指导和建议。

（4）学习跟踪与反馈：BB平台可以跟踪学生的学习进度和成绩表现，并生成各种报表和反馈信息。教师可以根据这些信息对学生进行个性化的指导，帮助每个学生更好地掌握信息技术知识和技能。

（5）社区论坛与知识分享：BB平台提供了社区论坛功能，学生可以在论坛上分享学习心得、讨论问题、互相帮助和学习。这种社区化的学习方式可以促进学生的自主学习和合作学习，同时也可以帮助学生构建自己的学习网络和知识体系。

（6）个性化学习推荐：BB平台可以根据学生的学习习惯、兴趣爱好和成绩表现，为学生提供个性化的学习推荐和课程安排。这种个性化学习的方式可以帮助学生更好地发掘自己的潜力，提高学习的效果和质量。

（7）教学评估与质量改进：教师可以通过BB平台进行教学质量评估和学习效果评估，并根据评估结果调整教学内容和方法，从而提高教学质量。同时，学生也可以通过BB平台进行自我评估和学习反思，帮助自己更好地掌握知识和技能。

BB 平台功能强大、灵活且易于使用，可以为教师和学生提供全面的在线学习支持和服务。在进行信息技术教学设计时，教师可以以建构主义等理论为支撑，利用 BB 平台开展信息技术教学活动。同时，教师可以利用 BB 平台创建与信息技术相关的在线课程，包括计算机基础知识、办公软件操作、编程语言等，并通过其提供的课程管理工具方便地发布课程资源、组织教学活动和评估学生的学习成果。此外，BB 平台还支持在线互动交流和协作学习，学生可以在平台上进行实时讨论、提问和分享学习心得。教师可以组织学生开展在线协作项目，如小组作业、编程挑战等，培养学生的团队合作和问题解决能力。通过 BB 平台，教师还可以布置在线实践操作的学习任务，如编写程序、制作网页等。学生可以在平台上进行在线实践操作，遇到问题时可以向教师或其他学生寻求帮助，通过实操提高自身的数字化应用能力。

8.3.3　在线教学调查平台

数据作为信息的表现形式，可以生动形象且直观易懂地表达信息。作为一种便捷、高效的教学评估和研究工具，在线教学调查平台旨在收集和分析关于数字化教学中学生、教师等受众的反馈和数据。在线教学调查平台也允许教育从业者等利用其发布调查问卷，以评估教学环节中要利用量化方式探究的问题。在线教学调查平台的核心功能包括问卷设计、发布，数据收集、分析和报告生成等。这里主要介绍问卷星和腾讯问卷。

1. 问卷星

问卷星作为一个在线问卷调查平台，于 2006 年出现在大众视野中，由于它能够利用网络收集、分析和存储量化数据，为众多专家学者、一线教师所热衷使用。问卷星主要以问卷设计为基础，后台进行数据收集、存储和分析，用户可在线设计问卷、发布问卷、查看调查结果等。在使用问卷星进行问卷设计时，对于问卷五级、七级量表，问卷星中均有相关题目设置明细，保证了问卷设计的准确性。同时，问卷星可以通过设置多个信息权限来保证用户的使用安全。问卷星在中小学信息技术课程教学中可以有以下几个方面的应用。

（1）在线调查与反馈：教师可以通过问卷星设计调查问卷，了解学生对信息技术课程的学习兴趣、需求和困惑等，以便更好地调整教学内容和方法。同时，学生也可以通过问卷星反馈对课程和教师的意见和建议，促进教学相长。

（2）技能测试与评估：教师可以利用问卷星进行信息技术技能的测试和评估，例如让学生完成一个编程练习或解决一个与信息技术相关的问题，然后对学生的表现进行评分和评价。这样可以帮助学生了解自己的技能水平，并为学生提供个性化的学习建议。

（3）在线实践操作：信息技术课程往往涉及实际操作和实验。通过问卷星，教师可以发布在线实践操作任务，让学生在线完成并进行提交。这样既可以节省实验设备和场地的成本，又可以方便学生进行远程实践操作。

（4）数据分析与可视化：问卷星提供了强大的数据分析功能，可以对收集到的数据进行各种统计、交叉分析、趋势分析等。教师可以利用这些功能对学生的学习成绩、技能水平等进行深入分析，并生成各种可视化图表，以便更好地了解学生的学习状况和成绩分布。

（5）互动交流与协作：通过问卷星，学生可以在线提交作业、参与讨论和协作完成任务。这种互动交流可以提升学生的团队合作和问题解决能力，同时也可以帮助学生更好地理解和掌握信息技术知识和技能。

（6）个性化学习推荐：根据学生的调查反馈和技能测试结果，教师可以为学生提供个性化的学习推荐。例如，对于编程基础较弱的学生，教师可以推荐一些编程入门的学习资源和练习题；对于已经具备一定编程基础的学生，教师可以推荐一些进阶的学习资源和挑战项目。

（7）教学管理与资源共享：教师可以通过问卷星进行课程管理、学生管理、成绩管理等教学管理工作，方便快捷地掌握学生的学习进度和成绩情况。同时，教师也可以通过问卷星共享教学资源和学习资料，以便学生进行学习和复习。

问卷星利用 Web 前端、Excel、CSV、数据库等技术，通过 API 接口，实现平台的有效运行。因此，问卷星能够快速、方便地收集和处理大规模的问卷调查数据，为教师提供高效、可靠的数据分析和处理服务，保证教师在教学使用时的便捷性、准确性。

2. 腾讯问卷

不同于问卷星，腾讯问卷的目的是创建问卷、编辑问卷等，已经形成了系统的问卷管理平台及服务；在创建方式上，腾讯问卷可以利用 Excel 和文本编辑格式进行导入；此外，腾讯问卷中有较明确的官方协议，使用户的数据更加安全，登录则需要使用微信或 QQ 进行认证。腾讯问卷在中小学信息技术课程教学中可以有以下方面的应用。

（1）学生信息收集：教师可以在课前使用腾讯问卷进行学生信息调查，了解学生的基础知识和技能水平，为后续的教学提供参考。

（2）在线测验与考试：教师可以利用腾讯问卷发布在线测验和考试，并设置时间限制、评分方式等参数。学生可以在线完成测验和考试，提交后即可查看成绩和答案。

（3）资源共享与利用：腾讯问卷支持多种资源共享方式，教师可以上传文件、发布链接等，方便学生下载或在线学习。同时，腾讯问卷还支持在线视频、音频等多媒体资源的播放，提高了学习的趣味性和便捷性。

（4）作业提交与批改：教师可以通过腾讯问卷布置作业，并设置提交时间、评分标准等参数。学生可以通过平台提交作业，并查看自己的成绩和反馈。教师可以方便快捷地在线批改作业，给出成绩和评语。

（5）教学管理与质量改进：教师可以通过腾讯问卷进行教学质量评估和学习效果评估，并根据评估结果调整教学内容和方法，从而提高教学质量。同时，学生也可以通过腾讯问卷进行自我评估和学习反思，帮助自己更好地掌握知识和技能。

腾讯问卷在前端利用 HTML、CSS 和 JavaScript 等技术来进行设计，用户填写问卷后，通过 HTTP 技术请求将数据提交到服务器，同时，使用如 MySQL、MongoDB 等数据库技术来存储用户提交的数据，上传到云平台中进行数据备份，采用云计算服务来应对不同规模的问卷调查，最终通过身份验证保证用户安全。因此，在信息技术课程中，腾讯问卷既可以作为量化数据的处理工具，又可以作为案例，比如高中讲解网络安全相关内容时，可以将其作为案例分析，引导学生评估信息的准确性和可信度，了解协议对保护信息安全的重要性，让学生在生活中进行信息技术知识的学习。

8.4　常用教学软件

8.4.1　编程软件工具

编程教育作为信息技术课程的重要组成部分，一方面可以培养学生的核心素养，帮助学生提高理性逻辑思维和动手实践能力；另一方面可以引导学生观察生活，从生活中发现问题，尝试使用编程来解决问题。进行编程教育需要相应的开发环境，因此编程软件工具就变得尤为重要。信息技术课程教学中主要使用的编程软件工具有 Scratch、Python 和 App Inventor。

1. Scratch

俗称“猫爪”的 Scratch 的主界面中有小猫配合使用者完成任务，它以其有趣的编程界面广受众多人群尤其是义务教育阶段学生的喜爱。它采用图形化编程方式，让使用者即使不认识英文单词，不会使用键盘，也可以通过用鼠标拖动模块积木到程序编辑栏编写出程序。这个过程并不需要学生认识英文或汉字。通过 Scratch，学生可以得到逻辑思考、计划、发现问题和解决问题、团队协作以及耐心、恒心、细心等方面的训练。Scratch 的界面包括舞台区域、背景区域、角色区域、模块区域和脚本区域等部分。使用者可以将指令块从模块区域拖到脚本区域进行组合，从而创建出各种有趣的程序，如动画、游戏等。通过 Scratch，学生可以培养创新思维和实践能力，为将来的学习和职业生涯打下坚实的基础。将 Scratch 引入信息技术课堂中，可以促进学生心智成熟，在数字创造、逻辑思维、问题解决能力等方面得到发展。按照课程标准，作为学生编程的启蒙课程，教师在教授 Scratch 时一般采用项目式教学，课程内容通俗易懂。在中小学信息技术课程教学中，Scratch 可以在以下几个方面发挥作用。

（1）编程基础教学：Scratch 作为一个图形化编程工具，简化了编程的过程，使学生更容易理解编程的基本概念，如变量、循环、条件判断等。通过拖曳积木的编程方式，学生可以在实践中学习编程，培养逻辑思维和问题解决能力。

（2）创意制作：Scratch 鼓励学生发挥创造力，通过编程制作自己的动画、游戏和交互式应用程序。学生可以根据自己的兴趣和想象力，自由地设计和创作，培养创新意识和实践能力。

（3）多媒体整合：Scratch 可以轻松地整合图像、音频、视频等多种媒体素材，使学生能够学习数字媒体的制作与整合。通过 Scratch，学生可以了解多媒体在信息社会中的应用，培养媒体素养和数字表达能力。

（4）协作与分享：Scratch 支持多人协作，学生可以共同创作复杂的项目，并在此过程中学习合作和沟通技巧。同时，Scratch 社区为学生提供了分享作品和交流学习的平台，学生可以观摩他人的作品，获取灵感和经验。

（5）跨学科整合：Scratch 可以与其他学科领域相结合，如数学、物理、科学等。通过编程，学生可以应用数学知识制作动画或游戏，或探索科学实验的模拟和数据可视化。这种跨学科整合有助于培养学生的综合应用能力和跨学科思维。

（6）游戏设计：Scratch 特别适合用于游戏设计教学。学生可以使用 Scratch 制作有趣的互动游戏，了解游戏设计的原理和技术。通过游戏设计，学生可以培养创造力、逻辑思维和团队合作能力。

（7）培养学生思维能力：Scratch 可以用于模拟实验和计算思维的培养。学生可以使用 Scratch 模拟各种实验场景，通过编程解决实际问题。这种模拟实验有助于培养学生的计算思维和问题解决能力。

（8）适用于不同能力的学生：Scratch 具有友好的用户界面和简单易学的编程方式，适合不同年龄和能力的学生学习，从小学到高中甚至大学的学生都可以使用 Scratch 进行学习和创作。

（9）支持多种编程语言混合编程：虽然 Scratch 本身使用积木式编程方式，但它也支持与其他编程语言的混合编程，如 Python、JavaScript 等。这为学生提供了更广泛的学习和发展空间，可以逐步过渡到更高级的编程语言。

（10）支持教育评价与反馈：Scratch 提供了丰富的教育评价工具和资源，教师可以对学生的作品进行评价并对学生提供指导。学生也可以通过社区分享作品并获得他人的反馈和建议，从而改进作品，促进学习。

利用 Scratch 解决生活问题——以“算法的描述”为例

（案例来源：吉林省长春市二道区东盛小学　刘丁睿）

教师利用谜语引出“交通安全中维持交通秩序的重要工具——红绿灯”，让学生思考红绿灯的工作原理。在此基础上，教师组织学生思考“红绿灯算法”，学生观看微课视频后一起讨论，教师带领学生学习用自然语言描述算法的概念，引导学生说出用自然语言描述算法的优缺点。在循序渐进的引导下，教师带领学生借助微课视频设计算法流程图（如图一所示），通过 Scratch 软件实现“红绿灯”算法的积木化编程（如图二所示）。最后，教师在本堂课中对知识进行总结梳理，利用算法游戏巩固本堂课的知识点。

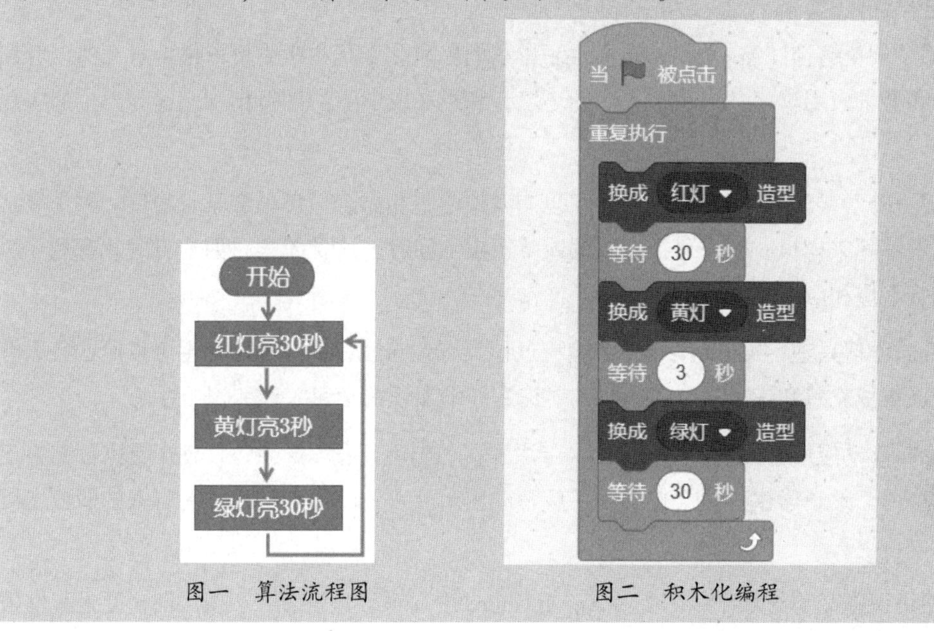

图一　算法流程图　　　　图二　积木化编程

在以上案例中，教师和学生在此过程中一同进行“红绿灯”程序的搭建，一方面，通过现实问题的解决，让学生明白 Scratch 程序编写的逻辑，形成计算思维，具备编程基础；另一方面，让学生和老师形成良好的互动，培养学生的合作意识以及信息技术学科核心素养。这也是 Scratch 作为编程软件工具的魅力所在。

2. App Inventor

移动应用开发更加贴近生活中常见的手机 App 的开发，App Inventor 作为移动应用开发平台，让任何人都能轻松创建自己的 Android 应用程序，而无须具有编程经验。App Inventor 提供直观易用的可视化编程环境，让使用者不论是初学者、非专业开发者还是教育工作者，都可以快速实现自己想象中所创设的 App，激发使用者的创新能力。它可以通过多种媒体形式进行编辑，让学生设计出移动应用程序来解决所关注的现实问题，激发学生的学习积极性。在信息技术教学中，可以重点关注学生的兴趣点，按照学生的特点进行任务分配，让学生进行小组合作，让学习突出的学生受到更多鼓励和支持。App Inventor 在中小学信息技术课程中有以下应用优势。

（1）可视化编程：App Inventor 采用可视化的编程方式，使得学生可以通过拖曳和拼接不同的编码模块来完成应用程序的开发。这种方式降低了编程的难度，使得初学者更容易上手，同时也能够帮助学生更好地理解编程的逻辑和结构。

（2）培养计算思维：App Inventor 的编程过程实质上是提出问题和解决问题的过程。学生需要分析需求，设计解决方案，并通过编程实现这些方案。在这个过程中，学生的计算思维能力得到了锻炼和提升。

（3）激发创新精神：App Inventor 提供了丰富的模块和工具，学生可以根据自己的创意和想法来设计和开发应用程序。这种开放性的环境有利于激发学生的创新精神，提高学生的实践能力。

（4）促进跨学科学习：App Inventor 可以与其他学科相结合，例如数学、物理、科学等。学生可以通过编程来模拟实验、可视化数据或解决实际问题。这种跨学科的学习方式有利于培养学生的综合素质和应用能力。

（5）提升学习兴趣：App Inventor 的编程过程具有趣味性和挑战性，学生可以通过完成有趣的项目来获得成就感和满足感，从而提升对信息技术课程的学习兴趣和积极性。

（6）支持移动应用开发：App Inventor 专注于移动应用开发，学生可以使用它来创建自己的手机应用作品。这让学生有机会接触和了解移动应用开发的流程和技术，为将来的职业发展打下基础。

（7）促进课堂互动与合作：在使用 App Inventor 进行项目开发时，学生之间需要进行交流与合作。这促进了课堂互动，提高了学生的团队协作能力和沟通能力。

在初中阶段，以“躲避障碍物”游戏项目为例，学生在此项目中根据设计对象之间的关系，自行制订碰撞规则。在设计过程中，问题复杂度逐级递增，因此需要教师讲解使用 App Inventor 解决此问题的有关知识并引导学生进行探究，学生在此过程中要积极向教师进行反馈。目前，按照初中学生思维能力的发展，开发移动应用程序存在困难，但是也可以设计低阶任务，从低阶任务做起逐渐完成高阶任务，培养学生的创新意识及计算思维。在 App Inventor 中，可按照具体项目需求进行模块化设计解决项目中的问题，其方便性和编程有效性在此过程中也得以体现。

3. Python

与作为“猫爪”的 Scratch 相比，作为“巨蟒”的 Python 更早出现在大众视野中，同时不同于原有的 C 语言、C++等编程语言或软件工具，Python 中有众多第三方库和框架可供选择，涵盖了各个领域，开发者可直接调用丰富的函数库，节省了时间，提高了解决问题的效率，这使得 Python 成为一种非常灵活和可扩展的编程语言。此外，Python 拥有庞大的开发者社区和丰富的生态系统，其官方网站中提供了大量的文档、教程和示例代码，方便开发者学习和使用，这使得 Python 在人工智能、网络爬虫、游戏开发等领域大放异彩。在教学中，可将 Python 作为培养学生计算思维和创新能力的重要数字化教学工具。当然，Python 对学生要求较高，通常用于解决人工智能、数据与计算等课程中的问题。在数据与计算的相关课程中，教师可以“红绿灯”为问题情境，通过游戏化算法设计，引导学生将复杂任务分解为子任务，让学生分组协作思考子任务的解决思路并填写任务单中的 Python 语句，实现学生编程能力的提升。Python 在中小学信息技术课程教学中可以发挥以下功用。

（1）丰富知识内涵：Python 因其语法简洁明了、易于上手，成为很多学校和课程入门编程的首选语言。通过学习 Python，学生可以掌握编程的基本概念，如变量、数据类型、条件判断、循环、函数等。

（2）提供算法与逻辑训练：Python 适用于各种算法的实现和逻辑训练。通过解决各种问题，学生可以锻炼自己的逻辑思维能力和问题解决能力。

（3）面向对象编程：Python 是一种面向对象的语言，通过学习 Python，学生可以了解面向对象编程的概念，如类、对象、继承、封装等，为日后学习更高级的编程语言打下基础。

（4）数据处理与分析：Python 拥有丰富的数据处理库，可以方便地进行数据处理和分析。这对于信息技术课程中涉及数据处理的部分非常有用。

（5）网络编程：Python 具有强大的网络编程功能，可以方便地实现各种网络协议和网络应用。这对于学习网络知识和开发网络应用非常有帮助。

（6）实现自动化脚本编写：Python 也是一种非常适合自动化脚本编写的语言。通过 Python，学生可以编写各种自动化脚本，提高工作效率。

（7）人工智能与机器学习：Python 是人工智能和机器学习领域的首选语言。通过学习 Python，学生可以接触到人工智能和机器学习的前沿知识，为未来的职业发展打下基础。

（8）跨平台兼容性：Python 是一种跨平台的编程语言，可以在各种操作系统上运行。这使得 Python 成为信息技术课程中非常灵活和实用的工具。

（9）培养计算思维：通过学习 Python 编程，学生可以培养计算思维，这是一种解决问题的能力，可以帮助学生更好地理解计算机如何工作，以及如何将复杂问题分解为可解决的简单问题。

（10）促进创新思维：Python 的灵活性和易用性鼓励学生进行创新和实验。学生可以使用 Python 来创建自己的项目，从而实现自己的想法和创意。

编程设计过渡课——以“浩瀚星空　逐梦航天——Mind+趣味 Python 编程初体验”为例

（案例来源：辽宁省沈阳市第七中学　昌小楠）

教师与学生一同观看“我国神舟十三号成功发射”视频，展示星空模拟动画，感受星空的美妙，导入 Mind+软件绘制星空。在此基础上，教师分发导学案，学生分小组合作，利用 Mind+编程软件自主探究绘制“五角星”，展示编程代码。教师以“五角星”作为主线，讲解

Python 中的 Turtle 库和 for 循环语句，学生则认真听讲、观看视频并填写 for 循环语句，之后教师和学生一起学习利用 Python 实现五角星的绘制，并给出 Python 代码（如图一所示），同时补充导学案的相关内容。最后，教师抛出绘制“五星红旗”的任务，总结课堂所学知识。

```
五角星.py
1  import turtle as t
2  t.pencolor("red")
3  t.fillcolor("red")
4  t.hideturtle()
5  t.begin_fill()
6  for i in range(5):
7      t.forward(100)
8      t.left(144)
9  t.end_fill()
10 t.done()
```

图一　绘制五角星的Python代码

案例中的课程设计尤为适合学生发展，一方面，让学生感受到我国航空航天事业的发展，激发学生学习兴趣的同时培养学生的爱国情怀；另一方面，基于学生原有的认知进行 Python 高阶知识的过渡，同时在编写程序时让学生进行探索创新，培养学生的创新意识和计算思维。

融入假期生活的 Python 编程课——以“五一出游巧‘支’招——多分支结构”为例

（案例来源：广东省东北师范大学深圳坪山实验学校　莫怡琳）

教师提出学生五一的旅游计划，介绍“欢乐王国”游乐园售票规则，展示人工售票窗口排队拥挤的现状，从而抛出本节课总任务：设计一个“自动售票”程序。教师带领学生复习二分支结构的语法和流程图，学生基于小组讨论设计出算法流程图并进行班级展示。然后，学生通过课堂游戏学会辨别多分支结构的关键字，在教师指导下完成 Python 程序的编写，分享梳理程序的逻辑。最后，教师总结归纳 Python 知识体系，抛出思考题“有的项目需要单独收费，如果制订个性化游玩路线，怎样修改自助售票程序？”引出下节课要学习的“列表+循环”知识内容。

课程循序渐进，尤为符合学生的学习特点，在不让学生丢失本身学习兴趣的情况下，逐渐引导学生进行算法的流程设计，最后教师讲解 Python 编程过程中易出现的问题以及需要注意的点，实现本节课的主题升华，有效培养学生的 Python 编程能力，并为未来高中阶段学习 Python 编程奠定基础。

利用游戏化教学设计 Python 编程——以“Python 看世界”为例

（案例来源：北京市北京师范大学实验中学丰台学校　张晓）

教师从题目“Python 看世界”出发，引出沙盒游戏 Minecraft（《我的世界》，如图一所示），同时播放圆明园视频，结合视频中建筑的搭建方式引出本节课在 Minecraft 里的一切操作都由 Python 来实现；学生通过老师引导，正确进入 Minecraft 游戏端。然后，教师讲解语句 mc.player.getTilePos()和 mc.setBlock()、for 循环语句、range 函数、while 循环语句和书写易错点，学生在听取老师讲解内容后，编写 Python 程序（如图二所示）实现游戏中的设置。最后，教师总结本堂课所学，抛出下节课目标“成为建筑大师，进行房屋设计”。

图一　Minecraft游戏

```
import mcpi.minecraft as minecraft #将minecraft模块导入Python程序
import mcpi.block as block         #将方块模块导入Python程序
mc=minecraft.Minecraft.create()    #把Python程序和minecraft连接
pos=mc.player.getTilePos()#获取玩家坐标
for ____ in range():
    for ____ in range():
        __________
```

图二　Python程序

案例中有效运用 Minecraft 这一游戏，激发学生兴趣的同时深入挖掘游戏背后的代码书写内容。在进行信息技术课程设计时，要考虑学生的原有认知及兴趣点，根据学生的兴趣点进行情景创设等，以便更好地实现师生间的实时交互；同时，要关注学生的易错点并进行仔细讲解，逐渐让学生形成知识网络，更好地发展核心素养。

8.4.2　社交软件工具

社交软件工具帮助师生、生生之间建立有效的“通话”桥梁。这里主要介绍大家所熟知的 QQ 和微信在教学中可能的应用。

1. QQ

QQ 是大家非常熟悉的即时通信软件工具。QQ 不断推出新的功能和服务，满足用户不断变化的需求。呈现图片、文字内容，自由交流，传输文件，QQ 群的讨论与资源共享等是在课程教学中经常用到的功能。QQ 可以支持以下教学活动。

（1）文件传输与共享：教师可以通过 QQ 发送教学资料、作业和软件等，学生也可以上传自己的作品和成果，实现高效的资源共享。这避免了传统课堂中学生排队复制资料的烦琐过程。

（2）实时讨论与反馈：通过 QQ 群的聊天讨论和在线反馈功能，教师可以及时回答学生的问题，了解学生的学习情况，进行针对性的指导。学生也可以相互讨论和交流，共同解决问题，提升学习效果。

（3）作品展示与评价：学生将自己的作品上传至 QQ 群相册或群文件中，供大家欣赏和评价。通过相互学习和借鉴，学生可提高创作能力和鉴赏水平。

（4）小组协作：教师可以组织学生进行在线小组协作，共同完成项目或任务。通过 QQ 的文件共享和实时聊天功能，学生可以方便地进行分工合作和交流讨论。

（5）课堂互动与游戏：利用 QQ 的群聊功能，教师可以发起话题讨论、发布投票等互动活动，增加课堂的趣味性。此外，结合 QQ 小程序，还可以开展各种在线游戏化学习活动。

（6）远程控制与协助：对于一些需要远程操作的课程内容，如软件操作、编程等，教师可以使用 QQ 的远程协助功能对学生进行一对一的在线指导。

（7）在线测试与评估：通过 QQ 的群作业功能，教师可以方便地进行在线测试并批改，实时跟踪学生的学习进度。

（8）个性化学习资源推送：结合 QQ 的兴趣部落功能，教师可以根据学生的兴趣和需求，推送个性化的学习资源和学习建议。

（9）跨时空答疑与辅导：无论是在线还是离线，教师和学生都可以通过 QQ 进行一对一或一对多的交流和答疑，突破了传统课堂的时空限制。

2. 微信

微信是腾讯公司于 2011 年 1 月推出的一款为智能终端提供即时通信服务的免费应用程序，支持通过网络快速发送语音、视频、图片和文字，同时也可以使用“朋友圈”“公众号”等服务插件。微信可以支持以下教学活动。

（1）资源共享与发布：教师可以通过微信群或公众号发布教学资料、课件、作业等，学生可以接收并下载进行学习。同时，教师还可以分享外部链接或在线资源，帮助学生扩展学习内容。

（2）实时交流与答疑：教师可以通过微信与学生进行一对一或一对多的实时交流，解答学生的疑问，提供学习指导。这种即时的沟通方式可以帮助学生快速解决问题，提高学习效率。

（3）作业提交与批改：学生可以通过微信提交作业，教师可以在线批改并给予反馈。这种方式可以方便快捷地完成作业提交和批改工作，减轻教师的工作负担。

（4）课堂互动与讨论：教师可以通过微信群发起话题讨论、投票等活动，增加课堂的互动性。学生可以在群内发表观点、分享经验，形成良好的学习氛围。

（5）在线测试与评估：结合微信小程序或第三方工具，教师可以方便地开展在线测试和评估。学生可以在线答题并提交，教师可以通过微信进行批改和成绩统计，有效提高测试和评估的效率。

（6）学习管理与跟踪：教师可以通过微信群对学生的学习进度进行跟踪和管理，了解学生的学习情况，及时调整教学策略。

（7）个性化学习推荐：结合微信的标签功能，教师可以根据学生的兴趣和需求，推送个性化的学习资料和学习建议，促进学生个性化发展。

（8）移动学习与自主学习：学生可以利用微信的移动性特点，随时随地进行学习。通过微信公众号和小程序，学生可以方便地获取各种学习资源，促进自主学习和碎片化学习。

（9）跨时空协作学习：微信的实时通信功能使得跨时空的协作学习成为可能。学生可以在不同地点、不同时间通过微信进行小组讨论、项目协作等学习活动，提升协作学习的效果。

（10）公众号与订阅推送：教师可以开设公众号，定期推送教学资讯、学习资源等内容，方便学生订阅和学习。同时，学生也可以关注其他相关公众号，获取更多学习资源和学习支持。

8.4.3　思维导图工具

为使知识总结梳理更加精准有效，内容更加可视化，教学从传统教学中的黑板书写转变为现阶段利用思维导图、板书书写等多元化的方式进行课堂知识总结。思维导图是一种很好的思维可视化工具，它可以将发散性的思考具体化，用文字和图像将大脑中的想法表示出来，使人的隐性思维显性化、可视化。在中小学信息技术教学中，教师可以利用数字化思维导图工具来辅助教学，提高学生的思维能力和创新能力。例如，教师可以引导学生使用数字化思维导图工具进行知识梳理、项目规划、流程设计等操作，帮助学生掌握思维导图的制作技巧和方法；同时，也可以利用数字化思维导图工具开展头脑风暴、创意构思等小组讨论活动，提高学生的协作能力和表达能力。这里主要介绍 Xmind 和百度脑图。

1. Xmind

教学中利用 Xmind 制作的思维导图主要有枝干式、气泡式、层级式三种。比起教师传统的概述和书写方式，Xmind 中的思维导图由于加入和使用颜色、图像等元素，更有利于学生巩固知识基础、加深记忆。同时，思维导图中不需要利用复杂词汇进行内容间的联系，在简单明了的基础上体现教学的重难点内容，最终实现教学目标的达成。利用 Xmind 可以进行以下操作。

（1）思维导图制作：Xmind 是一款专业的思维导图软件，可以帮助学生和教师快速创建各种形式的思维导图，如组织结构图、流程图、概念图等。通过 Xmind，学生和教师可以更清晰地整理、记录、展示思维过程和知识结构。

（2）学习笔记整理：在信息技术课程中，学生需要掌握大量的概念、术语和技术细节。Xmind 可以帮助学生在学习过程中整理笔记，将知识点以结构化的方式呈现出来，方便记忆和理解。

（3）项目管理和团队协作：Xmind 支持多人协作和在线同步，可以用于团队项目的管理和协作。在信息技术课程中，学生可以利用 Xmind 进行任务分配、进度管理和团队协作，提高项目完成效率。

（4）课程设计和规划：教师可以使用 Xmind 来制订课程计划、制作教学 PPT 等。通过 Xmind，教师可以更直观地展示课程内容、知识点之间的关联和教学流程，提高教学质量。

（5）知识分享和交流：Xmind 支持多种导出格式，如 PDF、Word、PPT 等，方便学生和教师将思维导图与其他人共享和交流。在信息技术课程中，学生可以利用 Xmind 进行学习成果展示和小组讨论等，促进知识分享和交流。

（6）问题解决和创新思考：Xmind 可以帮助学生在信息技术课程中更好地理解和分析问题，发现新的解决方案和创新思路。通过思维导图的方式，学生可以自由地展开联想和发挥创意，促进思维创造力的提升。

利用 Xmind 有序梳理课程知识——以“探究停车引导中的数据处理”为例

（案例来源：内蒙古乌兰察布市集宁一中　王宏艳）

学生观看教师提供的智能停车场“车辆引导”视频，交流身边的自动采集设备，思考停车引导中数据是如何采集的。随后，交流教材 45 页“思考与讨论”中的问题，理解数据保护的重要意义。接着，合作探究每一个车位需要采集的数据、停车位数据的组织和存储形式，说明停车引导中的数据处理过程。最后，展示交流成果，完成达标检测题，利用 Xmind 绘制思维导图，梳理知识，如图一所示。

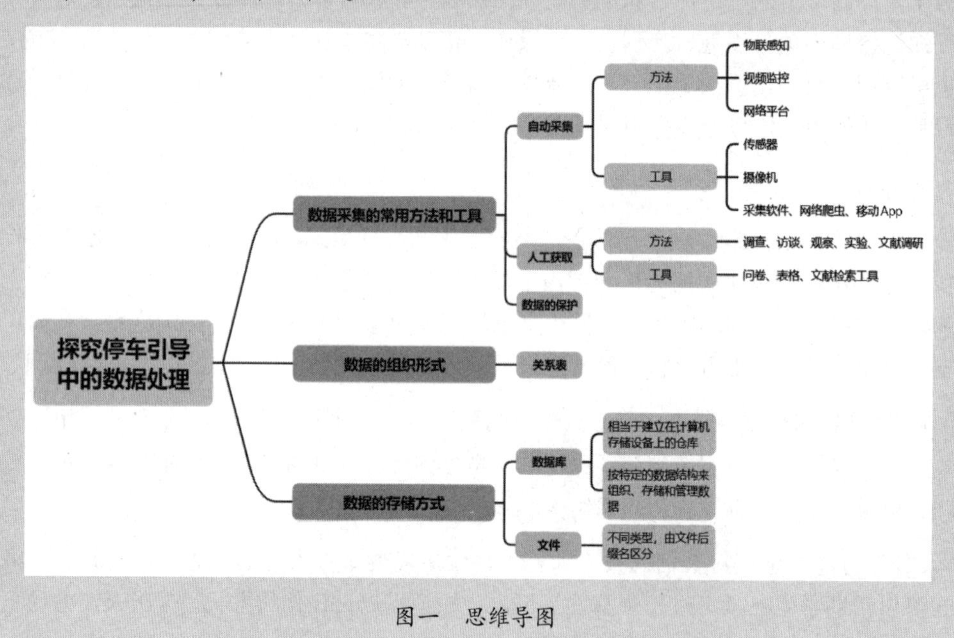

图一　思维导图

学生有时可能无法理解教师讲解的内容并进行相关的知识内容总结，不清楚教学重点和难点。利用 Xmind 绘制思维导图，一方面可以让学生知晓本节课所学习的内容，另一方面可以让师生之间形成有效互动。比如，老师可以在绘制过程中让学生回答填空，以加强学生的知识记忆；或者让学生分为小组，每一小组绘制相关的思维导图，教师在此基础上进行相关整合并加入原有内容，形成新的思维导图。

2. 百度脑图

百度脑图是一款基于 Web 浏览器的思维导图工具，具有简单易用、功能丰富、跨平台等特点。在信息技术课程中，百度脑图可以帮助学生更好地整理知识点、理解概念和解决问题，同时也可以帮助教师制作教学 PPT、制订课程计划等。现阶段，很多教师对思维导图的认知停留在 Xmind 中，其实在日常教学中，教师可以多试试百度脑图，它具有更多在线效果，其便捷性和实效性不逊色于 Xmind。百度脑图有以下主要功能。

（1）在线创建和编辑思维导图：学生和教师可以在任何时间、任何地点，通过百度脑图在线创建和编辑思维导图，方便快捷地整理和记录知识点、思路和想法。

（2）实时协作和分享：百度脑图支持多人实时在线编辑和协作，学生可以在小组学习、团队协作等场景下共同创建和修改思维导图，提高学习效率。同时，学生和教师可以将思维导图分享给其他人，方便交流和分享知识。

（3）支持多种思维导图：百度脑图支持多种形式的思维导图，如组织结构图、流程图、概念图等，满足学生和教师在不同场景下的需求。

（4）个性化定制和主题风格：学生和教师可以根据自己的喜好和需求，定制思维导图的主题风格、颜色、字体等，让思维导图更加符合个人风格和学习习惯。

（5）快速查找和定位信息：百度脑图支持快速查找和定位知识点，方便学生快速回顾和巩固所学内容。同时，学生还可以在思维导图中添加注释、备注等信息，帮助自己更好地理解知识点。

（6）支持多种导入和导出格式：百度脑图支持多种文件格式的导入和导出，如 Word、PDF、TXT 等，方便教师和学生将思维导图与其他软件进行整合和共享。

8.4.4　直播教学工具

直播教学工具支持实时互动，可以增强师生教与学的临场感。一方面，直播教学工具可以进行屏幕的共享，实时与学生进行互动交流；另一方面，直播教学工具常常支持视频回放，允许学生根据自己的学习情况对直播教学内容进行反复的学习与回顾。常用的直播教学工具有腾讯会议、钉钉和 Zoom 等。

1. 腾讯会议

腾讯会议作为一款数字化直播教学工具，在信息技术课程中具有灵活的入会方式、高清流畅的会议体验、高效的分享与协作功能。教师可以利用腾讯会议进行在线授课、远程协作和讨论等。同时，学生也可以通过腾讯会议更好地参与课程学习、讨论和合作，提升自己的学习效果和能力。腾讯会议有以下常用的几种教学功能。

（1）实时音视频通话：腾讯会议提供实时音视频通话，教师可以通过视频向学生展示教学内容，同时进行实时讲解和操作演示。学生也可以通过视频与教师进行互动，提问或展示自己的作品。

（2）屏幕共享：腾讯会议提供屏幕共享功能，教师可以将自己的屏幕内容共享给学生，方便学生更好地理解课程内容。学生也可以将自己的屏幕内容共享给教师和其他同学，展示自己的作业或作品。

（3）电子白板：腾讯会议提供电子白板功能，教师可以利用电子白板进行标注、演示和讲解，学生也可以在电子白板上进行互动和交流。

（4）文字聊天：腾讯会议提供文字聊天功能，学生和教师可以进行实时文字交流，方便学生提问和回答问题，教师也可以给予指导和反馈。

（5）录制功能：腾讯会议提供录制功能，教师可以录制课程内容并保存为视频文件，方便学生回顾和复习课程内容。

（6）分组讨论：腾讯会议提供分组讨论功能，教师可以根据需要将学生分成不同的组，让学生进行分组讨论和协作。这样可以培养学生的团队协作能力和沟通能力。

（7）签到和投票：腾讯会议提供签到和投票功能，可以方便教师进行课程管理和学生管理。教师可以快速了解学生的出勤情况和参与度，同时也可以根据需要发起投票活动。

（8）多终端支持：腾讯会议支持多种终端设备，如计算机、手机、平板等，方便学生随时随地进行学习。同时，腾讯会议也支持多种操作系统，如Windows、macOS、iOS、Android等。

2. 钉钉

钉钉具有支持学生课前自学、交流互动、随机点名、扫码上课等功能。作为直播教学工具，它还具有在线直播、视频会议、文件共享、消息推送等多种功能。它可以帮助教师和学生实现高效、便捷的沟通与协作。教师需要先在钉钉群内进行课程资源的分享，让学生在课下完成内容预习，梳理疑难问题；之后在课程直播过程中精简内容、放慢语速、提高声调，保证每位学生都能够按时学习并参与到教学中来；课后教师要询问学生的学习情况，定点进行问题答疑、心理疏导等，让学生感受到线上学习和线下学习具有同样的收获。钉钉有以下几个常用的教学功能。

（1）在线授课与签到：教师可以在钉钉群聊中发起在线授课，并设置签到功能，确保学生全员在线。这有助于教师及时了解学生的参与情况，并督促学生按时上课。

（2）任务发布与家校通知：教师可以发布学习任务，并通过家校通知功能确保学生和家长及时接收并了解任务内容。此外，教师还可以利用钉钉的已读功能了解通知是否已被学生和家长阅读，提升信息传递的效率。

（3）云课堂管理：钉钉的云课堂是一个集内容、服务和功能于一体的数字化学习平台。教师可以在云课堂中创建和管理课程，上传学习资料、设置考试等。同时，教师还可以利用云课堂的数据支持功能，了解学生的学习进度和反馈，以便调整教学策略。

（4）作业批改与互动评价：教师可以通过钉钉布置作业，学生在完成作业后可以上传至钉钉。教师可以批阅作业，了解学生的学习状况，并给予针对性的反馈和指导。此外，教师还可以采用生生互评等多种评价方式，引导学生互相学习、取长补短。

（5）分组协作与讨论：教师可以在钉钉群聊中设置分组，让学生进行小组讨论和协作。这有助于培养学生的团队协作能力，同时也能促进学生对课程内容的深入理解。

（6）跨平台支持：钉钉支持多种终端设备，如计算机、手机、平板等，方便学生随时随地进行学习。无论是在线授课、任务发布还是作业提交，学生都可以根据自己的需求在相应设备上完成。

（7）教学数据统计与分析：通过钉钉的数据统计功能，教师可以了解学生的学习进度、参与度等情况，从而更好地评估教学效果。教师可以根据数据分析结果调整教学策略，提升教学质量。

习题

1. 数字化教学工具的优势具体体现在哪几个方面？
2. 不同类型数字化教学工具可能为信息技术课堂教学带来哪些变化与挑战？
3 选择某一具体的信息技术学科教学内容，对数字化教学工具的应用进行设计，形成一个数字化教学工具应用方案（重点说明应用的缘由、功能、时机等）。

参考文献

本书参考的文献和资料较多，为节约篇幅，采用电子版形式提供参考文献。查看参考文献请扫描以下二维码：